Tom Chivers
EVERYTHING
IS PREDICTABLE

贝叶斯定理

清晰思考与决策的科学工具

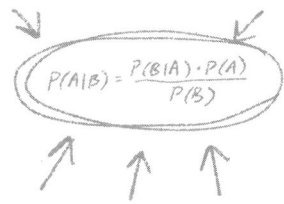

How Bayesian Statistics Explain Our World

[英]汤姆·奇弗斯———著
韩潇潇———译

中信出版集团│北京

图书在版编目（CIP）数据

贝叶斯定理：清晰思考与决策的科学工具/（英）
汤姆·奇弗斯著；韩潇潇译. -- 北京：中信出版社，
2025.5（2025.10重印）. -- ISBN 978-7-5217-7312-5

Ⅰ. O212

中国国家版本馆CIP数据核字第2025HL3625号

Copyright© 2024 by Tom Chivers
Simplified Chinese translation copyright ©2025 by CITIC Press Corporation
ALL RIGHTS RESERVED
本书仅限中国大陆地区发行销售

贝叶斯定理：清晰思考与决策的科学工具
著者：　　［英］汤姆·奇弗斯
译者：　　韩潇潇
出版发行：中信出版集团股份有限公司
　　　　　（北京市朝阳区东三环北路27号嘉铭中心　邮编 100020）
承印者：　北京联兴盛业印刷股份有限公司

开本：787mm×1092mm 1/16　　印张：22.75　　字数：325千字
版次：2025年5月第1版　　　　 印次：2025年10月第4次印刷
京权图字：01-2025-1595　　　　书号：ISBN 978-7-5217-7312-5
　　　　　　　　　　　　　　　定价：79.00元

版权所有·侵权必究
如有印刷、装订问题，本公司负责调换。
服务热线：400-600-8099
投稿邮箱：author@citicpub.com

谨以此书献给

英年早逝的路易斯·麦吉利卡迪

和初到人间的梅·艾利森·戴维森

目 录

推荐序　读《贝叶斯定理》，感悟斯多葛哲学——现代人的双重
　　　　生存智慧 / 檀林　.... V

引言　一个近乎"万物理论"的理论　.... IX

第一章　从《公祷书》到《蒙特卡罗六壮士》

托马斯·贝叶斯　.... 3

帕斯卡与费马　.... 15

大数定律　.... 24

亚伯拉罕·棣莫弗与正态分布　.... 31

辛普森与贝叶斯　.... 38

贝叶斯的"台球"比喻　.... 41

理查德·普赖斯，世上第一位贝叶斯主义者，
　　试图将上帝从大卫·休谟的手中拯救回来　.... 48

从贝叶斯到高尔顿　.... 53

高尔顿、皮尔逊、费希尔与频率学派的兴起　.... 57

频率学派涉嫌种族歧视？　.... 60

贝叶斯主义的衰落　.... 70

统计显著性　.... 74

贝叶斯理论岌岌可危？ 78

"我双眼已见证，概率之神托马斯·贝叶斯牧师的荣耀" 83

第二章　科学中的贝叶斯思想

可重复性危机及应对方案 95

奶酪做的月亮、超能力、超光速粒子 108

卡尔·波普尔和他的"天鹅理论" 115

贝叶斯理论与可重复性危机 121

丹尼斯·林德利悖论 132

如何确定你的先验概率 136

你并不是在白费力气，你只是尚未成功 145

第三章　决策论中的贝叶斯思想

亚里士多德与乔治·布尔 155

贝叶斯理论是决策论的核心思想 161

克伦威尔法则 168

意料之中的证据 172

效用、博弈论、荷兰赌 174

奥卡姆剃刀与先验概率 182

超先验 188

非此即彼的假说 & 多个假说 190

AI 中的贝叶斯思想 193

第四章　生活中的贝叶斯思想

人类是理性的吗？.... 201

人们对"三门问题"的误解 216

超级预测者（第一部分）.... 223

超级预测者（第二部分）.... 231

贝叶斯认识论 239

第五章　贝叶斯式的大脑

从柏拉图到格雷戈里 247

视错觉 253

真实只是一种"受控的幻觉"？.... 260

多巴胺与"复杂的计算装置".... 264

网球、猜词游戏、"眼跳".... 271

为什么精神分裂症患者可以自己挠自己的痒痒？.... 279

你有没有认认真真、仔仔细细地看过自己的手？.... 284

上帝保佑！.... 289

结语　贝叶斯式的生命 297

致谢 309

注释 311

推荐序
读《贝叶斯定理》,感悟斯多葛哲学——现代人的双重生存智慧

北京大学汇丰商学院创业实践导师　檀林

这本由中信出版社新近引进的《贝叶斯定理》,原书名是 Everything is Predictable,直译为"凡事皆可预测"。其作者为英国著名科学作家汤姆·奇弗斯。该书揭示了贝叶斯定理的本质:它不仅是概率论领域的一个重大革新,更是帮助我们在不确定性中持续更新认知、动态调整决策的一种思维框架。令人赞叹的是,这套诞生于18世纪的数学理论,与两千余年前的斯多葛哲学实现了完美互补,它们恰似导航系统与充电宝的组合——前者负责指引方向,后者确保续航。

贝叶斯思维的现实应用

商业洞察的"可能性仪表盘"

某商学院教授在协助经营珠宝店时,将贝叶斯定理转化为"3分钟识客术":当20%的基础购买概率碰到"主动询问细节"这一行为信号时,他通过贝叶斯公式计算,立即启动深度沟通策略,使成交率大幅提升。这种实时更新的概率思维,如同为每位顾客安装了动态的"购买可能性仪表盘"。

项目管理的智能预警系统

传统项目管理常以"超期3天报警"的静态标准应对变化，而拥有贝叶斯思维的项目管理者则会：

- 预设30%的延期基准概率；
- 当供应商产能接近饱和时（新证据权重），运用贝叶斯公式将风险升级为65%；
- 提前激活备用方案，将被动应对转化为主动防御。

医疗决策的理性滤镜

这本书中揭示的医学悖论令人深思：当癌症发病率0.1%遇到准确率为98%的检测时，实际患病概率仅为16.7%。这种反直觉结论印证了贝叶斯定理的核心价值——用基础概率稀释表面数据的误导性，如同为医疗决策加装"理性滤镜"。

思维体系的阴阳互补

说到贝叶斯定理和斯多葛哲学的关系，两者都被人们用来应对不确定性，就像硬币的两面。

贝叶斯定理是行动指南针

- 动态更新认知（像手机导航每秒刷新路线）
- 量化不确定性因素（把"可能"变成"68%可能"）
- 打破经验迷信（知道"昨天安全≠今天安全"）

斯多葛哲学是心理护甲

- 区分能改变的和不能改变的（就像分清方向盘和车窗外的风景）
- 保持内在稳定（在检测出阳性结果时不慌乱）
- 接纳必然的不确定性（再好的导航工具也有误差）

在实际生活中，将两者结合起来特别管用。

- **看病**：用贝叶斯定理计算真实患病概率（16.7%而非98%），用斯多葛哲学理念平静接受诊断结果，理性选择治疗方案。
- **投资**：根据市场变化动态调整仓位，用斯多葛哲学理念保持平常心，在波动中保持"宁静之域"，避免情绪化操作。
- **学习新技能**：用贝叶斯定理持续改进，建立"学习—反馈—修正"的持续改进系统；用斯多葛哲学理念对抗挫败感，接纳学习曲线的必然性，保持成长韧性。

双剑合璧的终极生存智慧

现代社会的复杂性要求我们同时具备两种能力：用贝叶斯定理构建动态决策模型，用斯多葛哲学锻造心理免疫系统。这对黄金搭档有以下三个实践法则。

- **行动前**：以贝叶斯定理评估可能性（现在能做什么来改善情况）。
- **行动中**：以斯多葛哲学心态执行（哪些结果需要坦然接受）。
- **行动后**：建立"数据反馈—认知升级"闭环系统。

当我们将数学理性与哲学智慧熔铸为思维本能时，就既能像导航系统般精准调整人生方向，又能如充电宝般保持内在能量的稳定续航。这种"动态灵活 + 内在稳定"的复合思维模式，正是应对不确定性时代的终极生存策略。

下次面对人生抉择时，请记住：先问贝叶斯概率，再寻斯多葛哲学的平静。

在此，我向每一个准备实践现代斯多葛哲学的超级个体推荐这本能让"凡事皆可预测"的《贝叶斯定理》。

引言　一个近乎"万物理论"的理论

> 精神病学领域有一条通用准则：如果你认为自己找到了可以解释万物的终极理论，那你应该是患上了妄想症，快去医院看看吧。[1]
>
> ——斯科特·亚历山大

我们能预测未来吗？当然可以！

可以肯定的是，接下来的几秒钟内你必然会吸进一口气，再把它呼出去。你还可以自信地预测，你的心脏会继续跳动，每秒一到三下；明早太阳会照常升起，尽管具体时刻取决于你所处的纬度和时节，但精准的数据并不难找。

你还可以预测火车到站的时间，预测你的朋友会准时抵达事先说好的饭店，尽管你在做出这些预测时的自信程度会受到具体是哪家铁路公司、哪位朋友的影响。

此外，你还可以预测，世界人口将持续增长至21世纪中叶，然后开始下降；2030年的全球平均地表温度将高于1930年。

未来并非无法窥测，我们有能力拨开迷雾一探究竟。有些东西很好预测，比如根据传统力学预测几千年之内的行星轨迹；有些东西则很难预测，比如在混沌理论的背景下预测天气——能预测几天就很了不起了。但不管怎么说，我们总能掀开帷幔，或多或少地看到一些未来。

大众口中的"预测未来"通常指的是一些极为神秘的、涉及超自然力量的、神一般的预言。但本书提到的"预测未来"并不是这个意思，我们很难有这种通天之术（后文会提到一位科学家，他认为我们的确有这种能力，读完之后你就会明白，他肯定是错的）。事实上，我们根本不需要那种夸张的能力就能做出预测。我们这一生从来就没有停止过对未来的预测，预测和生命是密不可分的。有些预测是很基本的，比如每次吸气时，我们都会下意识地预测"空气一直是可吸入的"。有些预测是较为复杂的，比如"街角的商店里会有欧倍牌麦片，我走进去就能买到"，每个决策都伴随着类似的预测。我们做出这些预测并非基于超能力，而是基于我们的经验。

所有预测都存在一个问题，即结果的不确定性。我们不清楚这个世界到底是建立在决定论之上的，还是建立在非决定论之上的。倘若我们可以像全知全能的上帝一样，知晓宇宙中每个粒子的位置、动量、性质，那我们或许就能完美地预测世间万物，比如每只麻雀的死亡[1]。可惜我们并非全知全能，我们能够掌握的信息很有限[2]。我们没有完美的感知能力，所以我们无法看到宇宙的每个细节，但我们可以利用有限的信息做出不完美的预测，比如我们可以大体预测出不同事物的活动方式：像人一样的事物会倾向于寻找食物、组建团队，像岩石一样的事物往往只能静止不动。

---

[1] "每只麻雀的死亡"是《圣经》中的典故：人类比麻雀更贵重，所以既然上帝会留意到每一只麻雀的死亡，那上帝也一定会关心每个人的一举一动。——译者注
[2] 根据海森堡不确定性原理，粒子的位置与动量不可同时被确定，因为位置的不确定性越小，动量的不确定性就越大，反之亦然。——译者注

生命不是一局国际象棋，而是一场扑克游戏，因为前者的信息是完全的，理论上我们可以"应对"任何状况；而后者的信息是有限的，我们只能尽量根据掌握的信息做出最佳决策。

本书的主要内容就是帮你学会做出最佳决策的"公式"。

《时间简史》出版之后，史蒂芬·霍金曾说过这样一句话："有人对我说，书里每多出一个公式，它的销量就会减少一半。"[2] 可我这本书的核心内容就是一个公式，想要一个公式都没有也太困难了。①

这个公式就是著名的贝叶斯定理，它是一个极为简洁的等式：

$$P(A|B) = \frac{P(B|A) \cdot P(A)}{P(B)}$$

说来实在惭愧，其实我也讨厌看到数学公式。虽然硬要我去使用公式的话，我也不是做不到，但我实在感到乏味无趣。可你知道吗，最尴尬的是，虽然我已经写了 3 本书，且每本书都和数学密切相关，但在看到 Σ 这个符号的时候，我的大脑仍会频频宕机。我想大多数读者都和我有着类似的感受，这或许就是出版社警告霍金尽量不要在书中列出公式的原因。

不过我们也没必要谈公式色变，公式并不是什么晦涩难懂的咒语或密码，它只是一种简便的书写方式，每个小符号都代表一个简单的步骤（我常常这样安慰自己）。

贝叶斯定理也是如此，它只是一个概率公式，它可以根据已知信

---

① 如果真的一个公式都没有，我是不是就能卖出……4 本书了？感觉也不错。

息算出某件事发生的概率。具体来说,它是一种条件概率。公式中的竖线"|"是"在此情况下"或"以此为前提条件"的简写,$P(A|B)$ 则指的是"在事件 B 已经发生的情况下,事件 A 发生的概率"。

这里我们给出一个条件概率的简例。你手中有一副去掉大小王的扑克牌,你想知道从中抽到红桃的概率。已知扑克牌一共有 52 张,红桃有 13 张,我们可以据此算出其概率——记作 $P(♡)$——等于 13/52,或 1/4,用数学语言表示就是 $p=0.25$。然后我们假定你抽了一张牌,是梅花,那么此时抽到红桃的概率是多少呢?我们知道牌堆中仍然有 13 张红桃,但牌的总数变成了 51,所以此时概率变成了 13/51,或者说 $p ≈ 0.255$。这就是你已经抽出一张梅花的情况下,再抽到一张红桃的概率,即 $P(♡|♣)$。

再举一例:伦敦某天下雨的概率是多少?答案是 0.4 左右,因为伦敦每年大约有 150 天在下雨。现在你往窗外瞥了一眼,发现乌云密布,那么此时下雨的概率是多少?我也不知道确切答案,但我知道,阴天下雨的概率肯定更高。

贝叶斯定理其实也是这个意思,只不过它的适用场景更为广泛。用通俗的语言来解释公式的四个部分,就是这个样子:(事件 B 已经发生的情况下,事件 A 发生的概率)=(事件 A 已经发生的情况下,事件 B 发生的概率)×(事件 A 单独发生的概率)÷(事件 B 单独发生的概率)。

现在假设我们的社会出现了一种大规模传播的疾病(可以参考刚刚经历的新冠疫情)。

为了弄清自己到底有没有染上这种病,你做了一个测试。测试的指导手册上写着这样一句话:"本测试的灵敏度和特异度均为99%。"也就是说,如果你真的染上了这种病,那么这个测试有99%的概率可以准确地告诉你,你确实染上了这种病;如果你没有染上这种病,那么它也有99%的概率可以准确地告诉你,你没有染上这种病。另外我们还可以这样理解:该测试的"假阴性率"和"假阳性率"都是1%。

现在假定你的试纸上出现了两条红线,也就是说测试结果呈阳性。这意味着什么呢?你可能会自然而然地认为,自己有99%的概率被传染了。

但贝叶斯定理会告诉我们,事实并非如此。

贝叶斯定理是一个非常奇怪的定理。它的表达式十分简洁,写出来不占什么篇幅,涉及的运算只有乘法和除法,就连8岁小孩都会算。它的提出者也只是一个生活在18世纪的普通富绅,这位富绅白天会在坦布里奇韦尔斯担任牧师,但他并不信奉英格兰国教[①],研究数学也只是业余爱好。尽管如此,贝叶斯定理仍旧产生了极为深远的影响——它可以解释为什么即便癌症测试呈阳性的人中有99%都没有癌症,测试的准确率仍然可以高达99%;为什么DNA(脱氧核糖核酸)鉴定只有两千万分之一的概率匹配错,但它仍有很大概率导致冤假错案;为什么一个科学结论明明具有"统计显著性",但它仍旧有很大概率是错的。

贝叶斯定理还涉及迷人的哲学思辨。"概率"是真实存在的吗?我们说掷色子有六分之一的概率掷出1,这到底是什么意思?它

---

① 原文为nonconformist,即"不从国教者",指的是不信奉英格兰教会(英格兰国教)的新教徒。——译者注

是宇宙中确切存在的事实，还是我们对这个世界所持有的一种信念？一次性事件也有概率吗？如果我告诉你，曼城队有90%的概率成为2025年的英超冠军，那这到底意味着什么呢？

每次我们面对不确定的事物做出决策时——一直以来我们都是这样做的——都可以利用贝叶斯定理来判断该决策在多大程度上算是个好决策。事实上，无论是怎样的决策过程，无论你为了实现某个目标对世界产生了多大的影响，无论你掌握的信息多么有限，无论你是正在寻找高浓度葡萄糖环境的细菌，是正在利用复制行为传播遗传信息的基因，还是正在努力实现经济增长的政府，只要你想把事情干好，你就离不开贝叶斯定理。

AI（人工智能）本质上也是贝叶斯定理的一个具体应用。从最基本的层面来说，AI所做的事情就是"预测"。一个可以分辨猫狗图像的AI应用，本质上就是在根据过往的训练数据和当前的图像信息去"预测"人类对图片的判断。DALL-E 2、GPT-4、Midjourney等各种优秀的AI应用，正在以令人应接不暇的速度一次次冲击人们的认知，我写下这段话的时候可能就刚好有一个震撼世界的AI应用横空出世。不过，这些和你谈笑风生、为你生成高质量图像的AI，本质上也是在做预测，只不过它们预测的是人类作家、人类艺术家面对这些提示词时会如何作答。这些预测行为的基础都是贝叶斯定理。

大脑的工作也离不开贝叶斯定理，这就是人类容易产生视错觉、致幻剂可以致幻的原因，同时也是思想意识的工作原理。

贝叶斯定理可以让我们明白，为什么阴谋论的观点难以转变；为什么两个人可以根据同样的证据得出完全相反的结论。比如，为什么那些科学事实能够让我相信疫苗安全有效，却无法说服一个怀疑论者呢？答案就是，根据贝叶斯定理，一个人对新信息的判断会受到既有认知的影响。这并不是说那些怀疑疫苗的人、那些阴谋论者是大脑运转方式与众不同的外星人，而是说他们也是完全理性的人，只不过他们的行为建立在固有思想之上。贝叶斯定理可以很好地解释这一点。

由此可见，虽然贝叶斯定理不是万物理论，但实际上也差不多了。一旦你开始站在贝叶斯定理的视角去看待问题，你就会发现贝叶斯定理真的是无处不在。我写这本书的目的就是帮你做到这一点。

通常人们会用医疗检测来解释贝叶斯定理，本书也不例外。这里我们给出一些比较可靠的数据：假定你正准备进行乳腺癌的筛查检测，且已经知道，如果某位女性的确患有癌症，那么乳房X光在80%的情况下可以正确识别出癌症（灵敏度为80%），在另外20%的情况下会发生漏诊，即假阴性；如果某位女性没有癌症，那么乳房X光在90%的情况下可以正确排除癌症（特异度为90%），在另外10%的情况下会发生误诊，即假阳性。

假定你的检测结果呈阳性，那是不是说明，你有90%的概率患上了乳腺癌？不是的。事实是，根据上面给定的这些信息，你根本无法判断自己患上乳腺癌的概率到底有多大。

你还需要额外掌握一个信息，那就是在参加检测之前，你对自己患上乳腺癌的概率的预估。最简单的预估方式就是找出特定时期内，与你同龄的女性中的乳腺癌患者的比例。我们假定这一比例为1%。

为了让案例更加具体，我们进一步假定共有10万名女性参加了检测，那么按照1%的患病比例来看，这些人中一共有1000名乳腺癌患者。在这 1000 名患者当中，乳房 X 光只能正确检测出 800 名，另外 200 名将会出现漏诊；剩下的 99000 人没有患乳腺癌，在这些健康人当中，乳房 X 光只能正确判断出 89100 人，这意味着会有 99000-89100=9900 人被误诊为乳腺癌。下面我们把数据整理成表格：

	有乳腺癌 （共 1000 人）	没有乳腺癌 （共 99000 人）
检测结果呈阳性	80% （真阳性） 800 人	10% （假阳性） 9900 人
检测结果呈阴性	20% （假阴性） 200 人	90% （真阴性） 89100 人

现在你明白了吧，得到阳性结果的女性一共有 10700 名，其中只有 800 人真的患有乳腺癌。换句话说，假定你的检测结果呈阳性，那么你真正患有乳腺癌的概率是 800/10700 ≈ 0.07，即 7%。

具体结果完全取决于检测前人群中患有乳腺癌者的比例。假如检测对象是高风险人群，比如具有家族癌症史的老年妇女，那么这一比例可能高达 10%，此时计算结果会发生翻天覆地的变化。

	有乳腺癌 （共 10000 人）	没有乳腺癌 （共 90000 人）
检测结果呈阳性	80% （真阳性） 8000 人	10% （假阳性） 9000 人
检测结果呈阴性	20% （假阴性） 2000 人	90% （真阴性） 81000 人

现在真阳性的人数从 800 涨到了 8000，假阳性的人数下降至 9000。此时一个拿到阳性结果的人真正患乳腺癌的概率变成了 8000/17000，结果约为 47%。知道这一点后，拿到阳性结果的人会比刚才更加忧虑。整个检测方法没有任何变化，发生变化的只有先验概率。

换句话说，贝叶斯定理可以告诉你结果的可靠程度。可是要做到这一点，你必须对这件事有一个先验预估。

现在我们再来看看这个公式（本书的销量该不会又减半了吧……毕竟这个公式刚才已经出现过一次）。

$$P(A|B) = \frac{P(B|A) \cdot P(A)}{P(B)}$$

经过一系列计算之后，我们得到的结果就是 $P(A|B)$，即事件 B 已经发生的情况下，事件 A 发生的概率。癌症检测与之类似，我们想知道的是，在检测结果呈阳性的情况下，该患者真正患癌的概率。

可是"灵敏度 80%"并没有给出 $P(A|B)$，反而给出了与之相反的 $P(B|A)$，即事件 A 已经发生的情况下，事件 B 发生的概率。也就是说，它可以告诉我们，一个真正患有乳腺癌的人，有多大概率取得阳性结果。

乍一看好像没什么不同，实际上这两者的区别就像"某个人刚好是教皇的概率仅有八十亿分之一"和"教皇刚好是个人类的概率仅有八十亿分之一"的区别一样大。[3]

为了得到想要的数据，我们需要更多信息。在癌症检测的例子中，我们需要的额外信息是乳腺癌患者在人群中的比例。在医学中，我们将其称为发病率，或背景发生率；在贝叶斯定理中，这种额外信息一般被称为先验概率。

医学中的先验概率比较容易获得，也很容易定义。比如你想知道某人患上亨廷顿病的风险，那你可以去查询全科诊所的诊疗记录[4]，然后据此算出平均每 10 万人当中约有 12.3 人患有该疾病。

其他情况则要复杂得多。如果几年前你想计算俄乌爆发冲突的概率，那这个先验概率该怎么算？先算一下俄乌每年爆发冲突的频次？还是先统计一下所有冲突爆发的频次？或是先调查一下，看看两国边境突然增派大量坦克的时候，双方爆发冲突的概率？

再举一例。假定我提出了一个科学假说，做了一次相关实验，且取得了不错的数据，此时该假说是一个正确假说的概率有多高？我们进一步假定，如果该假说是错误的，那每 20 次实验中只有 1 次能取得这种数据。这是不是意味着，我的假说大概率是正确的？不是这样的，因为它还和另一个概率有关——我开始做实验之前，该假说为真的概率，即先验概率。可我该上哪儿去搞到这个数据呢？

法庭辩护中也有一个经典案例。在已经取得某些法庭证据的情况下，该嫌疑人有罪的概率是多少？假定嫌疑人的 DNA 恰好出现在现场的概率只有百万分之一，那是不是说明警察只有百万分之一的概率抓错了嫌疑人？不是这样的，因为这还取决于一开始警察就抓到了正确嫌疑人的概率有多大。可问题是，这项数据上哪儿去找呢？

放心，这些问题本书都会一一作答（有很多数学家研究过相关问题）。需要牢记的是，必须先得到一个先验概率，我们才能进一步应用贝叶斯定理。缺失了先验概率，我们只能得到一些不靠谱的结论。

大多数人第一次听说贝叶斯定理都是在医学领域，所以我们的旅程也从医学领域开始。

这么多年来，我逐渐爱上了贝叶斯定理。第一次听说贝叶斯定理，是在本·戈尔达克瑞于21世纪初在《卫报》上开设的《小心坏科学！》专栏当中。自那时起，我就对贝叶斯定理越来越着迷。包括本书在内，我已经出版了3部作品，其中每本书都或多或少地提到了贝叶斯定理。该定理常常能够得出一些反直觉的结论，令人连连称奇。比如，某项测试的准确率为99%，并不意味着该测试在99%的情况下是正确的。这到底是什么鬼话？虽然只要按部就班地推导，就能逐渐理解这一事实，但类似的结论总是能够让人感到不可思议，刷新认知（至少我的感受是这样的）。

过去4年当中，也就是2020年年初全球暴发新冠疫情之后，贝叶斯定理推导出的那些结论变得越来越重要了。早在2020年4月，大部分人还处于居家隔离状态的时候，英国前首相托尼·布莱尔等人就呼吁政府向那些已经感染过新冠病毒、体内已有抗体的人发放免疫证明，允许他们外出活动（当然这发生在人们意识到各种变异病毒会导致患者很容易复阳之前）。

抗体测试问世没多久，美国政府就紧急批准了一种抗体检测方法，该方法的灵敏度和特异度大约都是95%。[5]

听上去挺靠谱。事实上，2020年4月，英国大约有3%的人口

引言 一个近乎"万物理论"的理论　　XIX

感染了新冠病毒，这一比例就是所谓的先验概率。如果有100万人参加检测，那么其中大约会有3万人是新冠病毒感染者。在这3万名患者当中，会有28500人的检测结果呈阳性；剩下的97万健康人当中，则会有48500人的检测结果被错误标记为阳性。

由此可见，在全部77000个阳性结果当中，只有三分之一多一点的检测者的确感染了新冠病毒（这就是后验概率）。英国人口一共有6800万，假如政府真的让所有人都参加了这项检测，并向那些结果呈阳性的人发放免疫证明，就会导致约300万根本没有感染过新冠病毒的人可以自由地走街串巷，甚至去拥抱免疫力低下的爷爷奶奶，而事实上这些人根本不安全。不弄懂贝叶斯定理的话，你就没法搞清楚这件事。

当时英国有一群所谓的"权威人士"对居家隔离政策持怀疑态度，其中有一部分人已经察觉到检测数据有些不对劲，从而引发了一场和贝叶斯定理相关的巨大争论。这些人当中最著名的应该就是威尔士地方政府前首席大臣约翰·雷德伍德，他认为那些错误的检测结果会歪曲新冠疫情的真相，并强烈要求政府顾问尽快给出一个制止这种现象的方案。[6]

这些怀疑论者之所以会觉得检测数据不对劲，是因为他们误解了统计学教授戴维·斯皮格霍尔特爵士在一个访谈节目中的言论。戴维·斯皮格霍尔特经常积极地在各种电视节目和广播频道中向公众耐心解释什么是检测的准确度，什么是疫苗的有效性。大家已经明白，检测的假阳性率为1%，并不意味着只有1%的阳性结果是误诊。当时社会正处于第一波疫情和第二波疫情之间的缓冲期，此时人们只要一打喷嚏就得做PCR（聚合酶链式反应）检测。从数据上来看，当时英国的新冠病毒感染者非常少，隔离政策似乎的确降低了感染率，可整体上来看，感染率似乎又有一种上升趋势。

那些持怀疑论的"权威人士"认为，感染率上升只是一种假象，贝叶斯定理可以解释个中玄机。具体来说，当时有 0.1% 的人感染了新冠病毒。如果我们随机对人群进行检测，且该检测方式可以在 99% 的情况下正确识别出那些没有感染新冠病毒的健康人，在 90% 的情况下正确识别出那些的确感染了新冠病毒的患者，那么最终将有超过 90% 的人得到假阳性结果。①

这个结论的确没错，问题在于他们对贝叶斯定理的理解不够深刻。首先，先验概率真的是 0.1% 吗？这一概率成立的前提是，参与检测的人员都是从整个人口当中随机挑选出来的，但事实并非如此：参与检测的要么是已经表现出一定症状的人，要么是接触过确诊病例的人，这些人感染新冠病毒的概率要比其他人高得多。虽然我们不知道具体高多少，但我们知道，即便先验概率只有 1%，假阳性的比例也会大幅下降至 50%；如果先验概率为 10%，那么大约有 90% 的阳性结果是真阳性。

那么，我们假定假阳性率为 1%，会不会有点太夸张了呢？事实上，2020 年夏天新冠疫情开始减弱的时候，检测结果呈阳性的比例只有 0.05%，其中包括了真阳性和假阳性，所以假阳性率不可能比这一数值还高。如此一来，在新冠病毒感染率为 0.1% 的前

---

① 假定检测人数为 100 万，其中有 1000 人确实感染了新冠病毒，那么该检测只能识别出其中的 900 名患者。剩下的 999000 人当中，该检测将给出 9990 份假阳性报告。所以拿到阳性结果的人一共有 900+9990=10890，真阳性的比例只有 900/10890，还不到 9%。

提下，假阳性率将下降至35%。感染率越高，假阳性率就越低。

其实不仅仅是新冠疫情，几乎任何形式的医学检测都会涉及贝叶斯定理。

英国的国家医疗服务体系（NHS）提供3种常规的癌症筛查，即乳腺癌、宫颈癌、结肠癌。虽然前列腺检查不在常规检查之内，但50岁以上的男性如果有需求，也可以把这项检查加进去。

为什么前列腺检查没有加进常规的癌症筛查呢？毕竟癌症筛查听上去就是件有益无害的事，越早发现越容易治疗嘛。难道前列腺检查有什么坏处吗？

就像本书中的其他问题一样，贝叶斯定理可以给出答案。

前列腺癌的筛查是通过PSA（前列腺特异性抗原）检测来进行的。医护人员会检验测试者的血液，如果血液中的PSA指数过高——正常值是3~4纳克每毫升——测试者就有必要接受进一步的检查，比如扫描或活检。需要注意的是，PSA过高既有可能是前列腺癌的信号，也有可能是感染、炎症的征兆，还有可能是年迈导致的自然现象。

PSA检测没有前面提到的那些检测方法那么精准。根据英国医疗咨询机构——国家卫生与临床优化研究所（NICE）提供的数据[7]，如果以3纳克每毫升的标准对患者进行PSA检测，那么该检测将成功识别出32%的患者（灵敏度），以及85%的健康人（特异度）。

另外我们知道，50岁以上的男性患者中，大约有2%患有前列腺癌。[8]假如参加PSA检测的人数共计为100万，那其中大约会有2万人确实患有前列腺癌。可是这项检测只能正确识别其中的6400名患者。剩下的98万健康人当中，将有147000人需要进行额外的后续检查。如果一名50多岁的男性在该检测中得到了阳性结果，那他实际上只有4%的概率真正患有前列腺癌。

4%的概率需要我们认真对待吗？或许吧，但可以肯定的是，阳性患者需要进行额外检测：有些会造成创伤，有些会令身体不适，有些甚至还具有一定风险。当然，英国的国家医疗服务体系还要为这些数以万计的核磁扫描、活体检测支付数百万英镑，而这些钱本可以用来支付他汀类药物、肾移植费用或是护士的工资。此外，前列腺癌的检测还有很多问题，比如很多情况下前列腺癌细胞的扩散极为缓慢，以至于很多患者根本无法意识到自己得了前列腺癌；有时，直到尸检这一步，人们才发现患者患有前列腺癌，但他们的死因却和前列腺癌毫不相干。

当然，这里面还有一个问题，那就是32%的灵敏度、85%的特异度这两个数值，其实是3纳克每毫升这项检测标准造成的。如果我们把检测标准提高到4纳克每毫升，会发生什么？

答案就是，特异度会从85%升到91%，也就是说该检测能够正确识别出更多健康人。但代价是灵敏度会从32%降至21%，也就是说该检测正确识别癌症患者的能力下降了。假如这次也有100万人参加了检测，那么假阳性人数会下降至88200，但与此同时真阳性人数也变少了——20000名患者当中只能正确识别出4200人。这种情况下，如果一名50多岁的男性在该检测中得到了阳性结果，那他实际上只有4.5%的概率真正患有前列腺癌，并没有比之前高多少。

我们无法规避这些数据之前的关联性。我们可以继续提高检测阈值，比如把标准设定为5纳克每毫升，那么假阳性的数量会进一步下降，但代价是假阴性的数量会进一步上升。如果降低检测阈值，那么假阴性的数量会下降，但代价是假阳性的数量会上升。二者互相拖后腿的现象是不可避免的。想要真正解决这一矛盾，我们只能在医学上寻求另一种更优秀的检测方式（这有点像"统计显著性"问题，在后文中我们还会具体分析）。

虽然乳腺癌和结肠癌的筛查更为精准，但即便是在这两个领域，其准确性也高度依赖于患者人数在全部人口中的比例。一项大型调查发现[9]，在连续10年、每年都进行乳房X光检查的女性当中，有60%的人得到过一次或多次的假阳性结果，继而参加了活检等形式的额外检查，这些烦琐的检查令她们感到"焦虑、痛苦，总是担心自己真的得了乳腺癌"。这一切真的值得吗？答案取决于该疾病在人群中的发病率，即先验概率。年轻人很少得乳腺癌，如果我们对40岁以下的女性进行乳腺癌筛查，那么即便灵敏度和特异度都很高，也会出现较高的假阳性率，所以对大龄女性进行乳腺癌筛查会更有价值。英国国家卫生与临床优化研究所认为，只有对50岁以上的女性进行乳腺癌筛查，才具有成本效益。[10]如果不懂贝叶斯定理，我们就无法得出这一结论。

各位准父母最好也了解一下贝叶斯定理。市面上有一种叫作"无创产前筛查"（NIPT）的技术，这种技术会利用孕妇的血液样本来分析胎儿的染色体状况。在英国，国家医疗服务体系会向高风险孕妇提供这一服务。当然你也可以去私人诊所，其价格在500英镑左右。

虽然该筛查的准确率高达99%，但就像前面的例子一样，其准确率无法帮助我们判断手中的检测结果到底在多大程度上是准确的。唐氏综合征、13三体综合征、18三体综合征都是这项检测的目标疾病，这些疾病不仅非常罕见，而且相当严重。患有唐氏综合征的孩子，幸运的话可以活几十年，大多需要终生陪护；而患有13三体综合征、18三体综合征的孩子通常会在出生后的数月、数年之内夭折。显然，检测结果是否准确对父母来说非常重要。

调查发现[11]，如果参加无创产前筛查的人不是高危孕妇，而是一群普通孕妇，那么检测结果往往会呈现假阳性。唐氏综合征的"阳性预测值"，即阳性检测结果为真阳性的概率为82%，13三体综合征的为49%，18三体综合征的为37%。

如果参加无创产前筛查的是一群高危孕妇，那么这些疾病的阳性预测值会大幅上升——18三体综合征的阳性预测值会跃升至84%。也就是说，如果对所有孕妇进行无差别检测，那么每3份阳性结果中就有2份是假的；如果只对高危孕妇进行检测，那么得到假阳性结果的概率还不到六分之一。

这背后仍然是贝叶斯定理。手中刚拿到的检测结果并不能反映整个事实，我们必须想办法得到先验概率，而这既不是什么理论假说，也不是什么学术难题。如果你已经怀上了宝宝，并参加了这些测试，且拿到了阳性结果，那贝叶斯定理将会成为你应该采取何种行动的关键。而且，正如后文所说，你的医生也不一定能帮到你，因为大部分医生也和普通人一样，认为99%的准确率就等同于检测结果在99%的情况下都是正确的。

和医学界类似，法律界也有一个叫作"检察官谬误"（prosecutor's fallacy）的案例，该案例就犯了没有认真考虑贝叶斯定理的错误。该案例是这样的：假定你正在犯罪现场做犯罪调查，在凶器上采集到了 DNA 样本，且该样本与数据库中某人的 DNA 样本匹配。要知道，DNA 匹配的精度极高——平均每 300 万个样本中才能有 1 个拥有如此高的匹配度。

这是否意味着，嫌疑人只有三百万分之一的概率是无辜的？读到这里你应该已经有能力意识到，事实并非如此。

你还需要一个信息，即先验概率。你是因为掌握了确切证据，才确定了嫌疑人的吗？还是说你只有 DNA 匹配这一个理由去怀疑他，而且该 DNA 数据库是从英国全国人口中随机挑选出来的？如果是后者，那么该嫌疑人的确是罪犯的先验概率只有六千八百万分之一：因为英国人口为 6800 万，而此起案件的罪犯只有一名。如果你对英国人口进行 DNA 检测，你会得到大约 20 份匹配结果，运气好的话，罪犯也会在里面。在这种情况下，刚好抓到罪犯的概率大约为 5%。

但如果你事先能把嫌疑人的范围缩小至 10 人，比如你就是神探赫尔克里·波洛，犯罪现场只有 10 个疑犯，他们被暴风雪困在一幢乡间别墅里，那情况就完全不同了。此时的先验概率是 10%，如果 10 人当中有人和现场遗留的 DNA 匹配上了，那该结果为假阳性的概率只有大约三十万分之一。①

这不是夸大其词，也不是故弄玄虚，因为法庭上真的有法官曾以类似的细节给嫌疑人定罪。1990 年，一个叫安德鲁·迪恩的男性被法庭判有强奸罪，证据之一就是 DNA 匹配。当时有位专家证

---

① 显然，这未必意味着他只有三十万分之一的概率是无辜的——就算不是凶手，他的 DNA 也有可能以某种方式出现在凶器上。

人跟法官说，DNA来自其他人的概率只有三百万分之一。但安德鲁·迪恩的罪名还是被推翻了（尽管重审之后还是判他有罪），原因就像某位统计学家所解释的那样[12]，"如果某人是无辜的，他的DNA有多大概率和犯罪现场的DNA匹配？"和"如果某人的DNA和犯罪现场的DNA匹配，他有多大概率是无辜的？"是两个不同的问题，正如"某人是教皇的可能性"和"某教皇是人的可能性"是不一样的。

有时谬误也会反过来。奥伦塔尔·詹姆斯·辛普森是美国橄榄球巨星，曾被指控谋杀自己的妻子妮科尔·布朗·辛普森。在该案的审判过程中，检方指出辛普森曾对自己的妻子施暴，而辩方表示："那些打过妻子耳光或殴打过妻子的男性当中，只有不到两千五百分之一的人会在一年之内谋杀妻子，这一概率可以说是微乎其微。"[13]

这一谬误与检察官谬误刚好相反。一年之内不仅殴打妻子，还进一步谋杀妻子的概率，或许真的"只有"两千五百分之一。但这并不是我们想问的问题。我们想知道的是，如果一个男性殴打妻子，而妻子又被谋杀了，那凶手是她丈夫的概率是多少？

德国心理学家、风险理论专家格尔德·吉仁泽表示，如果两千五百分之一这个数字是正确的，那么每10万名遭受家暴的女性中就有40人会被谋杀。[14]而在整个美国社会中，女性被谋杀的比例为十万分之五。

由此可见，虽然遭受家暴的美国妇女被丈夫杀害的先验概率约为每年两千五百分之一，但我们现在可以利用新掌握的信息——已知该妇女是被谋杀的——来修正这个概率。

现在我们把数据代入贝叶斯公式。假如某一年有10万名妇女遭受家暴，那么其中大约会有99955人没有被谋杀。在被谋杀的45名妇女中，有40名是被她们的丈夫谋杀的。所以我们说，辩方的谬误与检察官谬误刚好相反：他们只使用了先验概率，而忽视了新出现的信息。

贝叶斯定理不仅能够帮助我们分辨推理中的谬误，还能告诉我们某些更深刻的东西。借用刚才的一个词，"相反"往往是问题的关键。通常，统计学与概率学会告诉我们出现某个结果的概率有多大。如果色子没被动手脚，那"掷3个色子全是数字6朝上"这件事，每掷216次才会发生1次。如果我从未去过犯罪现场，那么我的DNA和现场样本匹配的概率只有三百万分之一。

不过我们想知道的往往并不是这些。如果我们怀疑一起玩色子的某人是个老千，那我们可能想知道"如果他掷出了3个6，那这些色子没被动手脚的概率有多大"。如果某人的DNA和犯罪现场的样本匹配上了，那我们或许想知道这是一个巧合的概率有多大。这些问题往往都是一些"相反"的问题。

在相当长的时间里，概率论所关心的都是前面那一类问题。但是在托马斯·贝叶斯（后面我们会介绍他的故事）于18世纪提出后面的第二类问题之后，类似的"反概率"便逐渐引起了世人的注意。

正如你将在本书中看到的那样，第二类问题总是能够引发大量争论。贝叶斯定理不仅有大量"信徒"，也有很多"敌人"，从没有哪个简短的公式能够像它一样引发如此广泛的争议。想想看，你在网上见过有人因为球面面积公式或欧拉恒等式而吵得不可开交吗？

我认为之所以会出现这种现象，是因为贝叶斯定理几乎影响着一切事物。在已经取得某些研究结果的情况下，某科学假说为真的概率有多大？好吧，我可以告诉你在该假说为假的情况下，你取得这些研究结果的概率有多大，可二者并不是一回事。为了研究前者——已经有越来越多的科学家认为这才是统计学该研究的事情——我们需要贝叶斯定理，需要先验概率。

不仅如此，其实所有在不确定的情况下做出最终决策的行为，都离不开贝叶斯定理。更准确地说，贝叶斯定理代表了理想决策，决策人在多大程度上遵循贝叶斯定理，决定着该决策在多大程度上是一个正确决策。苏格拉底凭借"所有人都会死，苏格拉底是人，所以苏格拉底也会死"建立了完整的形式逻辑，而这其实也只是贝叶斯定理在"非此即彼"这种极端情况下的一个特例而已。

人类似乎就是一台贝叶斯机器，这一结论在相当深的层面上是正确的：虽然人类在计算贝叶斯定理的时候表现得像个垃圾，但我们在日常生活中所做出的那些决定，实际上和一个理想的贝叶斯决策者所做出的决定几乎一致。可惜这并不意味着所有人的决定会达成一致——如果我和你对某件事的先验概率的判断大相径庭，那么即便掌握的证据相同，我们也会得出完全不同的结论。这就是我们在面对气候、疫苗等证据确凿的问题时，仍会发自内心地出现重大分歧的原因。

在更深的层次上，我们仍然是贝叶斯定理的执行者。我们的大脑、感知，似乎都是通过"预测世界—先验概率—通过感官获取新数据—更新自己的预测"这种方式工作的。我们对世界的意识体验似乎就是最佳的先验概率。正所谓，我预测，故我在。

第一章

从《公祷书》到《蒙特卡罗六壮士》

托马斯·贝叶斯

伦敦东部肖尔迪奇区的老街地铁站附近有一个叫邦希田园的著名墓地。

不少名人都长眠于此,其中最著名的应该是威廉·布莱克、《鲁滨孙漂流记》和《瘟疫年纪事》的作者丹尼尔·笛福、《天路历程》的作者约翰·班扬。

不过对于像我这样经常步行往返于地铁站和英国皇家统计学会的人来说,邦希田园中最有名的逝者应该是托马斯·贝叶斯。

托马斯·贝叶斯是18世纪英国长老会的一名牧师,同时也是一位非专业的数学家。很少有人知道他生前写过一本神学书,以及一本分析牛顿微积分学的书,因为他最出名的作品是一篇名为《一个机会论问题的求解思路》(An Essay towards solving a Problem in the Doctrine of Chances)的论文。[1] 贝叶斯去世之后,他的朋友理查德·普赖斯发现了这篇论文以及一些未完成的笔记。对其整理之后,普赖斯将其发表在了英国皇家学会的《自然科学会报》上。

而本书的核心内容,就是贝叶斯所提出的一个简单到难以置信的概念,即贝叶斯定理。毫不夸张地说,它或许是史上最重要的一个等式,可人们对贝叶斯本人却知之甚少,就连他的出生年份(1701年)都只是一个估计值。

加拿大滑铁卢大学的统计学名誉教授戴维·贝尔豪斯曾于

2004年为《统计科学》杂志撰写了贝叶斯的个人传记。[2]他认为，关于贝叶斯的资料之所以这么少，主要问题在于他是一名"非国教者"——不信奉英格兰国教的新教徒。

想要理解这为什么会是个问题，我们就得回顾一下几个世纪之前发生的事情。小说《狼厅》的粉丝一定还记得，亨利八世为了娶安妮·博林为后，于1533年带领英格兰脱离了罗马教廷统领的天主教会。又娶了四任妻子之后，亨利八世于1547年离世。他死后，大主教托马斯·克兰麦于1549年推出了《公祷书》，并规定英国的所有教堂都必须在礼拜活动中遵循该书的指导。[3]

亨利八世的长女玛丽一世并不认同《公祷书》的内容，于1553年废除了托马斯·克兰麦的主张。1556年，她以异教徒的罪名将托马斯·克兰麦绑在火刑柱上活活烧死，对那些"异端邪说"示以警告。几年之后，伊丽莎白一世又重新认可了《公祷书》的内容，自此，《公祷书》在信徒之中流行了一个多世纪，直至英国内战爆发。

英格兰共和国时期，从1649年查理一世被处死，到1660年君主制复辟这段时间，国家对礼拜形式的限制有所松动；然而到了1662年，议会又通过了新的《统一法案》，再一次确立了《公祷书》的地位，要求英格兰境内的所有礼拜活动都必须遵循《公祷书》的指导。

此时，很多神职人员已经习惯了共和国时期奥利弗·克伦威尔统治下的自由氛围，约2000人拒绝接受《统一法案》，其中大多数人是清教徒，结果就是他们被解除了职务，并被逐出了安立甘宗的教会。即便如此，其中仍有许多人选择继续布道（通常是在当地贵族的保护下），历史上一般将这些人称为"非国教者"或"不从国教者"。

1688年,英国通过了《宽容法案》,允许长老会信徒、贵格会信徒等非国教者享有礼拜自由,这意味着(与当时的天主教不同)他们再也不用偷偷摸摸地做礼拜了,但是他们的礼拜场所必须得到国家的许可。此外,这些人(其中就包括贝叶斯)还被禁止担任公职,禁止进入英国的大学。如此一来,非国教的学者和准牧师们就只能去苏格兰的大学(比如爱丁堡大学)或荷兰的大学(比如莱顿大学)学习、任教。

托马斯·贝叶斯来自一个相当富有的非国教家庭——其曾祖父理查德·贝叶斯因在谢菲尔德从事钢铁制造和餐具制作而发家致富。理查德和妻子爱丽丝(婚前姓查普曼)育有两个儿子,其中一个叫塞缪尔。和大多数名门望族一样(无论是否信奉安立甘宗),塞缪尔也成为一名牧师,并且非常幸运地在英格兰共和国时期达到大学入学年龄,进入剑桥大学三一学院学习,最终于1656年顺利毕业。尽管塞缪尔并没有信奉国教,但他还是成为北安普敦郡的一名牧师。不过后来《统一法案》颁发的时候,他又成为拒绝遵守该法案的2000名神职人员之一,并因此被调离了所在教区。理查德的另一个儿子约书亚是托马斯的祖父,他并没有从事神职工作,而是跟随理查德的脚步继承了家业。

这一时期的贝叶斯家族似乎十分热衷于非国教的传播。约书亚出资在谢菲尔德建造了一座非国教教堂,而他的女婿则成为另一座非国教教堂的创始人和牧师(虽然约书亚一共有4个女儿、3个儿子,但其中有2个女儿和1个儿子夭折了)。

约书亚的次子生于 1671 年，名字也叫约书亚①。小约书亚在英国北部的一所非国教学院学习哲学和神学，由于政府对非国教学者的骚扰和迫害，该学院曾多次被迫搬迁。毕业之后，小约书亚接连在伦敦多所非国教教会中担任牧师，先是在萨瑟克，后来又到了法灵登附近。根据戴维·贝尔豪斯的说法，小约书亚在信徒中非常受尊敬，大家认为他"既是一位传道者，又是一位博学者"。

另一方面，小约书亚也是一个典型的十分顾家的清教徒，拥有众多子女。1700 年 10 月，他与安妮（婚前姓卡彭特）结为夫妻，但具体日期已无从考证，这或许是因为他们的婚礼是在非国教教堂举行的。没错，一个人的出生信息、死亡信息、婚姻信息全部由英格兰国教保存，非国教群体的各种登记信息则通常"保密或不公开，因为害怕遭受宗教歧视"。

出于同样的原因，小约书亚和安妮那 7 名出色的子女的出生信息也不得而知。这 7 个孩子全部顺利活到了成年阶段，这在当时是非常罕见的——18 世纪早期出生的英国儿童约有三分之一会在 5 岁前夭折。[4] 我们已知小约书亚的长子托马斯去世于 1761 年 4 月，享年 59 岁，所以据此可以推算出他有"80% 的概率"[5]出生于 1701 年（也有可能是 1702 年年初）。托马斯的 6 个妹妹弟弟按出生顺序依次为玛丽、约翰、安妮、塞缪尔、丽贝卡、纳撒尼尔。同样，我们只知道这些人的去世年份和去世时的年龄（约翰去世时的年龄最小，1743 年他去世的时候只有 38 岁；丽贝卡活到了 82 岁），但不知道他们确切的出生日期。

---

① 后文将其称为小约书亚，以示区分。——译者注

小约书亚这一家人的发展轨迹和当时其他富有的、受过教育的家庭差不多。约翰进入林肯律师学院攻读法律，并于 1739 年获得了律师资格。塞缪尔和纳撒尼尔像他们的祖父、曾祖父一样进入了商贸领域——塞缪尔卖家用纺织品，纳撒尼尔经营食品杂货。安妮嫁给了一位同阶层的富有的纺织品经销商，丽贝卡则嫁给了一位律师。故事的主角托马斯则选择跟随父亲的步伐，成为一名非国教牧师。

有一种说法是，负责教育少年托马斯的老师是贝叶斯家族的好朋友约翰·沃德，后来他成为剑桥市格雷沙姆学院修辞学教授、英国皇家学会会员。托马斯的父亲曾出资帮助约翰·沃德出版了著作《格雷沙姆学院教授们的生活》（Lives of the Professors of Gresham College）。约翰·沃德的传记作者表示，"在一番'劝诱'之下，他承担了很多朋友的孩子的教育任务"，并在穆尔菲尔兹地区开办了一所学校。[6] 还有一种说法是，负责教育少年托马斯的老师不是约翰·沃德，而是亚伯拉罕·棣莫弗，即概率论的伟大先驱之一，他曾被迫逃离法国，在伦敦靠当家庭教师谋生。不过，这种说法更多只是一种猜测。[7]

托马斯是个相当聪明的年轻人。约翰·沃德于 1720 年（当时托马斯十八九岁）写给托马斯的一封信能够清楚地证明，托马斯·贝叶斯可以流利地阅读希腊文和拉丁文——毕竟信件就是用拉丁文写的——尽管约翰·沃德也在信中就托马斯的拉丁文写作能力给出了一些建议。

尽管贝叶斯家族富甲一方、人脉广泛，尽管托马斯聪慧过人，但他还是被英国的各所大学拒于门外，这一切只因他的家族没有信奉国教。1719年搬到爱丁堡之后，托马斯似乎拜入了逻辑学、形而上学教授科林·德拉蒙德的门下。1720年的那封信还包含一个信息，那就是托马斯对数学知识的掌握令约翰·沃德感到欣慰，他在信中写道："你对各个科目的学习安排可谓井然有序，十分合理。同时学习数学和逻辑学，能够让你更清晰、更容易地理解二者对思维模式和认知模式的塑造起到了何种作用、做出了多大贡献。"

不过托马斯搬至爱丁堡的主要目的并不是学习数理知识，而是学习神学知识，以便为将来的牧师生涯打下坚实基础。1720年，托马斯进入了神学院。神学院里的资料表明，托马斯的主要研究方向是《马太福音》，最后一份研究记录的日期是1722年1月，据此我们可以推测在此之前他一直都在爱丁堡学习、生活。

由于我们对托马斯人生轨迹的了解是碎片化的，下一个时间节点不得不跳跃至1728年。我们知道托马斯在1728年之前的某天就已经出现在伦敦了，因为当年长老会、独立派、浸礼宗的共同委员会——托马斯的父亲小约书亚长期担任该委员会会员，有时还担任负责人——收到了一份牧师名单，上面写有托马斯的名字。此时的托马斯已经成为一名准牧师，但尚未进入教堂任职。之后在1732年——根据当年的一份名单——托马斯加入了父亲的事业，在法灵登附近的皮革巷的一个非国教教堂内任起了神职。1734年年初，他搬到了肯特郡的坦布里奇韦尔斯镇，开启了自己的牧师生涯。

目前我们只知道托马斯是个非国教者，但并不知道他的确切信仰。这或许意味着他信奉着一个相当小众甚至可能是难以被主流接纳的异端宗教。

可以确定的是，托马斯既不是安立甘宗教徒，也不是天主教教徒。虽然二者的教义不同，但区别并不大——在一般人眼中区别更小。天主教认为，只有通过教会才能获得救赎；而安立甘宗认为，只要教徒能够信仰耶稣并遵循他的旨意行事，那就算他一辈子没见过牧师，也能上天堂。天主教认为，圣餐仪式中的圣饼和圣酒真真切切就是基督的身体与血液；而大多数安立甘宗教徒认为圣餐仪式只是基督精神的一种寄托。不过两个教派都相信神圣的三位一体——圣父、圣子、圣灵——三个不同的位格都是上帝的同一本体、同一本质、同一属性。

某些非国教者有着非常不同的信仰，比如阿利乌斯派与苏西尼派完全不认可三位一体的说法（因此他们被主流基督教徒视为异教徒）。阿利乌斯派认为圣父才是至高无上的真神，他的儿子耶稣则是一个自始至终都存在着的、神性稍低一些的神，这意味耶稣在降临地球之前就已经存在了。类似地，苏西尼派也认为耶稣的神性要稍低一些，只不过他们认为耶稣并非一直存在，而是在诞生后才存在。后来这两个教派又衍生出了一个新的派别，即一位论派，该教派同样不认可三位一体，不过他们的理论更为激进——他们相信上帝是唯一真神，耶稣并不是神。

在18世纪，这些信仰在长老会中迅速普及开来。虽然贝尔豪斯认为"这些长老会成员的思想相当开放"，但实际上也没有开放到可以容忍各种思想存在的地步：1719年，埃克塞特市的长老会驱逐了两位传教士，即詹姆斯·皮尔斯和约瑟夫·哈利特，理由是两个人已经变成信奉阿利乌斯派的异教徒。[8]

托马斯撰写的第一部作品是一本出版于1731年、名为《神的慈爱：试证神和政府都以生灵的幸福为宗旨，暨对〈神的正直：探究神在道德方面的完美性〉一文关于"美和秩序、惩罚行为的合理性、预先审判对于幸福的必要性"的论述的反驳》的神学著作。[9]虽然他并没有在书上署名（说实话，书名这么长，也没地方给他署名），但学界普遍认为这就是他的作品。他的好友理查德·普赖斯也在自己的文稿中表示，托马斯就是该书的作者。

具体来说，《神的慈爱》是一部讨论神正论的著作。托马斯试图在书中分析这样一个问题：假如上帝真的有大爱，是全知全能的，那他为什么会允许世界上存在罪恶？大卫·休谟曾引用伊壁鸠鲁的名言来描述该问题："是不是上帝的确想阻止罪恶，但没有能力做到？如果真是这样，那他就不是全知全能的；是不是上帝的确有能力阻止罪恶，但他并不想这样做？如果真是这样，那他就不是真爱的。倘若他真的想阻止，也有能力阻止，那这世间又怎会有罪恶？"[10]

托马斯这本书其实是对安立甘宗神学家约翰·鲍尔吉撰写的一篇神学文章的回应。约翰·鲍尔吉认为世上之所以存在苦难，是因为上帝的至善指的是"做正确和恰当的事情"，这种至善并不一定会符合人类的喜恶。[11]托马斯的观点与之相反，他相信上帝是慈爱的，上帝希望自己的子民幸福。不过现实情况是大部分世人都不幸福，所以托马斯花了大量篇幅解释为什么上帝有能力让我们幸福，也希望我们幸福，却没有这样做。这本书问世之后立即引发了大量争议，反过来这也导致它得到了广泛传播。

不过《神的慈爱》并没有提及托马斯自己的信仰。虽然托马斯的父亲小约书亚是一位"包容的、能够接纳各种不同观点的加尔文主义者"[12]，但根据贝尔豪斯的观点，托马斯很可能是一位阿利乌斯派信徒或苏西尼派信徒，并且"即将成为一名一位论派信徒"。贝尔豪斯表示："他不是那种寻常的、传统的基督徒。尽管他曾接受长老会牧师的培训，但他很可能是一名苏西尼派信徒。"

证据来自托马斯的社交圈。托马斯和詹姆斯·福斯特是朋友兼同事——詹姆斯·福斯特也是一名非国教牧师。此外，詹姆斯·福斯特本人还和另外两名因信奉阿利乌斯派而被驱逐的埃克塞特牧师是好朋友。詹姆斯·福斯特写过一本名为《宗教的基础论》（*An Essay on Fundamentals in Religion*）的手册[13]，他在手册中表示三位一体并不是基督教的基本信条。在我看来，这种思想简直是异教中的异教。

托马斯还有一位叫威廉·惠斯顿的同事，他是艾萨克·牛顿的学生，也是牛顿在剑桥大学的卢卡斯数学教席的继任者。某次早餐会上，这两位同事一起问托马斯，周末在本地安立甘宗教堂举办的讲道活动是否包含《亚他那修信经》的内容（该信经阐释了三位一体理论）。威廉·惠斯顿表示，如果包含这部分内容，他就当场辞去神职，托马斯立即安慰他说大概率不包含。

托马斯死后还给约翰·霍伊尔、理查德·普赖斯留下了200英镑。这两个人都是伦敦地区的非国教牧师，都信仰阿利乌斯派，他们所在的教会最后都改信了一位论派。前文提及，理查德·普赖斯是托马斯的挚友，托马斯去世之后，正是他帮忙整理、发表了那篇包含贝叶斯定理在内的著名论文。

托马斯·贝叶斯身边的同龄人大多出身于贵族家庭，接受过大学教育，甚至有不少人拿到了神学博士学位。[14] 他的社交圈中有很多像约翰·沃德、威廉·惠斯顿一样德高望重的人物，仅凭这一点就能看出他生活的环境有多上流。来到坦布里奇韦尔斯之后，托马斯继续与名门望族、权贵显赫之辈打交道，其中最重要的一位应当是第二代斯坦诺普伯爵菲利普·斯坦诺普。当时坦布里奇韦尔斯的"主要产业是旅游业"[15]，所以交通相当便捷，人们从伦敦坐马车只需一天便可抵达这里。当地最出名的旅游资源是深受大众喜爱的、泉水全部自产的大型温泉。菲利普·斯坦诺普7岁的时候继承了亡父的爵位。由于他家的"志奋领庄园"距离坦布里奇韦尔斯只有几英里[①]的路程，从20多岁开始他就成为当地的常客。菲利普·斯坦诺普出生于1713年，比托马斯要年轻一些。

这位年轻的伯爵算得上一位狂热的数学爱好者。小时候，他的叔叔及监护人曾逼迫他放弃数学，把兴趣转向文学艺术，可是成年之后，他立即重新拾起对数学的热爱。他的同辈曾这样评价他："他阅读了大量和神学、形而上学、数学相关的书。[16]他的笔记本上总是写满了各种数学符号，以至于有一半人以为他是变戏法的，还有一半人干脆把他当成傻子。"[17]

菲利普·斯坦诺普为科学家和数学家编织了一张社交网络，托马斯、格拉斯哥大学的数学家罗伯特·史密斯（菲利普·斯坦诺普曾帮忙出版他的遗作）、化学家约瑟夫·普里斯特利（氧气的发现者）、神学家兼科学家约翰·埃姆斯（牛顿的好朋友）都在这个圈子中。这张关系网中的所有人都是来自不同教派的非国教者，而且大多是出身名门望族的科学爱好者、数学爱好者。

贝尔豪斯认为，以现代人的标准来看，"与其说托马斯是个学

---

① 1英里≈1.6千米。——编者注

者，不如说他是个业余爱好者兼艺术家。他做研究更多是为了自娱自乐，而不是为了在学术上有所成就"。

菲利普·斯坦诺普和托马斯都是聪颖之辈，而且他们的工作并不繁重，闲暇时光较多，可以把大量精力花在数学上。贝尔豪斯表示："18世纪的富人特别热衷于参与各种科学活动，就像现代的富人总是喜欢投资各种球队。"

近些年，人们在菲利普·斯坦诺普的遗物中发现了大量他与托马斯往来的书信。根据信中内容我们可以推测，两人相识于18世纪30年代，契机则来自托马斯所写的一篇名为《微积分浅谈》（An Introduction to the Doctrine of Fluxions）的论文。[18]

当时哲学家乔治·贝克莱正在不遗余力地抨击牛顿的微积分理论，托马斯为了支持牛顿而写下这篇论文。没错，托马斯是牛顿坚定的追随者。贝尔豪斯表示："有些非国教者不敢传播数学知识，因为他们害怕被人看作牛顿科学的拥护者，进而被贴上'无神论者'的标签。但大多数非国教者都认为学习数学至关重要——有了数学，你才能弄懂上帝所创造的这个宇宙的运转规律。"

乔治·贝克莱认为牛顿的理论犯下了"除数为零"的错误：一个关键的方程中，分母居然可以等于零，可见"微积分学说"在本质上是矛盾的。为了反驳这种言论，托马斯试图在自己的论文中为牛顿的理论给出更严格的定义，让方程的每一项都不再有歧义。

之后托马斯又对无穷级数及其与导数的关系做了一些研究。"导数"是图表中斜率的变化率。假如现在有一幅关于距离（单位为米）和时间（单位为秒）的图形，线条的形状反映了速度（单位为米每秒）的情况。如果线条是直线，那速度就是恒定的；如果线条是曲线，那速度就是变化的。导数可以精确求出曲线在某一点的斜率，这样我们就能算出任意给定距离或时间下的速度。更进一步地，我们知道速度的变化量除以时间就是加速度，加速度是距离和时间的二阶导数。

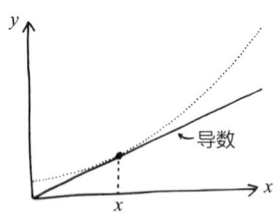

而无穷级数指的就是无穷无尽的级数。比如"$x=1+2+3+4+5\cdots$"就是一个无穷级数，等式右边可以按照规律一直加下去，所以x等于无穷大。不过，并非所有无穷级数都等于无穷大，比如"$x=(1/2)+(1/4)+(1/8)+(1/16)+(1/32)\cdots$"也是无穷级数，但它等于1。

托马斯证明，y在某一点的导数等于y展开的无穷级数在T时刻的值，减去它在$T+1$时刻的值的一半，再加上它在$T+2$时刻的值的三分之一……以此类推。直到托马斯和菲利普·斯坦诺普双双离世之后，人们才在斯坦诺普的手稿中发现了这一精巧的公式（那张遗稿以寥寥数字记下了这一信息："1747年8月12日，托马斯在坦布里奇韦尔斯向我介绍了这个定理"）。贝尔豪斯表示，直到25年之后，法国数学家拉格朗日才再一次独立提出了该定理。[19]

托马斯就是在这个时候开始对概率论产生了浓厚的兴趣。不过在介绍贝叶斯定理之前，我们有必要回顾一下概率论的发展史，了解一下那些为概率论做出过重要贡献的人。

帕斯卡与费马

大多数人会将17世纪中叶法国赌场中的故事作为概率论史的开端，但实际上早在16世纪的时候，意大利博学家吉罗拉莫·卡尔达诺就开始研究色子赌博中的概率问题了。比如他想知道，连掷4次色子，出现数字6的可能性有多大？将一对色子连掷24次，出现双6的可能性有多大？

他是这样计算的：首先，掷一次色子出现数字6的概率为1/6，约等于17%。一般我们在研究概率的时候并不直接写出百分比，而是将它表示为一个介于0和1的数值，并称之为P。所以这里我们将掷一次色子出现数字6的概率写作p=0.17（实际上是0.166666⋯，但我四舍五入了）。

之后他做出了一个自认为合理的推测：连掷4次色子，出现数字6的概率就会变成前者的4倍，即4/6，约等于0.67。其实只要稍加思索，你就会意识到这肯定不对，因为如此一来连掷6次色子出现数字6的概率就变成6/6，换句话说这变成一个必然事件。但显然连掷6次色子是有可能每次都不出现数字6的。

令他感到困惑的是，虽然出现数字6的次数与总次数的比的确是0.67，但有时一次实验中你能看到3次6，有时一次实验中你1次6也看不到。这是因为他没有搞清楚"只出现1次数字6"和"至少出现1次数字6"是两回事。

事实上"连掷4次色子，至少出现1次数字6"的概率并不是0.67，而是0.52。尽管如此，在赔率为1∶1的情况下，你一直把钱押在"连掷4次色子会出现数字6"上面，仍旧是个正确决策。

可是如果你在第二个问题上继续相信吉罗拉莫·卡尔达诺的结论，那你可就要亏大了。他的计算结果表明，既然一对色子一共有36种结果，双6在其中只出现一次（$p=1/36 ≈ 0.03$），那么将1对色子连掷24次，出现双6的概率就是前者的24倍，即24/36=2/3（就像第一个问题一样，他又得出了$p ≈ 0.67$的结论）。

如果赔率仍旧为1∶1，那你就不该相信他的结论，而是应该把钱押在"连掷24次双色子不会出现双6"上面，因为"连掷24次双色子至少出现1次双6"的概率约为0.49，一直押这个选项会让你赔个精光。

一个多世纪后的1654年，安托万·贡博也对这个问题产生了兴趣。贡博喜欢将自己称为"梅雷骑士"，他除了热爱哲学，还痴迷赌博。和我们一样，他也意识到了卡尔达诺的结论有问题：一直把钱押在"连掷4次色子至少出现1次数字6"上面能让你赚钱，但一直把钱押在"连掷24次双色子至少出现1次双6"上面会让你赔钱。

多次试验之后，贡博得出了一个比卡尔达诺更靠谱的结论。可是他也困惑起来了：两个事件的概率为什么会不一样呢？4∶6和24∶36难道不是一回事吗？于是他邀请自己的朋友、数学家皮埃尔·德·卡尔卡维一起研究这个问题，但两人仍旧毫无头绪。无奈之下，两人又请来共同的朋友——天才数学家布莱兹·帕斯卡。[20]

这个问题的答案其实并不复杂——卡尔达诺完全搞反了：重要的并不是它发生的概率，而是它没有发生的概率。

在连掷4次色子这个问题中，每次不出现数字6的概率都是5/6，即$p ≈ 0.83$。如果连掷2次，那么2次都没有看到数字6的概率是 0.83 乘以 0.83，约等于 0.7。每多掷 1 次色子，你看不到数字 6 的概率都会下降 17%。

如果连掷 4 次色子，那么数字 6 完全不出现的概率就是 $0.83 \times 0.83 \times 0.83 \times 0.83 \approx 0.48$（可以简写为 0.83^4）。反过来，至少看到 1 次数字 6 的概率就是 1−0.48=0.52，即 52%。如果你在赔率为 1：1 的情况下下注 100 次，那么你预计可以赢 52 次，小赚一笔。

假如我们现在每次掷 2 颗色子来赌双 6，那么正如前面的分析，每次掷出双 6 的概率是 1/36，即 $p \approx 0.03$；没有掷出双 6 的概率就是 1−1/36=35/36，约等于 0.97。

连掷 24 次，1 次双 6 都看不到的概率就是 0.97^{24}，约等于 0.51。因此，至少出现一次双 6 的概率就是 1−0.51=0.49。如果赔率为 1：1，那么你下注 100 次预计只能赢 49 次，最终会赔钱。

（我们应当为安托万·贡博点个赞，他肯定花了很多钱才弄明白第一个赌局赢钱的概率是 52%，第二个赌局赢钱的概率是 49%。他甚至还正确地推测出，在第二个赌局中，投掷次数至少要提高到 25，出现双 6 的概率才会大于 50%。看得出来，他是真喜欢玩色子啊。）

赌场老手安托万·贡博感到有些意犹未尽，于是又问了帕斯卡一个问题：假定两个人正在玩一个赌钱游戏，比如扑克或色子，玩到一半就被迫终止，此时其中一人拥有明显的优势。这种情况下，怎样分配赌资才是最公平的？平分显然不合理，因为有人领先；把钱全给领先的那个人也不太合理，毕竟他还没有真的赢下赌局。

帕斯卡觉得这个问题很有意思，于是赶忙和皮埃尔·德·费马

第一章　从《公祷书》到《蒙特卡罗六壮士》

（以"费马大定理"而闻名天下）互通书信进行讨论。²¹

这个问题可以追溯至几百年前的1494年。当时意大利数学家、方济各会修士卢卡·帕乔利也在研究类似的问题，并将结论写进了《算术、几何、比及比例概要》。²²

他构想了这样一个场景：两个人正在进行踢球比赛，每进一个球得10分，最先得到60分的人获胜。①在比赛被迫中断的时候，其中一人已经得了50分，另一人得了20分。此时比赛的奖金该如何分配？

帕乔利认为，既然两人目前的得分一共是70，那么得50分的人就应当得到奖金的5/7。

45年后，前面提到的卡尔达诺竟公然嘲笑帕乔利，认为他的答案"荒谬至极"——考虑到卡尔达诺也没弄明白色子问题，我觉得他还是谦逊一点比较好。卡尔达诺设想了一个稍有不同的场景：两个人玩游戏，先得10分的人获胜，当游戏被迫终止时，一个人得7分，另一人得9分。按照帕乔利的观点，此时得7分的玩家应该分到7/16的奖金，都快占总奖金的一半了。得9分的玩家的奖金只比前者多一点，这显然很不公平，毕竟他只差1分就获胜了，而前者还差3分呢。

卡尔达诺的确给出了一个更好的方案。"他把关注点放在了'双方还差多少分赢得比赛'上面，而不是'双方已经得了多少分'上

---

① 我感觉有些抓狂。为什么是60分、10分，而不是6分、1分？《哈利·波特》中的魁地奇比赛的计分体系也是傻乎乎的——要么得10分，要么直接得150分。为什么不是1分、15分呢？为什么非得加一个0？另外，在魁地奇比赛中，找球手抓到金色飞贼的得分居然是进球得分的15倍，这也太扯了！其他队员的努力看上去就是一个笑话。

面。"普拉卡什·戈罗彻恩如此评价道。[23]

可惜卡尔达诺离正确答案还是差了一点。他自己创造了一个叫作"胜利距离"的概念，来表示某选手距离胜利还有多远。选手差 X 分赢得比赛，他的胜利距离就是 $X+(X-1)+(X-2)+\cdots+1$。假如该选手还差 5 分赢得比赛，那么他的胜利距离就是 5+4+3+2+1=15。

在卡尔达诺的例子中，第一位选手得了 7 分，还差 3 分赢得比赛，所以他的胜利距离是 3+2+1=6。第二位选手得了 9 分，还差 1 分赢得比赛，所以他的胜利距离就是 1。如此一来，第二位选手应该分到 6/(1+6) 的奖金，看上去这的确公平了一些。

尽管这套方案的确比帕乔利的方案要好（至少更接近正确答案），但它仍是错的。

现在终于轮到帕斯卡和费马出场了。他们两人很快就看出了问题的关键：重要的不是选手距离终点有多近，也不是选手距离起点有多远，而是在剩下的所有可能性中，双方赢下比赛的可能性各占多少。

在写给费马的信中，帕斯卡设想了一个比较简单的场景：两个赌徒在玩一个游戏，先拿到 3 分的人获胜。双方各自下注 32 皮斯托尔（当时的一种金币），所以总赌资为 64 皮斯托尔。

假定在两个人都拿到 2 分的时候，游戏突然被迫终止。帕斯卡认为这种情况下钱很好分，每人拿 32 皮斯托尔就好了。

但如果此时两个人的得分不是 2 : 2，而是 2 : 1 呢？帕斯卡认为，既然刚才在 2 : 2 的情况下，奖金是两个人对半分，那此时就应该先给得 2 分的那个人分一半奖金，毕竟就算下一轮他输了，比分也只是 2 : 2 而已。剩下那一半奖金怎么办呢？得 2 分的那

第一章　从《公祷书》到《蒙特卡罗六壮士》　　19

个人可能会说："这一半奖金有可能被你赢走，也有可能被我赢走，机会相等，既然如此，不如继续平分了吧。"如此一来，得2分的选手一共分到了32+16=48，即总赌资的3/4。

还有一种思路是，假定游戏继续进行，那么可能的结果共有4种：得2分的那个人既赢了第一轮，又赢了第二轮；他赢了第一轮，输了第二轮；他输了第一轮，赢了第二轮；他既输了第一轮，又输了第二轮。

只有在最后一种情况下，他才会输掉比赛。如果他赢了第一轮，那么第二轮的结果就不用看了，因为他已经得了3分，所以第一轮他有一半的机会直接赢下比赛。即便他第一轮输了，那第二轮中他仍有一半的机会赢下比赛。

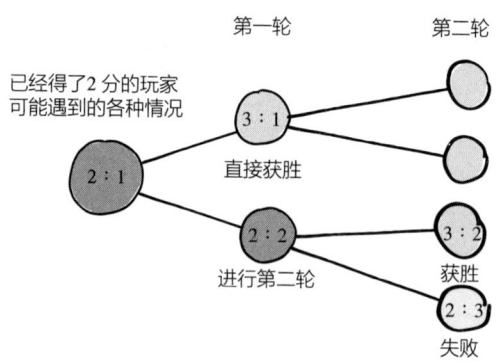

由此可见，就像帕斯卡所分析的那样，如果两人不得不在2∶1的情况下终止赌局，那么总赌资最公平的分配方式的确是3∶1。

帕斯卡继续分析了其他情况。假定赌局被迫终止时，甲得了2分，乙只得了0分。如果甲在下一轮赢了，那比赛就结束了。如果甲在下一轮输了，那就又回到刚才2∶1的情况，我们已经知道这种情况下甲最终赢得赌局的概率为75%。按照帕斯卡的逻辑，甲会这样说："如果下一轮我赢了，那我就会赢得全部赌资，即64皮斯托尔；如果下一轮我输了，那我也应当分走48皮斯托尔。因此，这48皮斯托尔肯定是属于我的。剩下的16皮斯托尔我们应当平分，因为咱俩拿到这笔钱的概率一样大。"

换句话说，甲最终赢得赌局的概率为7/8，即87.5%，所以最公平的分配方式就是甲拿走56皮斯托尔。用图来表示就是：

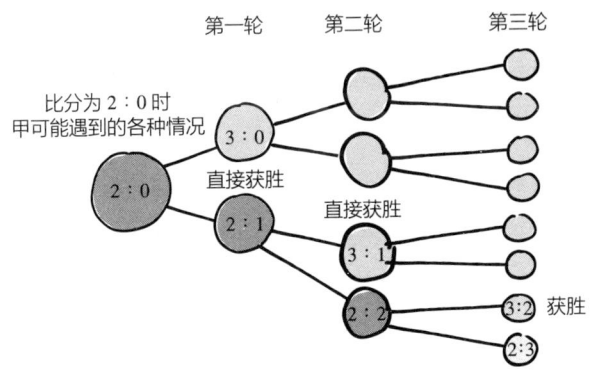

假如赌局被迫终止时，甲和乙的比分为1：0呢？帕斯卡认为，这种情况我们可以再多分析一轮。如果乙赢了第一轮，那比分就变成1：1，两个人重新站在了同一条起跑线；如果甲赢了第一轮，那比分就变成2：0，我们已经知道此时甲最终赢得赌局的概率为7/8。在所有可能出现的16种结果里，有11种是甲最终赢得赌局，所以这种情况下甲应该分走总赌资的11/16，即44皮斯托尔。

现在大家应当已经意识到了，概率论关心的是给定情况下可能会发生什么，而不是已经发生了什么。不过前面的计算方法既费时又费力，所以帕斯卡和费马研究出了更便捷的方式。

我们的确可以耐心地做个汇总，但如果剩余回合数有很多，那计算量可就太大了。我们得把每一个可能出现的回合都分析一遍——需要分析的回合数等于甲最终赢下赌局所需的回合数，加上乙最终赢下赌局所需的回合数，再减去1。比如有一个三局两胜的双人比赛，甲以1：0领先，那我们需要分析的回合数就是2+3-1=4（因为比分最高为3：2，所以最大回合数是5，剩下的回合数最多是4），而4回合意味着2^4（等于16）种可能性。之后你需要分析出其中有哪些可能性可以让甲最终赢下赌局，这一过程涉及大量的数字和标注，实在让人吃不消。

好在帕斯卡想到了一个轻松的方法。其实帕斯卡并不是第一个使用"帕斯卡三角形"的人——它在2世纪的印度、古代中国都很有名，它还有一个中文名字"杨辉三角形"——但他却是第一个将其用在概率问题中的人。这个三角形具体长这样：

```
                1
              1   1
            1   2   1
          1   3   3   1
        1   4   6   4   1
      1   5  10  10   5   1
    1   6  15  20  15   6   1
  1   7  21  35  35  21   7   1
```

它的"第0行"是1，其他各个位置上的数字都等于该数字左上角与右上角的和（如果左上角或右上角没有数字则视为0）。

帕斯卡发现这个三角形刚好对应着剩余回合数的各种可能性。

仍然以甲乙比分为 1∶0 为例，剩余回合数最大为 4，所以我们取第 4 行的数字来分析（最上面那个单独的 1 视作第 0 行）。第 4 行一共有 1、4、6、4、1 五个数，由于甲需要再赢两局才能获胜，所以我们去掉最左边的两个数，即 1 和 4。把剩下的三个数 6、4、1 相加，再除以该行 5 个数的总和 16，就是甲在 1∶0 的情况下最终赢下赌局的概率 11/16，即 p=0.6875。

再试试其他例子。在甲乙比分为 2∶1 的情况下，比赛最多还能进行两回合，甲只要赢下其中任一回合就可以获得最终的胜利，因此我们可以用第 2 行的数字 1、2、1 来分析。首先我们去掉 1，然后用剩下两个数字的和除以该行的总和，就得到了甲获得最终胜利的概率为 3/4，即 p=0.75。这种方法相当便捷，能节省大量时间。

只要是双方每回合获胜概率相等的比赛，我们都可以采用该方法来分析，比如抛硬币、势均力敌的球赛。最大回合数为 X，我们就用第 X 行的数字来分析（再次强调，最上面是第 0 行），该行所有数字的总和，就是所有可能出现的结果的总数。假如一共抛 7 次硬币，那么你就应该用第 7 行的数字来分析，即 1、7、21 那一行。该行所有数字的总和等于 128，所以抛 7 次硬币一共有 128 种可能性。

现在假定你想知道抛 7 次硬币，某结果出现 Y 次的概率有多大，比如硬币正面朝上出现 Y 次。

有可能抛了 7 次全是背面朝上，1 次正面都没看到。而在全部的 128 种结果当中，只有 1 种结果符合这一情形。

出现 1 次正面、6 次反面的结果有 7 个。这是因为 7 次结果当中，只要正面恰好出现一次就行，具体哪次出现的并不重要。出现 2 次正面、5 次反面的结果有 21 个（我就不一一列举了，你可以自己验证一下）。出现 3 次正面、4 次反面的结果有 35 个。

看出规律了吗？ 1、7、21、35——这就是杨辉三角形的第 7 行。

因此，如果你想知道抛 X 次硬币，正面出现 Y 次的概率，你就可以在三角形中找到第 X 行的数字，然后自左向右找到第 Y 个数字（需要强调的是，最左侧的 1 视作第 0 个数字），用该数字除以该行所有数字的总和。比如你想知道抛 7 次硬币，正面出现 5 次的概率，那你就应该先找到第 7 行的数字，1、7、21、35、35、21、7、1，然后自左向右找到第 5 个数字，即 21。所求概率为 21/128 ≈ 0.164，接近 1/6。

如果想求"正面至少出现 5 次"的概率，你只需把 Y 等于 6 和 7 的情况再加上去，即 21+7+1=29，再用它除以该行总数 128。帕斯卡在分析"赌资公平分配"问题时用的就是这一方法。

分析各种结果的概率有很多方法，杨辉三角形只是其中一种相对便捷的方式。如果每回合的可能性只有两种，就像抛硬币一样，我们就将其称为"二项分布"。

由此可见，当你想知道某件事发生的概率有多大时，你就需要分析一共有多少种结果符合该情形，以及所有可能的结果的总数。我想，你现在应该对"概率"有一个相对具象化的认知了。

大数定律

帕斯卡和费马通信的内容，标志着现代概率论的开端，尽管当时概率论并不叫概率论，而是叫"机会学"。你完全可以这样去理解概率：某件事发生的概率，就等于所有符合条件的结果的数量，除以所有可能发生的结果的数量。

瑞士数学家雅各布·伯努利将概率论的发展推向了新阶段。继续用刚才的例子来看，假如你真的把"连续抛 7 次硬币"这件事重复了 128 次，那么最终"出现 0 次正面的结果有 1 个、出现 1 次正面的结果有 7 个、出现 2 次正面的结果有 21 个……"的可能性其实很小。

但如果将这件事重复 1.28 亿次，那最终你很可能会发现"出现 0 次正面的结果有 100 万个、出现 1 次正面的结果有 700 万个、出现 2 次正面的结果有 2100 万个……"，可能有误差，但误差非常小。再举一个更简单的例子：如果你连抛 2 次硬币（每次出现正反的概率相等），那你会有很大可能性没有遇到"1 正 1 反"这种结果——具体来说，你有 50% 的概率遇不到这种结果，这意味着你看到的要么是 2 个正面，要么是 2 个反面。但如果你连抛 100 万次硬币，那你就会有很大可能遇到"50 万次正面，50 万次反面"这种结果，误差非常非常小。

伯努利通过数学证明，你抛硬币的次数越多，其分布越接近"真实"概率。

你可能会说："这不是明摆着的吗？我也知道会这样，那又怎样呢？"答案就是，你不需要真的抛 100 万次硬币，就可以准确预测正面朝上的次数基本上占总次数的一半。

不过目前为止，我们研究的都是已经确切知道概率的事件——抛硬币、掷色子皆是如此。我们事先就知道游戏各种结果的概率（至少理论上是知道的）——抛硬币的概率显然是五五开，掷色子出现

1的概率显然是1/6。

但是有时候我们会对游戏的公平性产生疑问：硬币会不会被动了手脚？色子里面会不会有机关？我们怎么才能判断是否有人作弊？又或者，我们没有在玩色子，而是在研究现实生活中某些事件发生的概率。为此，我们必须离开规则确定的游戏，走进充满偶然性和模糊性的真实世界。

雅各布·伯努利主要生活在17世纪的瑞士，他的家族中出现了好几位数学天才。首先我们要知道，雅各布·伯努利提出的是大数定律（也就是本小节的主要内容），而不是伯努利定律，后者是他的侄子丹尼尔·伯努利提出的，两个定律完全是两码事。除了他们两人，17—18世纪伯努利家族中比较有名的人还有3个约翰、2个尼古拉斯，以及另一个雅各布。

我们的主人公是雅各布·伯努利，他感兴趣的不只有概率明晰的赌博游戏，还有那些事先并不知道概率的事物。

设想下面这种情形。[24]桌上有一个密不透光的盒子，盒子里面有许多黑球和白球，事先我们并不知道黑球和白球的比例。现在你拿出了几颗小球，其中有黑有白。假设你具体拿了5颗球，其中有3颗黑球、2颗白球。利用这一结果，你能分析一下盒子里黑白小球的分布情况吗？

现在我们讨论的不再是"根据已知事实推测某些结果的概率"，而是一个完全相反的问题——根据观测到的结果推测真实世界是某种可能性的概率。前者是"概率推断"——根据对整体的认知情况推测个别事件的概率，后者是"统计推断"——根据抽样调查的结果推测整体的情况。

为了把问题说清楚，这里我要多说两句。虽然乍一看这两个问题没多大区别，但实际上这种区别至关重要。后者其实就是现代统计学家每天所研究的问题，他们才不会闲坐在办公室里，没事算一算德州扑克中抽到同花顺的概率，因为这种事情实在太简单了。只要知道一共有多少张牌，任何一个数学成绩不错的学生都能算出来。他们也没时间关心你到底在色子游戏中能掷出几次6，因为杨辉三角形几秒钟之内就能给出具体概率。这些统计学家真正关心的是手中数据与某种假说之间的关系。假如我们现在给500人注射新冠疫苗，给另外500人注射安慰剂，结果疫苗组只有1人感染新冠病毒，而安慰剂组有10人感染新冠病毒。这能说明什么？我们有多大把握相信疫苗起了作用？

这就是雅各布·伯努利想搞清楚的事情。不过，虽然他的观点很有创造力、洞察力，但本质上却是错误的——至少《伯努利的谬误：不合逻辑的统计学与现代科学的危机》一书的作者奥布里·克莱顿是这样认为的。对奥布里·克莱顿，以及以他为代表的学术流派来说，虽然伯努利的确是个天才，但他却不知不觉地将统计思想引入了歧途，以致统计学在接下来的5个多世纪都没能走上正轨。奥布里·克莱顿的观点并非独创，相关讨论已经在学术界持续了100多年，具体情况我们在其他章节另做讨论。现在我们先来看看伯努利到底做了什么，为什么会引起这么大的争议。

伯努利想知道，在我们抽取一定数量的小球之后，能够有多大把握确定盒子里面黑球和白球的数量。假定现在盒子里面仍旧有数量不明的黑球和白球，但抽球的规则变了：每次只抽一颗，然后把它放回去，摇匀了接着抽[25]（这一点很重要，因为只有摇匀了，才能保证每次抽到黑球或白球的概率都一样）。此外，我们还要保证初始状态下黑球和白球也已经被摇匀，且每颗球的大小、重量均相等。这意味着在把球拿出盒子之前，你无法判断它是黑球还是白球，也没有理由去预测某个颜色出现的概率比另一个颜色大。然后你开始抽球，一共抽了 X 次，其中有 Y 次是白球。这种情况下，你认为盒子里面黑球和白球的比例是多少？

样本越大，我们抽到的结果越接近真实比例。假定盒子中白球与黑球的真实比例是 3 : 2，那么你只抽 5 次球的时候，刚好抽到 3 次白球、2 次黑球的可能性并不大。但如果你抽 50 次球，就算白球与黑球的比例不是 30 : 20，也不会差太多。伯努利自己也承认："即便某个人已经笨到家了，他也可以在没有接受任何概率知识的前提下，仅凭本能认识到这一点。"[26]（事实还真是这样，1951 年的一项调查发现，就连幼童都可以凭直觉掌握这一事实。[27]）

但伯努利并没有止步于此。他认为我们还有 3 个问题没有搞清楚：我们到底需要多大的样本？我们离真实的答案有多近？我们对自己的结论到底有多自信？他发现，我们永远不可能百分之百确信自己的结论就是真实答案，只能"尽可能地"接近真实答案——不同结论具有不同的置信度。

比如，有时我们需要结论有 99% 的可能性让它与真实情况的误差保持在 1% 以内，有时我们也需要让结论有 70% 的可能性让误差保持在 10% 以内。伯努利证明，无论是前者还是后者，抑或其他什么情况，我们都可以取特定次数的小球让结果达到所需的置信度。此外，他还证明，没有哪个特定次数可以让结论的置信度达到 100%；也没有哪个特定次数让置信度达到最大值，也就是继续增加样本数量无助于继续提高置信度。

用数学语言来表达该定理就是（这些语言并不是伯努利的原话，而是现代概率学优化后的表述）：假定我们想要的置信度为大写的 P，事件发生的真实概率为小写的 p；总实验次数为 n，其中事件发生的次数为 m。对于任何一个正数 ε，任何一个大于 0、小于 1 的 P，都存在一个 n，使得 m/n 与 p 的绝对值小于等于 ε。[28]

这里面的 P、n、ε 均为变量，改变其中任何一个变量，都至少会影响到另一个变量的数值。假定 n 足够大，可以让置信度 $P=90\%$，实验结论与真实概率的误差为 10%。如果你想把 P 提高到 99%，那么你要么提高误差，使其大于 10%；要么继续扩大样本，提高 n 的数值（正如奥布里·克莱顿所言，这就像项目管理中的那句老话一样，"高速度、高质量、低成本，三者不可兼得"。放到这个案例中就是"精确估计、高置信度、低样本量，三者不可兼得"）。[29]

成功证明该定理后，伯努利还想继续弄清几个变量之间具体的数值关系——他想知道在给定的样本下，置信度到底能有多高？一番计算之后他发现，如果盒子中白球与黑球的真实数量分别为 3000、2000，且取球次数为 25500，那么每 1000 次这样的实验中，会有 999 次可以让你得到的实际结果与真实概率的误差小于 2%。

[对一个生活在近代早期的欧洲人来说，这个样本量实在太大了，他既没有电脑，也没有只需要一杯啤酒的钱就可以雇来参加社会实验的廉价本科生。正如史蒂芬·斯蒂格勒在《统计学史》(*The History of Statistics*) 一书中所指出的那样，这一样本量比当时伯努利所居住的巴塞尔市的总人口还要多。伯努利在《猜度术》一书的

结尾写道:"这已经不只是天文数字了,以人类的能力来衡量的话,我感觉这跟无限大没有区别。"史蒂芬·斯蒂格勒给出了如此评价:"看到25500这个数字的时候,伯努利肯定心如死灰,我都不知道他哪儿来的力气写下最后这段话。"[30]

如果采用比较现代的方法,那我们可以用更小的样本量来实现伯努利想要的置信度。不过,就算以如今的统计标准来看,伯努利对置信度的要求也是相当高。我们稍后再谈 p 值和置信区间的概念,现在我们先来看看伯努利所追求的置信度到底有多高——每1000次有999次落在给定的范围——这样相当于假阳性率只有0.001。而在大多数的社会科学中,我们追求的假阳性率只有0.05,伯努利的要求比我们高50倍,尽管其他某些学科会采用更严格的标准,尤其是物理学。

伯努利还意识到,概率不仅存在于游戏和赌博中,人类其实每时每刻都在和概率打交道,比如判断谋杀案的凶手时需要分析概率,研究文件是否经过伪造时也要分析概率。因此,伯努利想要构造一个通用的哲学方法来分析那些经验数据。其实两千年来哲学家们一直在争论,人们到底应该用理性还是感性去认知真理。柏拉图认为,世界存在绝对的真实——他将其称为"形式"——但我们的感官是不完美的,感官永远无法感触绝对的真实。[31] 因此柏拉图认为,认识真理的途径应当是理性分析,而不是实验本身。

作为一名物理学家、实验主义者,伯努利认为,虽然我们永远都不可能确切地知道任何事情,但是我们的确知道不同的事件有不同的概率。比如我们连续掷100次色子,发现每次的结果都是6,那么虽然我们无法判断它肯定被动了手脚,但我们可以说它极有可能被动了手脚。为了让接下来的各种话题（比如各种和概率相关的概念、贝叶斯定理——逻辑形式的一种拓展）的讨论更为顺畅，我们需要知道，伯努利认为确信程度可以用数字来衡量，1代表完全确定，0代表完全不可能[32]，这意味着置信度是一个可以被量化的概念，具体数值会受到实验数据的影响。

奥布里·克莱顿认为，问题在于伯努利所讨论的仍旧是"抽样概率"，而不是"推断概率"，或者更确切地说，他根本没有将二者区分开来。伯努利已经成功证明，样本中的黑球、白球比例"很可能接近"盒子中的黑球、白球的真实比例（具体有多可能、有多接近取决于样本大小），所以他自然而然地认为，盒子中的黑球、白球的真实比例同样"很可能接近"样本中的黑球、白球的比例。可是他错了，两者的可能性完全可以天差地别。直到牧师托马斯·贝叶斯出现，人们才明白伯努利错在哪儿了。

亚伯拉罕·棣莫弗与正态分布

亚伯拉罕·棣莫弗是一名来自法国的新教徒，曾在家乡维特里遭受天主教当局的迫害，被监禁两年后才得以出逃。[33]1688年，21岁的棣莫弗来到了伦敦，一边拜读牛顿的著作、学习各种数学知识，一边当家教谋生。最终，他成功地将伯努利的理论向前推进了一步。

前面我们曾提到，帕斯卡和费马研究了赌局被迫终止的情况下，赌资该如何公平分配的问题。他们的结论是，我们应当考虑如果比赛继续进行，两个人获胜的概率分别有多大。换句话说，我们需要分析剩下的所有可能发生的结果中，哪些会令 A 获胜，哪些会令 B 获胜。

他们讨论的其实就是本小节要介绍的二项分布。如果你抛一枚硬币，那它要么正面朝上，要么背面朝上。如果你将一枚硬币抛两次，那么结果只有正正、反反、正反、反正 4 种。两次正面、两次反面的情形都只有一种，但一正一反的情形有 2 种。列成表格就是：

正面朝上的次数	概率
0	1/4
1	1/2
2	1/4

当然你也可以把它画成数据图：

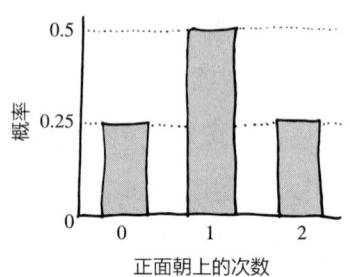

正面朝上的次数

这就是连抛 2 次硬币的概率分布（只要是"每次只会出现两种结果，且概率相等"的事件，其概率分布就是这样）。连抛 4 次硬币的概率分布表如下：

正面朝上的次数	概率
0	1/16
1	4/16（1/4）
2	6/16（3/8）
3	4/16（1/4）
4	1/16

（你应该已经发现了，分子就是杨辉三角形第 4 行的数字）画成概率分布图就是：

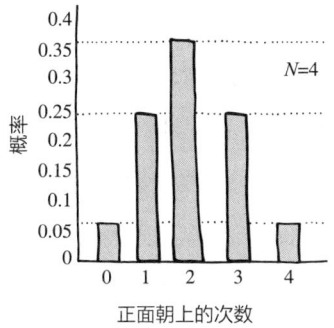

假定抛硬币的总次数为 N，正面朝上的次数为 x，那么对任何 N、任何 x，我们都能根据公式算出其具体概率，公式我就不写了（网上一搜就有），但我可以告诉大家，它会涉及 N 的阶乘、x 的阶乘，以及 $N-x$ 的阶乘等数值。

阶乘指的就是一个数乘以"它减 1"再乘以"它减 2"再乘以"它减 3"……一直乘到数字 1。比如 5 的阶乘就是 $5 \times 4 \times 3 \times 2 \times 1 = 120$。数字只要稍微大一点，它的阶乘就会非常难算（阶乘的增

第一章 从《公祷书》到《蒙特卡罗六壮士》 33

速实在太快了，比如6的阶乘等于720，而10的阶乘等于3628800）。

事实上，我们关心的往往不是抛 N 次硬币正面刚好出现 x 次的概率。以赌博为例，现在有个人跟你说："我跟你打赌，连抛100次硬币，正面朝上的次数会小于60。如果我输了，我就给你50英镑；如果我赢了，你就给我10英镑。"你觉得这个赔率合适吗？如果利用二项分布来计算，我们就得把100的阶乘、60的阶乘、40的阶乘代入公式；然后再把61的阶乘、39的阶乘代进去；之后再把62的阶乘、38的阶乘代进去……简直没完没了。伯努利还真是这么干的，这或许就是他的书花了20年才写完的原因。严格来说，他并没有写完，只是被迫放弃了。

当然，一旦有人真的算出了某个数的阶乘，比如253的阶乘——这个数一共有507位，结尾有62个0——他就可以把它记载下来，以供后人使用。即便如此，这一计算过程也相当枯燥、烦琐。

不过棣莫弗关注的并不是数字大小，而是曲线形状。[34] 请再看看上面两个概率分布图：二者都是中间凸起，两侧逐渐平缓，只不过 $N=4$ 的图像要更加平滑，显得更有规律。

抛硬币的次数 N 越大，曲线就会越清晰。比如 $N=12$ 时：

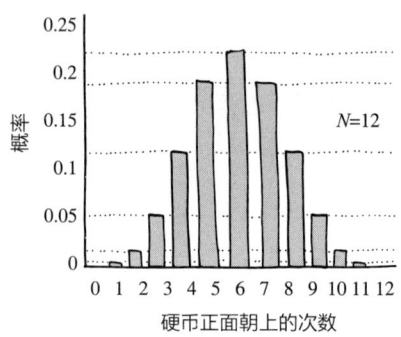

棣莫弗认为，与其费力地用公式去计算抛 100 次硬币出现 60 次正面的概率，还不如去分析一下曲线的数学表达式，然后利用该表达式来计算某种结果的概率。他说的这条曲线其实就是著名的正态分布曲线，也有人叫它钟形曲线（我认识的统计学家都不喜欢后面这个名字，因为大家觉得它根本不像个钟）。

标准差

我们现在来讨论一下亚伯拉罕·棣莫弗提出的两个概念，即"均值"和"标准差"——后面这个词直到 150 多年后才被人们创造出来。大家应当都知道什么叫均值（就是平均数），但我估计有很多人并不知道什么是标准差，可是很多专业人士在提到这个概念的时候并不会给出任何解释，搞得好像我们天生就该知道似的。其实标准差表示的就是数据在均值附近的离散程度。

假定你有 3 个孩子，你想知道他们的平均身高。为此你测量了每个孩子的身高，加在一起除以 3，结果为 160 厘米。这就是均值。

有无数种组合可以让平均值为 160 厘米。比如三个孩子刚好都是 160 厘米；比如一个 157 厘米、一个 160 厘米、一个 163 厘米；再比如有两个孩子都是 130 厘米的 8 岁幼童，另一个孩子则是身高 220 厘米的大学篮球运动员。

这几组数据最重要的差别就是它们与平均值的差值不同。一般我们会用方差来衡量这种差别。得到方差之后，只要继续求出它的算术平方根，我们就得到了标准差。

方差的计算方式为：用每个孩子的身高减去平均值，然后计算出每个差值的平方（这样做是为了让每项数据都是正数），最后再求这些平方数的均值。

我们以 157、160、163 这组数据为例。用每个孩子的身高减去平均值会得到 –3、0、3，计算每个差值的平方会得到 9、0、9，最后计算这些平方数的均值 $\frac{9+0+9}{3}=6$，6 就是我们要求的方差。6 的算术平方根约等于 2.4，这就是标准差。

在 8 岁幼童和篮球运动员的例子中，用每个孩子的身高减去平均值会得到 –30、–30、60，计算每个差值的平方会得到 900、900、3600，最后计算这些平方数的均值 $\frac{900+900+3600}{3}=1800$，这就是方差。1800 的算术平方根约等于 42.4，这就是标准差。

得到标准差之后，我们就可以用它来衡量每个值和均值的距离有多远（标准差通常简写为 SD，或希腊字母 σ）。

继续以 8 岁幼童和篮球运动员为例，这组数据的标准差为 42.4，意味着两个 8 岁幼童的身高比均值低了 30/42.4=0.7 个标准差，而篮球运动员的身高比均值高了 60/42.4=1.4 个标准差。

有趣的是，如果数据呈正态分布，且样本量足够大，那我们就可以可靠地预测出与均值距离小于 *x* 个标准差的各个结果占全部结果的百分比。通常情况下，有 68% 的结果会落在与均值相差 1 个标准差的范围之内——这意味着如果你的身高比均值高出 1 个标准差，那么你的身高大约超过了 84%[①] 的人口。此外，有 95% 的结果会落在与均值相差 2 个标准差的范围之内；有 99.7% 的结果会落在与均值相差 3 个标准差的范围之内。

---

① $1-\frac{1-0.68}{2}=0.84$。——译者注

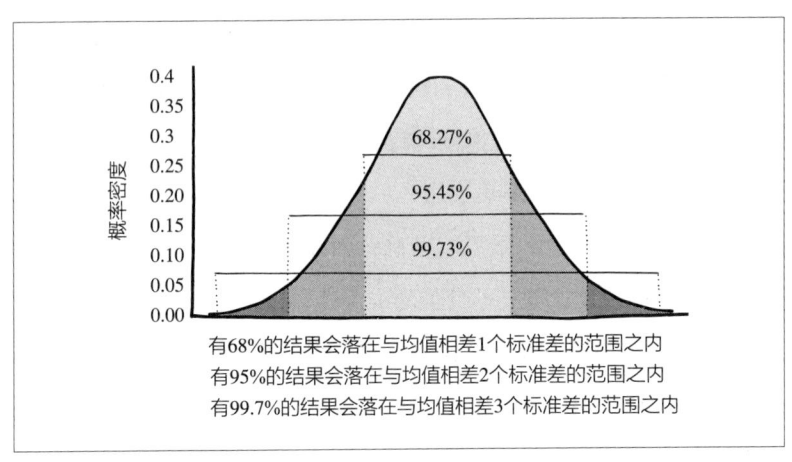

有68%的结果会落在与均值相差1个标准差的范围之内
有95%的结果会落在与均值相差2个标准差的范围之内
有99.7%的结果会落在与均值相差3个标准差的范围之内

亚伯拉罕·棣莫弗证明，只要求出正态分布曲线的表达式（尽管当时的叫法并不是正态分布），我们就可以快速得出任何一种结果的概率的近似值。一番计算之后，他给出了自己的答案：有68.2688%的结果会落在与均值相差1个标准差的范围之内，而正确答案为68.2689%；有95.428%的结果会落在与均值相差2个标准差的范围之内，而正确答案为95.45%；有99.874%的结果会落在与均值相差3个标准差的范围之内，而正确答案为99.73%[35]（当时也没有"标准差"这个叫法，但他的确使用了标准差的概念，并将其视为衡量数据与均值的偏离程度的绝佳方法）。

由此一来，如果你想知道与均值相差特定距离之内的那些结果出现的概率有多大，那么你只需计算手中数据的标准差，然后将其代入棣莫弗计算出的曲线表达式即可。你再也不用花费大量时间去计算3600的阶乘了。

棣莫弗还发现，数据的精确度——标准差的大小——取决于样本数量，这其实就是伯努利一直在试图弄清楚的置信度问题的拓展形式。伯努利花费了20年的时间，日复一日地计算样本规模与置信度的关系，最终也没算出来到底需要多大的样本量，才能保证每1000次实验中有999次的结果与真值的差距小于2%。棣莫弗则研究出了通用算法，尽管精度有出入，但意义非凡。换句话说，伯努利只发现了样本量越大，结果越精确；而棣莫弗更进一步，实现了理论的量化。他的结论就是估计值的准确性和样本量的平方根成正比。

但是棣莫弗所研究的问题和伯努利所研究的问题没有什么不同：他们都在思考，在某种给定的前提之下，看到某种结果的概率是多少？比如前面那个"连抛100次硬币，正面朝上的次数大于等于60的概率"（答案是2.8%，即你赢钱的概率。50∶10的赔率太不公平了，你可千万别赌）。

棣莫弗和伯努利都没能回答后来被称为"反概率"的问题，而这才是概率学的核心内容。我们希望（或者说整个科学体系希望）统计理论能够告诉我们，如何根据已经掌握的结果去构建某个理论。

辛普森与贝叶斯

托马斯·贝叶斯以及他身边那个家境富裕的数学爱好者圈子，对伯努利和棣莫弗两个人都非常熟悉。贝叶斯的传记作者戴维·贝尔豪斯跟我说："我认为贝叶斯、菲利普·斯坦诺普伯爵两个人当时正在学习1733年棣莫弗出版的那本《机会论》。我的观点是，正是这本书点燃了贝叶斯对概率论的兴趣。""当时"指的是1735年前后，此时贝叶斯已经 30 多岁了。

与此同时,英国还有一个和托马斯·贝叶斯同名的人,即托马斯·辛普森,他的研究方向和棣莫弗差不多。辛普森是莱斯特郡一名纺织工人的儿子,继承父业之后,他开始自学数学——这种现象在当时相当普遍,辛普森后来加入了斯皮塔菲尔德数学学会,该学会有一半的会员是纺织工。[36] 根据史蒂芬·斯蒂格勒的说法,辛普森的人生非同寻常:他 19 岁时娶了一个 50 多岁、育有两个孩子的寡妇为妻(还有些传记认为他娶了自己的房东,两个孩子都是二人生的[37]);"不知是他还是他的助手,在占星术课堂上打扮成魔鬼的样子,吓坏了一个女孩",自此之后全家人不得不搬离纳尼顿逃往德比[38](据说那节课刚好赶上了日食)。1736 年,一家人已经搬到伦敦生活。

辛普森与本书内容关系最密切的数学成果诞生于 1755 年。那是一篇分析天文学观测误差的论文:如果有 6 位天文学家都观测到了某行星,但各自的记录数据却略有不同,那么我们该如何记载它的确切位置呢?[39]

辛普森认为,我们应该使用所有观测结果的均值(就像当时很多人建议的那样),而不是"亚里士多德均值"——最大值与最小值加起来除以 2。利用大数定律的某个特例,他成功证明了自己的观点。

这里我不打算展开细说,主要是因为这些内容和标准差那部分的内容有很多重复的地方,但其中有两个重要细节我得强调一下。第一,辛普森确确实实地在分析推断,而不是样本。换句话说,他关心的是"如何根据已经得到的结果推算某个假设成立的概率",而

第一章 从《公祷书》到《蒙特卡罗六壮士》

不是"如何根据已经构建好的假设推算出现某个特定结果的概率"。他做的事情是根据观测数据确定行星位置,而不是根据行星的确切位置去分析出现误差的概率有多大。虽然辛普森是在对误差分析进行了极度简化的情况下才得出了结论,但这仍是一次伟大的尝试——统计学终于脱离了"赌场老手的数学游戏(或赢钱秘诀)"的范畴,成为一种有广泛意义的推理工具。史蒂芬·斯蒂格勒甚至给出了这样的评价:"据我所知,辛普森是历史上第一位向实验科学家给出统计建议的数学家。"而该建议其实很简单:在求平均值时,观测数据应尽可能多一些。[40]

第二,辛普森这篇论文的审稿人刚好就是正在坦布里奇韦尔斯担任牧师的托马斯·贝叶斯。贝尔豪斯表示:"当时,他对概率知识的掌握已经相当娴熟,对论文的一些细节提出了非常宝贵的见解。"如今被称为"测量误差"的概念就是其中之一。贝尔豪斯还表示:"贝叶斯对这篇论文的主要评价可以总结成一句话——没错,这篇论文在数学方面没有任何问题,但如果测量仪器本身就存在误差该怎么办?在这种情况下,求平均值也没用。"

在写给物理学家约翰·坎顿(也是纺织工的儿子)的一封信中,贝叶斯写道:

> 仪器本身的缺陷、人类感官的不完美,也会导致误差的出现。我认为仅仅增加观测次数无法消除这种误差,也无法将其降低至近乎零的水平。恰恰相反,使用带有缺陷的仪器进行的观测次数越多,似乎就越能说明,这种误差的大小和仪器的缺陷程度成正比。如果不是这样,在那些需要多次观测的场合下

使用更精密的仪器也就没有什么意义了，也就不会有人发现误差了。[41]

比如你现在想测试一个人跑 1 英里需要多长时间，但你的秒表稍微快一些——它走 1 分钟，正常的表才走 59 秒。这种情况下对数据取平均值是没有用的，你只会越来越相信那个错误的答案。

辛普森听取了贝叶斯的意见，并在论文的修订版中加上了这样一段话："我的结论是有前提的——测量仪器不能含有固有缺陷，导致每次结果都包含相同的误差；每次数据过大、过小的概率应当一致，或基本一致。"[42]

总而言之，贝叶斯至少在 1755 年之前就开始思考"统计推断"，或者说反概率的问题了——还记得吗，统计推断研究的是"如何根据已经得到的结果推算某个假设成立的概率"；而"概率推断"恰恰相反，它关心的是"如何根据已经构建好的假设推算出现某个特定结果的概率"。如果贝尔豪斯的记载没错，那么早在 18 世纪 30 年代中期，读到棣莫弗的著作的时候，贝叶斯就已经对反概率产生了兴趣。

贝叶斯的"台球"比喻

在数学成就之外，贝叶斯对概率论还做出了很大的哲学贡献。到目前为止，我们一直都在把概率当作一个真实存在的事物。我们说抛 1 次硬币，正面朝上的概率是 50%；抛 100 次硬币，正面至少有 60 次朝上的概率大约为 2.8%。我们说出这些话的时候，从来没有怀疑过其真实性，好像它们本就是存在于世界中的某些事实。贝叶斯改变了这一切。

在贝叶斯看来，概率只是"世界不为人知的那一面的一种描述方式"[43]——引自英国皇家统计学会前会长、剑桥大学前"公众风险理解温顿①教授"戴维·斯皮格霍尔特爵士。

换句话说，贝叶斯认为概率是一种主观的东西，是人类对未知领域、对真理的最佳推测的一种表述。它不是这个世界的天然属性，而是我们对世界的一种理解。假如你在我面前抛了一枚硬币，然后用手掌遮住结果，问我"正面朝上的概率是多少"，那我可能会回答"50%"，前提是我相信你没有动手脚。不过，如果我知道你是个魔术师，或者是世界上最狂热的"错版硬币收藏者"，那我可能会给出不同的答案。

贝叶斯在论文《一个机会论问题的求解思路》中指出，想要实现"统计推断"——再次强调，"统计推断"研究的是"如何根据已经得到的结果推算某个假设成立的概率"；而"概率推断"关心的是"如何根据已经构建好的假设推算出现某个特定结果的概率"，二者思路完全相反——我们就必须弄清某理论在一开始就是正确理论的可能性。也就是说，我们必须把自己对该事件的主观信念考虑进去。

为了解释这一观点，贝叶斯用一个在桌上滚动的小球来比喻（注意，这并不是传统意义上的台球。史蒂芬·斯蒂格勒认为："后

---

① "温顿"二字来源于温顿慈善基金会，该基金会长期为此职位提供大量资金。——译者注

来很多作者把这个比喻总结成台球，但贝叶斯的比喻并没有如此具体、如此不严谨。"[44]虽然戴维·斯皮格霍尔特爵士也将其称为"台球"，但他还加了一个补充说明："身为长老会的牧师，贝叶斯只是将其称为'桌上的小球'。"[45]）。该比喻具体来说是这样的：桌子处于视线之外，此时桌上正有一个白球在滚动，其最终位置完全随机。"桌面上每一处都是一模一样的，小球停留在每一处的概率也是一模一样的。"[46]

白球停稳后，它就会被人移走。人们会画一条穿过球心的、垂直于桌子边框的直线，但你不会被告知这条直线在哪儿。之后又有一些红球滚到了这张桌子上，你会被告知有几颗红球在这条线的左边，有几颗红球在这条线的右边。你的任务就是估算这条直线的位置。

假定红球一共有5颗，落定之后有人告诉你，直线左边有2颗，右边有3颗。

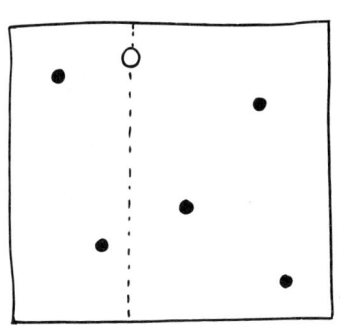

你觉得这条线会在哪里？贝叶斯认为，这条线最有可能的位置是桌子的3/7处（自左向右）。[47]

凭直觉，你可能会觉得这条线应该在 2/5 处，毕竟左右两侧红球的数量是 2 : 3。但贝叶斯认为，我们在分析问题时必须考虑先验概率——在得到任何实验结果之前你对问题的最佳猜测。

可是最佳猜测从哪儿来呢？实验之前我们不是什么都不知道吗？那条线在哪儿都有可能。其实，"等概率出现在任何位置"也是一种先验预测：从你的主观视角来看，这条线可能存在于桌面两侧之间的任何一个位置，每个位置的概率都一样大。

你甚至可以画出相应的概率分布图——在得到红球信息之前，这条线出现在某一位置的可能性有多大：

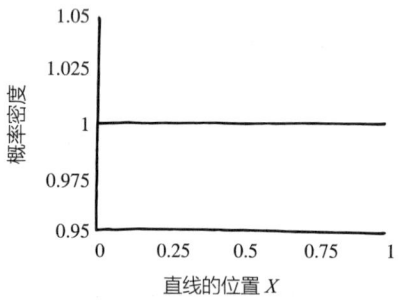

如果你完全不知道该如何判断这条线在哪里，那就意味着下一颗红球落在这条线左侧的概率是 50%。因为这条线可能在最右边，此时红球必然在它的左侧；直线也可能在最左边，此时红球必然在它的右侧；直线也可能在正中间，此时红球在左右两侧的概率相等；红球还可能以相同的可能性出现在其他位置。所有可能出现的位置的平均值，恰好就在中间。

贝叶斯有一个相当关键的见解——你必须将所有新得到的信息添加到已知信息之上。尽管本例中的已知信息十分有限，但我们绝不能忽视它的存在。

这意味着，你不应该只根据5颗红球的位置就判断说："这条线最有可能位于2/5处。"而是应该把先验信息也考虑进去。贝叶斯认为，计算概率的方式不是左侧红球数除以全部红球数，即2/5，而是左侧红球数加1，再除以全部红球数加2，即3/7。戴维·斯皮格霍尔特爵士表示："这相当于你已经提前扔出了两颗'假想红球'，它们分别落在直线两侧。"[48]

虽然这看起来有点怪，但只要想一想5颗红球全落在同一边的情况，你就明白了。比如，假定5颗红球全落在直线左侧，那如果不考虑假想红球的情况，我们就会得出"下一颗红球有5/5=100%的概率落在左侧"的结论，这显然是荒谬的——你显然不会有这么大的把握。如果把贝叶斯的假想红球考虑进去，这一概率就从5/5变成6/7。而且，不管有多少颗红球落在同一侧，你都不再会有100%的把握去判断下一颗红球的位置了。比如现在有100万颗红球全落在了左侧，那么根据贝叶斯的理论，下一颗红球仍旧有可能出现在右侧，其概率为1/1000002。每一条新信息都能让你更接近"100%的把握"，但你永远不可能真的达到"100%的把握"。

此外，贝叶斯也谈到了概率分布的问题。现在我们已经知道了这条线最有可能出现的位置，但实际上它也有可能出现在预测值附近的某个位置，只不过概率较低一些；或者出现在更远的某个位置，概率要更低一些。它甚至也有可能出现在最右边的某个位置——3颗红球刚好全部挤在最右边，只不过这种可能性的概率极低。据此我们可以画出相应的概率分布图。

我们画过概率均匀分布的样子——呈一条水平直线。在得到5

颗红球的新信息后，我们可以通过较为复杂的数学方法重新绘制概率分布图，它长这个样子：

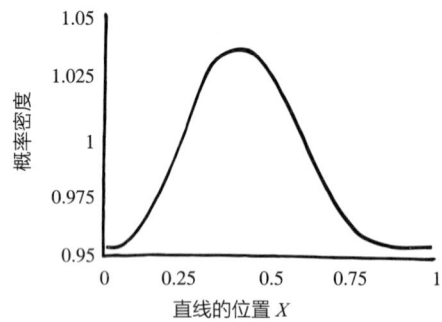

这就是后验概率分布图——新信息出现，先验判断得到了更新，你对直线位置的预估产生了变化。

可是，如果继续有新信息出现，那么此时的后验判断①又会变成后者的先验判断。如果再扔5颗红球，那你可能会再经历一遍同样的计算过程，不过新的概率分布图很有可能会变得更窄，更集中在真值附近。

前面出现的所有案例，包括癌症筛查、新冠病毒检测、判断疑犯，使用的都是这套分析方法。我们先分析先验概率（癌症的发病率是多少），再把新得到的信息加上去（具有某一灵敏度、特异度的阳性测试），最后得出一个新的后验概率。

需要强调的是，这一切都是主观的。这些概率不是随机给出

---

① 是的，这个词又出现了，别再笑了好吗，后边的内容都离不开这个词。（"后验"的英文为posterior，该词也有"屁股蛋子"的意思。——译者注）

来的，每个人心中的先验概率也不一定是相等的——如果你的先验概率是每次掷色子约有 1/6 的概率掷出 6，而我的先验概率是每次掷色子约有 5/6 的概率掷出 6，那么你很有可能比我更接近真实答案，因为大部分色子都是公平色子。你可以根据自己的信念去调整先验概率，不管这个信念是对是错，它都是主观的（当然，假如色子的确是公平的，实验也进行了几百次，我对贝叶斯理论掌握得也很到位，那我就会不断地根据新信息调整自己的判断。当我们发现出现数字 6 的概率大约为 1/6 时，我的结论就已经和你的差不多了）。

贝叶斯的论文《一个机会论问题的求解思路》很可能写于辛普森 1755 年的论文之后，而且在很长时间内都无人知晓——贝叶斯离世之后它才被发表。法国数学家皮埃尔-西蒙·拉普拉斯于 1774 年独自得出相同结论时，应当并不知道这篇论文的存在。史蒂芬·斯蒂格勒认为，贝叶斯并不是很在意这篇论文是否发表——1760 年，在离世前 4 个多月，他写了一份遗嘱，表明自己已经预感到将不久于人世。"其实如果他愿意，他本可以在遗嘱中将自己的研究成果交给英国皇家学会"[49]，毕竟他当时已经是会员了。可最终他并没有这样做，而是把这篇论文和其他手稿，以及 100 英镑一起，以遗产的形式交给了好友理查德·普赖斯（尽管贝叶斯当时根本不知道理查德·普赖斯到底在哪儿——"他可能正在纽因顿绿地传教"，贝叶斯在遗嘱中这样写道[50]），而理查德·普赖斯很清楚这些遗稿的重要性。

第一章 从《公祷书》到《蒙特卡罗六壮士》

理查德·普赖斯，世上第一位贝叶斯主义者，试图将上帝从大卫·休谟的手中拯救回来

正如贝叶斯所猜测的那样，身为一名非国教牧师，理查德·普赖斯（1723—1791）当时的确在位于伦敦东北方向的纽因顿绿地的某个教堂里工作。这个教堂相当有名——它是伦敦现存且仍在使用的最古老的非国教教堂，它的会众中有很多名人，比如《女权辩护》的作者玛丽·沃斯通克拉夫特，以及她的女儿、《科学怪人》（或译《弗兰肯斯坦》）的作者玛丽·雪莱。

当时普赖斯的知名度要远远高于他的老朋友贝叶斯。他和很多前卫思想家有着不错的私交，好几位美国开国元勋都是他的朋友。他和托马斯·杰斐逊[51]、本杰明·富兰克林[52]都有书信来往，这两个人，以及美国第二任总统约翰·亚当斯还去纽因顿绿地拜访过他，本杰明·富兰克林和他的关系尤为密切。普赖斯是著名的革命支持者，曾于1776年2月出版《论公民自由的性质、政府的原则、对美战争的态度与政策》（*Observations on the Nature of Civil Liberty, the Principles of Government, and the Justice and Policy of the War with America*）一书，只比《独立宣言》早了几个月的时间。该书出版仅三天便销售一空，5月之前就重印了11次。普赖斯的传记作者表示："这本书给人们带来了勇气，对美国的独立起到了不可忽视的作用。"[53]

普赖斯的朋友圈还包括哲学家大卫·休谟（稍后我还会详细介绍他）、亚当·斯密、政治家老威廉·皮特等人。由此可见，他和朋友们都是很酷、很了不起的大人物，他的社交网络甚至串联起了欧

美两块大陆。奇怪的是，当年如此有名的一个人，在今天却鲜有人知。

普赖斯在本书中是一个相当关键的角色，就是他让贝叶斯的遗稿重新引起了世人的关注。1761年，贝叶斯去世之后，普赖斯把这些论文交给物理学家约翰·坎顿审阅，并在两年之后将其发表在《自然科学会报》上。

之所以过了这么久才发表，是因为除了校对错字、检查标点符号，普赖斯还做了大量补充工作。用统计史学家史蒂芬·斯蒂格勒的话来说就是，他不仅仅是一位"合格的文秘"。普赖斯对这本书有着自己的构想：贝叶斯实际上只完成了这篇论文的前半部分，后半部分所有和贝叶斯定理相关的实际案例与具体应用，都是普赖斯补充进去的。[54] 贝叶斯本人对统计理论的应用毫无兴趣，包括这篇论文在内，贝叶斯的所有论文中都"只有理论，没有应用"。[55] 如此一来——再次借用一下史蒂芬·斯蒂格勒的话——普赖斯成了世界上"第一位贝叶斯主义的实践者"。[56]

在贝叶斯论文后面的附录中，普赖斯举了这样一个例子：假定现在有一个人"刚刚来到这个世界上"，第一次看到太阳。"太阳第一次落山之后，他完全不清楚自己是否还能再见到它。"结果他发现，太阳每天早上都会升起。经历了 n 个清晨之后，这个人应该有多大把握，相信第 $n+1$ 天太阳仍旧会高高升起？

普赖斯认为这个问题可以用贝叶斯定理来解决。第一次看到太阳时，你无法判断它是不是一次性事件；太阳在天空中挂着，只能说明它有能力出现在那里，但这件事可能发生在每个清晨，也可能很多天才发生一次，或是其他的什么频率。就像前面我们讲过的那样，这种情况下我们应当认为太阳升起的概率是均匀分布的，每种

第一章 从《公祷书》到《蒙特卡罗六壮士》

可能性的概率都一样。

普赖斯认为，第二次看到太阳升起时，我们就应当认为"太阳下次也会升起来与不会升起来的概率比为3∶1"。这就像贝叶斯提到的那些小球一样，只不过这里我们在研究太阳升起的概率，而那里我们在分析球落在直线某一侧的概率。如果我们看到太阳升起了100万次，那么"太阳在次日照常升起的概率与不升起的概率就应当是2的100万次方∶1"①。不过，再多的证据也不能"让我们对某件事的把握达到100%"。57

目前为止，一切都在稳步进行：伯努利想要分析出样本数量与"置信度"之间的关系；辛普森、棣莫弗想要把研究领域从"概率推断"，即根据已经构建好的假设推算出现某个特定结果的概率，变成"统计推断"，即根据已经得到的结果推算某个假设成立的概率。

普赖斯的研究目的又是什么呢？当时的非国教牧师分为两派，一派认为学习数学会成为无神论者，另一派认为学习数学可以帮助我们理解上帝所创造的这个世界，而普赖斯属于后者。因此，贝尔豪斯和史蒂芬·斯蒂格勒都认为，普赖斯的目的就是利用贝叶斯定理，将上帝从大卫·休谟的手中拯救出来。

大卫·休谟在发表于1748年的《论神迹》中表示，再多的证据都不能让人相信世上的确发生了违反自然规律的神迹。尽管他并没有说过"非凡的主张需要非凡的证据"这句名言，但他的意思其实跟这差不多。大卫·休谟的原话是："任何证据都无法证明神迹的出

---

① 疑似有误。根据贝叶斯定理，在太阳已经连续升起 n 天的情况下，在第 $n+1$ 天继续升起的概率应为 $\frac{n+1}{n+2}$，该答案最早由拉普拉斯算出。——译者注

现，除非这个证据的虚假性比它试图证明的神迹更像个神迹。如果某个人跟我说他亲眼看到死人复活，那我就会立即思考，到底是他骗人或被人骗了的可能性更大，还是他所述为真的可能性更大。"[58]

在一个人人信奉基督教、人人持有《圣经·新约》、人人相信耶稣死而复生的国家中，这些言论像炮弹一样引起了轩然大波，大卫·休谟立即遭到了大众的敌视。其实大卫·休谟的观点本身是一个概率问题：我们这一生几乎从未看到过违反自然规律的事情，却见证了太多的谎言。如果有人说他看到了死人复活，那大多数人都会觉得他大概率是疯了，或是在撒谎，而不是真的有死人复活。因此大卫·休谟认为，我们应当将其视作胡话，而不是证词。

但刚刚拜读过贝叶斯定理的理查德·普赖斯却认为，罕见的事情的确会发生。用他的话来说就是，即便你已经看到了100万次太阳升起，看到了100万次浪起潮涌，你也不能百分之百确信这种事情还会继续发生。在贝叶斯论文的附录中，普赖斯花了很大的篇幅举了一个例子：有一个面数极多的色子，但具体多少面不知道。连续掷100万次之后，特定的某一面出现了特定的次数，据此我们能得出什么结论？不久之后普赖斯又写了一篇论文来反驳大卫·休谟的《论神迹》，其中使用的例子和数值和刚才的完全一样。[59]

在后来普赖斯为贝叶斯定理写的另一部补充作品中，他又构想了一个色子的案例。这个色子的面数非常多，可能高达100多万。有些面被做了记号"X"，有些面则没有，但我们并不知道这两者的比例。为了弄清该比例，我们将色子掷了100万次，结果每次都是"X"朝上。

这和上一节提到的"台球比喻"十分类似，具体的数学计算是一样的，只不过我们关心的不再是"球落在了直线的哪一侧"，而是"色子朝上的那一面有没有 X 记号"。假如连掷 100 万次都是 X 面朝上——最重要的是，你事先并不知道 X 面与非 X 面的比例——那我们对"下次朝上的是非 X 面的概率"的最佳预估就是 1/1000002，相应的概率分布——图中的曲线——也会以该数字为中心。经过计算，普赖斯发现，"下次朝上的是非 X 面的概率"，有 50% 的可能性介于 1/3000000~1/600000。

普赖斯又补充说，假定我们分析的不是色子，而是涨潮。你每天都能看到两次涨潮，已经连续被观测到了 100 万次（你已经 1400 岁了）。即便在这种情况下，第 1000001 次的时候仍旧有很小的概率不会发生涨潮。罕见事件是有可能发生的，不管它没有发生的情况出现了多少次，我们都不能将它的概率视作零。同样，就算我们一辈子都没见过死人复活，也不能百分之百地肯定它永远不会发生。

大卫·休谟看到这篇论文之后，和普赖斯见了一面。两个人不仅没有相互攻讦，反而相谈甚欢。我之所以把这个细节写出来，是因为我真的很欣赏这种态度。两个人一个信仰上帝，一个认为上帝不存在，在分歧如此严重的情况下，居然能放下敌意进行深入讨论，简直太棒了。

其实在反驳《论神迹》的那篇论文中，普赖斯曾写了几句不客气的话，比如他认为持有大卫·休谟这种观点的人"应当遭到嘲笑，没必要去和这种人争论"。两人见面之后，普赖斯发现大卫·休谟竟是一个谦虚和善、通情达理的人，这让普赖斯感到非常羞愧。回去之后他就把那些不友善的文字全删改了（比如他把"这分明就是拙劣的诡辩"改成了"我坚信这种观点建立在错误的理论之上"），并添加了一段充满歉意的引言，指出自己不应因观点不同就出言不逊，然后重新发表了一版论文。[60] 听说这件事之后，大卫·休谟给普赖斯写了一封言辞温和的回信，告诉他其实没什么好道歉的，他是"一位真正的哲学家"，虽然之前"因误会导致了一些不太友好的措辞，但整篇论文言之有理，论之有据，发人深思"[61]，还夸普赖斯的论证过程"新颖、合理、巧妙"，尽管大卫·休谟从来没有看过第二版论文。

在贝叶斯论文的前言中，普赖斯给出了更大胆的言论。虽然他并没有针对神迹给出某种定论，但他坚定地认为贝叶斯定理可以证明世界依照某些固定不变的定律运转，"进而可以证实神性的存在"。我不知道现代统计学家中会有多少人同意这种观点，但我可以确定，即便是某些最根本的问题，我们仍然可以用贝叶斯定理来分析。

从贝叶斯到高尔顿

将伯努利、棣莫弗、辛普森三个人的研究成果综合在一起，我们就可以得出，在测量过程只存在随机误差、不存在系统误差的情况下（正如贝叶斯所指出的那样），如果我们对某个事件进行大量观测，其结果会趋向于分布在真值附近。

贝叶斯进一步证明，如果我们事先对真值进行预估，得出其最有可能的先验概率，那我们就可以利用它和观测结果做出推断——围绕发生的事情建立一个合理假说。

贝叶斯去世后没多少年，伟大的法国数学家、物理学家拉普拉斯也独立得出了相同的结论，并给出了更精确的描述。1781年，理查德·普赖斯去巴黎拜访了拉普拉斯的导师尼古拉·德·孔多塞侯爵，并与他探讨了贝叶斯定理的一些细节。孔多塞和拉普拉斯都认为贝叶斯取得该成果的时间的确比他们更早，所以这个定理才被人们称为贝叶斯定理，而不是拉普拉斯定理[62]，尽管拉普拉斯的版本更为精准。

虽然概率论诞生于概率游戏和物理学——主要是天文学，需要多次观测并取平均值，使误差最小化——但它在社会科学中的应用也十分广泛，比如伯努利曾研究过一个和保险精算师相关的问题，即通过调查年龄和地位相仿的人，判断某人能够再活10年的概率有多大。

假定我们的分析对象叫提丢斯，我们调查了近些年和他具有相同年龄、相同特征的300个人，发现其中有200个人在10年内去世了，那么我们有充分的理由相信，提丢斯在10年内去世的概率，是他成功迈过这个坎的概率的2倍。[63]

大约60年后，拉普拉斯调查了巴黎地区的出生率，发现1745—1770年，巴黎共计有251527名男婴、241945名女婴出生（比例约为51∶49），虽然差距不大，但的确存在。拉普拉斯通过计算发现，出现男婴和女婴出生率完全相同这一极端结果的概率只有$1/10^{42}$。[64]此外他还发现，伦敦的男女出生比例要为更为极端一些。

不过，真正将概率论和统计学应用到社会科学领域的人是比利时的数学天才阿道夫·凯特勒（1796—1874）。他曾在比利时皇家天文台担任天文学家、气象学家，业余时间喜欢研究统计学。26岁的时候，他就已经成为比利时国家统计局的中流砥柱，负责人口数据分析和人口普查方面的工作。后来他甚至根据拉普拉斯的数学模型构思出了随机抽样调查的雏形。就像民意调查一样，这种方法可以代替人口普查来了解人口的整体状况。可惜这一创意被克费尔伯格男爵扼杀在了摇篮里，因为男爵觉得他根本无法确定样本是否真的能够代表整体，毕竟不同样本之间的差异实在太大了。

阿道夫·凯特勒对统计学的主要贡献在于他提出了"平均人"的概念。他为人口的不同特征设立了不同的数轴，比如身高、体重、力量等身体特征，酗酒、犯罪、精神状况等心理道德特征。他想找出每一个数轴的平均值，将其作为他口中的"社会物理学"的基本单位。他认为我们可以根据这些数轴来分析社会问题，比如受教育程度、识字率、年龄和犯罪率有何联系。

阿道夫·凯特勒发现，这些数据大都呈正态分布。比如他分析了苏格兰士兵的胸围数据，发现它很接近正态分布曲线；如果你单独对同一个士兵的胸围进行多次测量，仍会发现数据集中在平均值附近的正态分布曲线上（由测量误差造成），两条曲线几乎没有什么区别。据此他认为，人们的身高、体重、力量甚至自杀等行为倾向，都是由许许多多微小的影响造成的，它们通常不会都对结果造成正面影响，也不会都对结果造成负面影响，而是二者皆有，所以人们的身高、体重、饮酒情况等特征才会集中在全部人口的均值附近，呈正态分布。克莱顿认为："这就好像人们的身高都是通过从同一个盒子中按给定的比例抽取大量石子来决定的。每次抽到白石子就会让这个人变高一点,每次抽到黑石子就会让这个人变矮一点。"[65]

阿道夫·凯特勒想要找到某种像物理定律一样的社会定律,但与此同时,他也开始认为"平均人"从某种程度上而言就是"理想人"。借用史蒂芬·斯蒂格勒的话,"理想人就是自然造物的美的标准"[66],尽管也有很多人认为平均人是平庸的,甚至是丑陋的。在研究过程中,阿道夫·凯特勒犯了一大堆错误,比如他没有意识到很多数据并不呈正态分布,错误地将所有数据都纳入了正态分布的范畴,以至于后来人们会将类似的行为称为"阿道夫·凯特勒病"。[67]

不过他这种痴迷于正态分布的行为还是取得了一些成果。他的研究让人们意识到,我们可以通过对大量人口的数据分析,来预测个体的行为和结果。比如在调查大量庭审数据后他发现,被告是男是女、年龄是否超过30岁、是否受过良好教育、是否识字,都会影响其被定罪的概率(如果你是一名生活在19世纪初的法国被告,想被无罪释放,那你最好祈祷自己是一名30岁以上、受过良好教育的女性)。

这一观点很快就引起了巨大争议,因为它似乎与自由意志的观点相悖,后者认为一个人的行为和抉择完全是自我意识的结果。此外,它也为"科学种族主义"的诞生埋下了伏笔:阿道夫·凯特勒有一位叫路易斯-阿道夫·贝蒂荣的粉丝,这个人发现杜布小镇年轻男性的身高分布曲线居然有两个峰值,就好像他调查的不是男性身高,而是男女所有人的身高似的;换句话说,杜布小镇男性身高数据中存在两个"平均人"。分析调查后他认为,这是因为杜布小镇的居民有凯尔特人和勃艮第人两个种族。[68]事实证明他搞错了:多年以后大家发现，贝蒂荣实际上是在英寸、厘米的单位转换上出现了差错，才使得数据变成这个样子，不过这次乌龙刚好也为后人提了个醒。此外，奥布里·克莱顿认为，人类数据中的这些争议引起了统计学家们的警惕，很多人不再愿意使用贝叶斯/拉普拉斯那种认可概率的主观性的数学模型，而是更愿意使用那些表面上看起来很客观、很可靠的统计规律。

不久之后，弗朗西斯·高尔顿登场了。

高尔顿、皮尔逊、费希尔与频率学派的兴起

尽管贝叶斯、拉普拉斯为概率统计的发展做出了重要贡献，但在日常工作当中，统计学家、科学家通常并不会使用贝叶斯定理，因为他们大多数人都属于所谓的频率学派。

频率学派所做的事情刚好与贝叶斯学派相反。贝叶斯定理能够带领我们从结果走向假设，即如何根据已经得到的结果推算某个假设成立的概率；频率学派则是从假设走向结果，即如何根据已经构建好的假设推算出现某个特定结果的概率。

当然，这正是伯努利在100多年前所做的事情，现在这些人想做的就是超越他。不过话说回来，概率统计学家们的思想为什么会出现这种转变呢？

这里我有必要先做个声明：以下所有内容，全部极具争议性！虽然这些年我向大家介绍了不少科学争议，但跟频率学派与贝叶斯学派的"统计大战"比起来，它们都只是小巫见大巫而已。因此，即

便我的文字、观点没什么问题，下面这些内容也会让某些人感到不解，甚至恼火。

我的基本观点是："先验性"本身就是个问题。

它不仅是个理论问题，同时也是个实践问题：你该如何确定先验概率呢？在"台球比喻"中，贝叶斯假定白球出现在桌面任何位置的概率都相等，即先验概率呈均匀分布。这听上去很合理——你可以想一下，现实中如果用很大的力气击打一个台球，那它的落点的确相当随机。但如果我们对初始状况一无所知，完全不知道该如何建立先验概率呢？

数学家、逻辑学家乔治·布尔举了一个更详细的例子，他认为"无知"也是分不同情况的。奥布里·克莱顿举了一个简化的例子[69]：假定现在有一个密不透光的盒子，里面有两颗小球。你已经知道这两颗球要么是黑的，要么是白的，但不知道具体有几颗黑球、几颗白球。在这种情况下，我们到底该先验地假定有 2 颗黑球、1 颗黑球、0 颗黑球的可能性都一样，还是该先验地假定每颗小球是黑是白的概率各占一半？

这个问题真的很重要。前者各个事件的先验概率都是 1/3。后者的结果是二项分布，这意味着 2 颗黑球或 0 颗黑球的结果都只有一种，但 1 颗黑球的可能性有两种，所以 2 颗黑球、1 颗黑球、0 颗黑球的先验概率分别是 1/4、1/2、1/4。

这是两种完全不一样的"无知"。如果盒子里装的不是 2 颗球，而是 10000 颗球，那么在第一种"无知"下，盒子里一开始有 9999 颗白球、1 颗黑球的概率，与有 5000 颗白球、5000 颗黑球的概率相等。而在第二种"无知"下，黑球与白球数目的概率和抛硬币的概率类似，我们怎么能说抛 10000 次硬币有 9999 次朝上的概率，与 5000 次朝上的概率相等呢？这显然不对。此时黑球和白球的数量比更有可能是五五开，就像硬币正反面朝上的次数是五五开，而不是什么九一开、十零开一样。可问题是，这还算"无知"吗？

我们到底该采用哪种先验概率呢？球色之间是相关的，还是独立的？你当然可以说自己对其一无所知，但注意，无知也是有很多种的，你总得挑一种吧。

贝叶斯定理的先验概率，本质上是一个哲学问题：我们的判断具有主观性。正如前面所说，"先验"描述的并不是世界本身，而是我们自身的已知和无知。[①] 这听上去总是让人感觉……很别扭。科学和数字的可靠性——现在是如此，18、19 世纪更是如此，当时阿道夫·凯特勒可以使用"社会物理学"这样的字眼，而不必担心物理学家们捂嘴窃笑——是客观的。所有人都应当有能力看到某个实验的结果，或苏格兰士兵的胸围数据调查结果，或其他什么结果，然后再选择是否该相信其背后的理论。

可是，贝叶斯的理论似乎在告诉我们，某件事是真是假，取决于一开始我对它的信念有多坚定。如此一来，假定我们对顺势疗法[②] 或希格斯玻色子进行了一些研究，取得了不错的实验结果，那

[①] 有些贝叶斯主义者，比如哈罗德·杰弗里斯，特别是埃德温·汤普森·杰恩斯，想要构建"客观贝叶斯主义"的概念，试图将先验概率建立于逻辑体系之上。对此，英国开放大学的凯文·麦康威给出了这样的评价："尽管（杰恩斯）的工作十分出色，但我还是觉得他并没有成功。"

[②] 顺势疗法认为，如果某物质能在健康人身上引起某疾病，那么该物质同样可被用来治疗此疾病，类似于所谓的"以毒攻毒"。——译者注

第一章 从《公祷书》到《蒙特卡罗六壮士》

么你可能会觉得这些结果大概率是真的，而我可能会觉得它们大概率是假的，但我们两个都是对的——这一切只因我们的先验概率不同。

概率最终是主观的、个人的，而不是真实的、客观的，这种说法很微妙。比如，我说："这枚硬币有 50% 的概率朝上。"看上去我就是在描述硬币，而不是在表达我对硬币的某种信念。

当然，"主观"并不等于"随机"或"毫无根据"（之后我们再详细讨论这一问题）。假如我现在有两个看法：其一，抛一枚公平的硬币，总是有 50% 的概率正面朝上；其二，明天我有 90% 的概率被外星人绑架。这两个看法都是内心信念的主观陈述，但大多数人都会认为第一个看法合理，第二个看法不合理。尽管如此，"概率存在于自己的头脑中"这种看法——我们说"掷一枚色子，有 1/6 的概率是数字 6 朝上"时，其实是在表达自己的信念，而不是在描述色子的属性——无论是过去还是现在，都没有被统计学家们普遍接受。

频率学派兴起的原因，似乎就是大家对主观性的厌恶。

频率学派涉嫌种族歧视？

本节的争议性更为严重。首先我们必须承认，以 21 世纪的标准来看（以当时的标准来看也是如此），在"统计思想黄金时代"做出过重要贡献的某些统计学家，曾持有很多相当骇人听闻的观点。我希望大家在阅读时能够将这些人的社会观点和统计理论观点区分开来。

比如弗朗西斯·高尔顿，他在很多领域都取得了非凡的成就。有人说"他或许是最后一位富绅科学家"[70]；作为查尔斯·达尔文的表弟，他还是一名合格的医生。继承一大笔遗产之后，他离开了医护行业，开始研究所有自己感兴趣的事情。他探索了非洲，并因此获得了英国皇家地理学会颁发的荣誉奖章；他向气象站收集了天气数据，并据此成为第一位发现"反气旋"（卫星图像上那些常见的空气旋涡）现象的人；更重要的是，他推动了统计学在人类研究方面的应用，尤其是他还分析了天赋这类东西在家族中的遗传方式。

高尔顿大部分职业生涯都是在伦敦大学学院度过的，他在这里取得过很多重要的研究突破，比如他解决了正态分布中一个让人困惑已久的问题。假定你现在正在观察葡萄的大小，并很自然地认为它们会遵从正态分布：平均尺寸的葡萄最为常见，过大或过小的葡萄则较为罕见。不过这些葡萄的种植区域并不相同，它们分别生长在同一座山的北面、东西两侧、南面这三个区域。北面的光照最少，所以平均来说这里的葡萄最小。东西两侧的光照多一些，所以葡萄也大一些。南面的光照最多，所以葡萄的个头最大。

你可能会很自然地认为，每组葡萄的大小都应当服从正态分布。不过……这是否意味着3组葡萄加起来之后，就不服从正态分布了？全部葡萄的整体分布是否会出现3个峰值？峰值数量不是3又该做何解释？如果还有其他不同因素，比如3个地区的降雨量也各不相同呢？为什么变数这么多，最终结果仍然是正态分布呢？

高尔顿的数学天赋其实并没有那么强，所以为了解决这个问题，他设计了一种叫作"高尔顿板"（quincunx）①的实验装置，看上去很精巧，就像游乐园的小游戏似的。这个装置整体就是一个大木板，上面钉了一排排的钉子，最下方是一排小格子。木板顶部有一个漏斗，人们可以把大量小珠子从这里倒进装置中。理论上来说，每颗小珠子在碰到钉子时，都会随机地向左或向右弹跳，然后撞向另一个钉子，最终落到底部的某个小格子里。正如大家所想的那样，小珠子在格子中的数量分布很接近正态分布：大量的、随机的左右弹跳会倾向于相互抵消，这符合棣莫弗的理论；但有时也会出现右侧弹跳次数更多的现象。

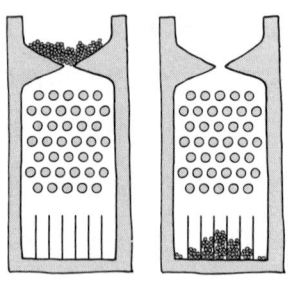

之后高尔顿对装置进行了改进，它在装置中间又额外加了一层格子，这些格子不仅可以把小珠子拦在高处，还可以单独打开。[71]实验发现，高层小格子中的小珠子数量会呈正态分布；如果单独打开某个小格子，其中的小珠子落到底层小格子中后，仍会继续呈正态分布。之后高尔顿依次打开了中层的所有小格子，然后他发现，

---

① quincunx 直译为"梅花形"，指的是色子、扑克中数字 5 所对应的图案"⁙"。高尔顿设计的实验装置会形成很多类似的图案，所以又被称为梅花机。本书采用更广为人知的译法，即高尔顿板。——译者注

每个小格子的小珠子落下去都会呈正态分布，这些正态分布加在一起还会形成一个更大的正态分布。

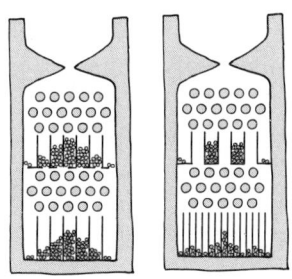

据此他认为，只要中等大小的数据分布更为常见（以种葡萄为例，光照最大值方向只有南面，最小值方向只有北面，但中间值部分有东西两侧），那较小的正态分布加在一起就能形成一个更大的正态分布，葡萄大小的分布也是如此。这一结论促使高尔顿和后来的统计学家开始重新思考由不同人口组合而成的大型人口的分布规律。

此外，高尔顿还是第一个提出"均值回归"概念的人，尽管他自己称这种现象为"平凡回归"。[72] 当时高尔顿正在一边研究香豌豆，一边分析人口数据。偶然间他发现：以父母平均身高为参考，如果父母非常高，那他们的后代往往没有父母高；如果父母非常矮，那他们的后代往往会比父母高。高尔顿感到十分困惑，因为他觉得后代的身高应该会在父母身高的周边呈现出正态分布。之后他又发现，任何两个有一定相关性，但不完全相关的变量 [比如父母身高与后代身高、某人身高和他的体重、一个国家的人口和 GDP（国内生产总值）] 之间都存在这种现象。如果其中一个变量出现了离群值（比如某人非常胖，或某国家的 GDP 非常高），那么另一个变量通常就不会太极端，原因仅仅是出现极端数值的可能性太低。

高尔顿对天赋的遗传也很感兴趣。他甚至写过一本名为《遗传的天才》（*Hereditary Genius*）的书，去分析杰出思想家经常集中在某几个家族中的原因（高尔顿自己和查尔斯·达尔文、伊拉斯谟斯·达尔文都是近亲，这或许就是他出书的灵感来源）。他还率先提出了"先天因素、后天因素"的概念，用来指代遗传（现在一般称为基因）和环境对个体的影响。他最想做的事，就是建立一套完整的、科学的优生理论，即优生学，这个词也是他发明的。

现在开始，我的言辞会尽量做到谨慎、准确，以免那些吹毛求疵的评论家挑刺，他们总是喜欢把那些和人类智力及其遗传性相关的内容强行与"科学种族主义"扯上关系。事实上，虽然"智商"这个概念并不完美，但它的确可以很好地衡量人类的智力水平，而且它的确具有遗传性———一项旨在将先天因素和后天因素对智力的影响区分开来的实验表明，智商差距大约有一半都是父母遗传给我们的基因造成的。[73] 这是一个经过反复验证的事实，智力研究也的确是一门重要的、有意义的学科。

高尔顿不仅观察、记录了智力水平的分布情况，还想帮助人类生出更多天才。"人类只需要拿出二十分之一的时间精力，像研究牛马育种一样去改良人种，那天才简直是要多少就有多少！"[74] 高尔顿写道，"人类文明或许真的能够迎来先知一样的神人。"因此，高尔顿强烈建议成功人士多生孩子，反对失败人士繁衍后代。

如此一来，他最终成为一名极端的种族主义者也就没什么好奇怪的了。[75] 在写给《泰晤士报》的一封信中，他称非洲人是"劣等人"，是"懒惰的、喜欢叽叽歪歪的野蛮人"，还说"阿拉伯人不过是一群从别人手里抢点饭吃的人，他们不会创造，只会破坏"。[76]（在高尔顿看来，盎格鲁－撒克逊人是当时那个年代最优秀的人种，而古希腊的雅典人则是整个人类史上最优秀的人种。他认为"雅典人的平均能力至少比我们高出两个标准差，这一差距就像盎格鲁－撒克逊人和非洲人的差距那么大"。）他痴迷于用各种科学工具、自创的理论或方式去比较不同种族的优劣，然后给他们贴上标签。

后来有很多统计学家都受到了高尔顿思想的影响，尤其是卡尔·皮尔逊（1857—1936），以及罗纳德·费希尔（1890—1962）。皮尔逊和费希尔不仅拥有高尔顿的才智，也延续了他的种族偏见，无论是以今天的标准来看，还是以当时的标准来看，他们的观点都同样令人不适，而且这两个人还互相憎恶。

皮尔逊是个全才，除了数学家这个身份，他还是历史学家、哲学家、物理学家、律师、政治家。1885年，他追随高尔顿的脚步，成为伦敦大学学院的应用数学教授。高尔顿去世后给伦敦大学学院留了一大笔财产，为纪念他，伦敦大学学院特地设立了一个优生学教授教席，皮尔逊成为这个职位的第一人。

皮尔逊与高尔顿、拉斐尔·韦尔登共同创办了一本统计学杂志《生物统计学》。皮尔逊还提出了"卡方检验"理论，能够帮助数学家判断数据样本是符合正态分布，还是符合其他什么分布。此外，他还是"标准差"这个词的创造者。

费希尔要更年轻一些。皮尔逊退休后，费希尔被任命为优生学教授教席的继任者——严格来说，这一职位实际上被砍成了两半，一半归费希尔，另一半归皮尔逊的儿子埃贡（如果你对伦敦大学学院有优生学教授这件事抱有疑问,那你先等等,后边我会解释)。费希尔称得上是统计学的泰斗,根据美国统计学家布拉德利·埃弗龙的观点,费希尔绝对是20世纪统计学领域中的"领军人物"。[77]他创造、改进了大量统计工具,其中有许多一直沿用至今。他为方差分析(ANOVA)建立了各种数学模型;提出了"统计显著性"的概念;发明了最大似然估计(MLE)法,帮助大家判断哪种数据分布假说能够对研究数据给出最佳解释,类似的成果简直不胜枚举。此外,费希尔还是遗传学的先驱。统计学家和生命科学家聊天时,经常会为费希尔的另一重身份感到震惊:统计学家会惊讶地发现他居然还是伟大的遗传学家,生命科学家会惊讶地发现他居然还是一名杰出的统计学家。

前面我们说过,拉普拉斯和贝叶斯的理论会涉及主观的先验概率,而皮尔逊和费希尔两个人都想把这种主观性从统计学中去掉。讽刺的是,两个人也是因为贝叶斯定理而闹翻的,具体说是因为最大似然估计。"似然"是费希尔创造的一个术语,最大似然估计是根据已知实验数据,判断哪种假说最有可能产生当前的实验结果。比如现在我们抛了10次硬币,其中有8次正面朝上。如果硬币是公平的,那出现这种结果的概率就比较低,大约只有1/20;如果硬币被动过手脚,导致它每次都有80%的概率朝上,那出现这种结果的概率就很高了,大约为1/3。也就是说,"硬币被动过手脚,每次有80%的概率朝上"这个假说,比"硬币是公平的"这个假说更容易产生"抛了10次硬币,其中有8次正面朝上"这个结果,两种假说的"似然"比大约为7。

费希尔将最大似然估计理论写成了论文,并发表在皮尔逊创办的《生物统计学》期刊上。[78]皮尔逊读完那篇论文之后，觉得费希尔是在偷偷用贝叶斯的理论戏耍他。他的理由也不难理解——最大似然估计确实有点像反概率。看上去它好像在告诉大家"这个假设成立的可能性比那个假设更大"，但实际上并非如此：如果公平硬币的数量比不公平硬币的数量多得多，那我们仍然更有可能看到一枚公平硬币抛出8次正面，而不是一枚被动手脚的硬币抛出8次正面。最大似然估计只是帮助我们比较，哪种假设更容易产生当前的实验结果，但它并不能告诉我们哪种假设更有可能成立。

但皮尔逊不这么想。于是他找了一些帮手，一起为费希尔的论文添加了一个附录，在其中指出最大似然估计本身属于贝叶斯理论的范畴——假定每种假设具有相等的先验概率——然后给出了（在该假设之下）最大似然估计是错误理论的证明。自此之后，两个人彻底决裂（费希尔真的很讨厌别人称他为贝叶斯主义者），直到去世，他都没有放下心中对皮尔逊、皮尔逊的儿子埃贡、皮尔逊的学术继承人耶日·内曼的憎恨。

和高尔顿一样，皮尔逊和费希尔也持有很多现在看来相当令人不悦的观点，而且两个人都是优生学的忠实拥趸。

这里我的言辞也会谨慎一些。当时那个年代，很多支持进步、支持自由的精英人士都支持优生学。比如支持节育、堕胎等妇女权利的玛丽·斯托普斯，也是优生学的主要支持者之一；著名经济学家、自由主义者约翰·梅纳德·凯恩斯亦是其中一员（由于我在试图淡化优生学的可怕之处，有个利害关系我得声明一下：凯恩斯是我的曾祖辈）；第一代帕斯菲尔德男爵悉尼·韦伯以及他的妻子比阿特丽斯·韦伯、萧伯纳、伯特兰·罗素，所有这些社会进步的

第一章　从《公祷书》到《蒙特卡罗六壮士》　　67

推动者、自由主义者，都赞成对人类进行选择性繁殖，以创造一个更美好的社会。当时"优生学"这个词并没有像现在一样，与右翼联系得如此紧密［事实上，21世纪00年代末及10年代初，我在撰写胚胎残疾筛查、体外受精、线粒体捐赠（被误解为"三亲婴儿"）的相关报道时，批评这些举措属于"优生学"的主要是那些宗教右翼人士］。

当时，费希尔在高尔顿创办的期刊《优生学评论》[79]上写出"那些制度、法律、习俗、思想全部为人口改良而服务的国家，必将取代那些任由人种堕落的国家"这种观点时，或许并不会像现在一样引起轩然大波。作为一名社会主义者、自由主义者、曾为妇女解放运动发声的先进思想者，皮尔逊曾发表过这样的言论："无论是在身体素质上，还是在精神思想上，那些外来的犹太人都略逊于本地人。"[80]当时英国的反犹思想不仅盛行于知识分子之间，也盛行于平民百姓之中，尽管有很多人都非常欣赏西奥多·冯·卡门、巴鲁赫·斯宾诺莎等犹太思想家。当时的人们普遍持有很多在如今已经被摒弃的思想和观点，即便是达尔文也不例外。以当时的标准来看，达尔文已经是一个非常开明的人了，但以今天的标准来看，他的思想仍旧具有极为浓厚的种族主义色彩。

那么，高尔顿、皮尔逊、费希尔对优生学的看法，是否会影响他们对科学的认知呢？奥布里·克莱顿给出了肯定的答案："从统计学和优生学的发展史来看，它们不可避免地交织在了一起。"奥布里·克莱顿还说，费希尔从内心深处讨厌贝叶斯主义，皮尔逊也不太喜欢把概率和主观扯上关系，因为这两人都想给优生学披上一层客观的外衣。如果"种族有优劣"是科学理论，如果"穷人应当停止繁衍后代"是客观事实,那谁还能对此进行反驳呢。奥布里·克莱顿认为,贝叶斯主义那种主观性,那种"我认为"的态度,会让这些种族主义观点站不住脚。"他们知道这些激进的观点必然会遭受很大阻力,所以他们想要寻求一种科学的权威性,从而让自己的理论无懈可击。"

为了证明这一点,奥布里·克莱顿引用了皮尔逊说过的一段话。在一篇关于犹太儿童劣根性的论文的前言中,皮尔逊这样写道:"就统计调查的公正性而言,没有任何机构能比高尔顿实验室做得更加出色。我们坚信,我们的结论不涉及任何政治、宗教、社会偏见……考虑到人类是会犯错的,我们决定用无可置疑的数据来说明问题,并寻找隐藏在数据背后的真相,就像所有科学家都会做的那样。"

关于优生学的发展史,以及它如何与早期科学交织在一起的问题,完全可以再写一整本书。事实上真的有很多人写过,比如奥布里·克莱顿的《伯努利的谬误》,以及亚当·卢瑟福的《控制》(*Control*),后者认为有很多现代文化都可以在优生学中找到根源,而这些思想主要源自高尔顿。

奥布里·克莱顿还认为,频率学派走出的这种历史轨迹,是优生学发展的必然需要。不过我并不认可这一观点。值得一提的是,奥布里·克莱顿非常坦然地道出了自己的动机——他承认频率学派和贝叶斯学派之间正在进行一场战争,他在书中这样写道:"我希望本书能像战时的传单一样,被飞机投放到敌方领空,送到那些不知该支持谁的群众手中,然后征服他们的思想,赢得他们的心。我写这本书不是为了签订和平条约,而是为了赢得战争。"如果频率学派真的被证明是一群种族主义者,那这的确会帮他赢得战争。

贝叶斯的传记作者、统计学家贝尔豪斯对此持怀疑态度:"我完全不同意这种观点。"不过这并不能说明优生学没有问题,也无助撇清 20 世纪早期的科学发展与白人至上主义运动之间的关系;比如纳粹的某些种族思想可以轻而易举地追溯至高尔顿。不过这些都是其他图书需要考虑的问题。本书关心的是"哪个理论是正确的",或更准确地来说,是"哪个理论更有实际价值",而不是"哪个理论拥有更多令人感到不快的拥护者"。

贝叶斯主义的衰落

批判贝叶斯主义的不止高尔顿、费希尔、皮尔逊三人。总的来说,大家的问题集中在"如果我们不知道哪种结果最有可能发生,那我们就应当认为它们发生的概率相等"这个观点上。约翰·斯图尔特·密尔曾批判过拉普拉斯/贝叶斯定理,并于 1843 年写道:"只知道两件事必有一件发生,但无法确定哪件事发生,不足以说明两件事发生的概率相等。我们必须用经验事实去证明两件事发生的频次相等。"[81]

约翰·斯图尔特·密尔认为,"概率只是我们对自身的无知的一种描述"这种说法非常愚蠢。在他的观念中,概率反映了世界的真实状况,即事件发生的频次:"为什么抛硬币时,我们会觉得正面朝上和反面朝上的概率相等?因为经验表明,只要抛硬币的次数足够多,正面朝上和反面朝上的次数就差不多;而且抛的次数越多,正面朝上和反面朝上的次数就越趋近于相等。"他还说，拉普拉斯 / 贝叶斯的反概率不靠谱，因为那意味着我们只需要利用一些数字技巧，就可以"把无知变成科学"。

如果用一句话来描述贝叶斯学派和频率学派的分歧，大概就是这样：贝叶斯学派认为概率是主观的，是人类对这个世界的无知程度的一种描述；频率学派认为概率是客观的，是我们对大量实验中某个结果出现的频次的一种描述。

正如我们刚才所讨论过的那样，学术圈对贝叶斯定理还有一些其他的批判。比如乔治·布尔认为不同的无知会导致不同的先验概率：我们是对盒子中小球的分布无知，还是对每个球的颜色无知？有一个与之相关的问题，被称为"伯特兰悖论"，其提出者是法国数学家约瑟夫·伯特兰[82]（不过本书采用的是奥布里·克莱顿的版本）。该悖论的题目是，已知某人画了一个正方形，其边长可能是 0~10 厘米的任一数值，请你猜测它的大小。

如果我们认为先验概率均匀分布，那边长等于任何长度的可能性都一样。如此一来，1cm×1cm 的正方形和 9cm×9cm 的正方形出现的可能性是相等的。

另一方面，我们也可以说，我们对正方形的面积一无所知，所以它的面积是均匀分布的。考虑到它的最大面积是 10cm×10cm = 100 平方厘米，最小面积是 0，那均匀分布就意味着面积大于 50 平方厘米的概率等于面积小于 50 平方厘米的概率。

问题在于，这两种观点不可能同时成立。第一种情况下，我们知道 7cm×7cm 的面积是 49 平方厘米，所以正方形面积小于 50 平方厘米的概率必然大于 70%，与第二种情况矛盾。反过来，在第二种情况下，我们知道 5cm×5cm 的面积是 25 平方厘米，所以正方形边长大于 5cm 的概率为 75%，与第一种情况矛盾。正如乔治·布尔所说，无知也有很多种，"具体该选择哪一种无知"也是无知的（后来贝叶斯学派的思想家们又提出了一个叫作"超先验"的概念，来描述"具体该选择哪一种无知"的无知）。

约翰·维恩，英国哲学家，同时也是"文氏图"的发明者，曾在剑桥大学担任费希尔的老师。他不仅认同约翰·斯图尔特·密尔的观点——概率是现实世界中某件事发生的频次，而不是人类对这件事的可能性的预估——还对其进行了补充。在他看来，我们说"一枚公平的硬币在 50% 的情况下会是正面朝上"时，实际上是在说"如果我们能够无限次地抛一枚公平硬币，那其中就会有一半次数是正面朝上"。当然我们不可能真的做到无限次，但约翰·维恩认为我们应当去这样想象。[83]

费希尔对约翰·维恩的观点表示认可："我们说色子掷出数字 5 的概率是 1/6，并不是指每掷 6 次就一定正好有一次出现数字 5；也不是指每掷 600 万次，就一定正好有 100 万次出现数字 5；这句话真正的意思是，如果色子一直处于原始的公平状态，那么连续掷无数次，就会有 1/6 的情况出现数字 5。"[84]

其中还有一个有意思的细节。费希尔认为削弱贝叶斯定理的最大功臣是约翰·维恩、乔治·布尔，以及数学家乔治·克里斯特尔："贝叶斯学派第一次遭受如此严厉的批判，乔治·布尔厥功至伟。随后在 19 世纪后半叶，反概率理论又得到了约翰·维恩、乔治·克里斯特尔的进一步抨击。"[85]

然而费希尔似乎有些一厢情愿。[86] 乔治·布尔确实指出了先验概率均匀分布的问题,但他并没有放弃整个贝叶斯定理,只是说该定理还有一些难题尚待解决。他曾写过一句语气很像贝叶斯学派、听上去非常主观的话:"概率论的一切,都建立在从某种假说出发对问题进行的思想构建之上。"[87]他还表示,"无知"是一个很不错的切入点。

另外,虽然约翰·维恩的确发表了一些批判性言论,但他只是不太认可贝叶斯理论中"继承规则"这一细节,即"对某事件进行 x 次观测,发现它发生了 n 次,那么它在第 $x+1$ 次发生的概率为 $(n+1)/(x+2)$"这一思想(我们曾在贝叶斯的"台球比喻"中提到这一点)。还记得吗?如果往桌上扔 5 次球,其中有 2 次出现在直线左侧,那么第 6 次仍然出现在左侧的概率不是 2/5,而是 3/7。尽管费希尔曾对约翰·维恩的观点提出过批判,但结果却是两败俱伤。

至于乔治·克里斯特尔,他的故事更加让人哭笑不得。他曾将贝叶斯定理用在了另一个版本的伯特兰悖论上,并得出了"在某种情况下抽到白球的概率是 3/4"的结论,他认为正确答案是 1/2,所以贝叶斯定理显然是错的。可事实证明,3/4 就是正确答案,乔治·克里斯特尔被自己的直觉带偏了。

费希尔为了攻击贝叶斯学派而搬出的这三位援军,实际上没有一位真正发挥作用,只有费希尔自己(其实还包括耶日·内曼,某种程度上皮尔逊也可以算在内)对贝叶斯学派造成了一些实际困扰。尽管如此,贝叶斯学派还是在相当长的时间内都处于弱势,而以费希尔、皮尔逊为代表的频率学派已经逐渐成为科学家、统计学家中的标准学说。费希尔甚至将贝叶斯定理称为"弥天大谎"[88],认为"它误入歧途的程度之深,在整个数学界都闻所未闻"[89],"必须

第一章 从《公祷书》到《蒙特卡罗六壮士》

予以全面否定"[90]。最终,费希尔赢了。

统计显著性

现在是时候谈谈统计学派到底是怎么一回事了。统计学派的思想有很多,但核心观点刚好与反概率相反:它研究的是概率推断,一种被伯努利(甚至费马、帕斯卡)认可的概率思想。总的来说,就是"根据已经构建好的假设推算出现某个特定结果的概率"。

如果你曾读到过某些科学报道,那你很可能见过"统计显著性""p 值"这两个词。

p 值指的就是,你见到了一些极端结果,然后计算了在某个原假设[①]成立的前提下,见到的结果至少和前者一样极端的概率。p 值可以用来分析原假设是否成立。

比如你现在收集了人们的智商数据和鞋码数据,想要研究一下,是不是脚越大,人越聪明。根据定义,人类智商的均值是 100。然后你发现,你的数据中有 50 个人的鞋码超过了均值。随即你对这 50 个人进行了智商测试,发现这群人的平均智商为 103。

当然,50 人的规模很小,所有人都知道小样本不如大样本可靠(正如伯努利所指出的那样),世界上规模大于 50 人的样本多的是。现在,根据你测得的数据,你能得出什么结论?以费希尔为代表的传统频率学派会认为结果说明不了什么——脚大不意味着这个人比

---

① 又译作"零假设"。——译者注

别人有更高的概率拥有高智商。这就是原假设，原假设一般指的是"没效果、没作用、没区别"。

然后你开始着手计算，在原假设成立的前提下，你得到的结果和之前一样极端的概率，具体方法和伯努利的方法一样，最终算出来的概率就是 p 值。假如你发现，结果至少和之前一样极端的概率是 1/10，那 p 值就等于 0.1。

我刚用计算器算了一下"智商和脚"的样本数据，在同样的原假设之下，p 值大约是 0.16。这意味着，如果脚大不意味着这个人比别人有更高的概率拥有高智商，那么你在人群中按照 50 人一组的标准随机分组，就会发现其中大约有 1/6 组的结果至少和你的结果一样极端（极端程度指的是数据偏离平均值的程度，不管它比平均值高还是低）。

但这能说明什么呢？我能得出"脚越大，人越聪明"的结论吗？

费希尔认为我们应当约定一个数值，假如 p 值比它小，我们就可以认为"如果原假设成立，那我们的确不太可能见到如此极端的结果，所以原假设应当被推翻"。

费希尔觉得 0.05 是个很不错的分界线（这意味着每 20 次只有 1 次会出现这种极端结果），不过这个数字其实并没有什么太多道理，后来大家都采用 0.05 也只是约定俗成而已。费希尔写道："p 值小于 0.05 意味着无论是巧合，还是方法有问题，极端结果出现的频次都会小于 1/20。但这一分界线是可以调整的，你可以根据自己的实验去选择恰当的数值。如果 0.05 还不够小，那你不妨把它设定为 0.02 或 0.01。我更倾向于将其设为 0.05，只要结果小于这个数值，我就会推翻原假设。"[91]

第一章　从《公祷书》到《蒙特卡罗六壮士》

这一分界线又被称为 α 值。如果 p 值小于 α 值，我们就可以"拒绝原假设"，对极端结果予以重视。统计学中一般将这种现象称为达到统计显著性。如果 p 值大于 α 值，我们就不能拒绝原假设，"极端结果"也可以被忽视。

别忘了硬币背面

在刚才那个"智商和脚"的案例中，我省去了很多细节。我做的事情实际上是"单样本 t 检验"，即将样本均值和整体均值做对比（本例中为智商均值）。除了样本量，我们还需要知道标准差——"智商和脚"中的标准差是15。另外我们还得确定实验是单侧检验还是双侧检验。

什么意思呢？假如你正在抛硬币，想知道它是否公平。你抛了50次，其中有32次是正面。发生这种情况的概率是多少？用杨辉三角形可以轻易算出（在网上找个计算器更快），抛50次硬币至少有32次正面朝上的概率为0.03，即3%，小于费希尔设定的临界值0.05，此时你便可以宣称这一结果具有统计显著性，然后以《抛硬币中的统计分析》为题在《自然》杂志上发表一篇论文。

不过，难道只有正面次数过多，我们才有理由怀疑硬币不公平吗？不是的，反面次数过多也同样值得怀疑，对吧？所以我们应当关注两侧，而不是单侧极值出现的概率。抛50次硬币至少有32次反面朝上的概率也是0.03，正反两面加起来就是0.03+0.03=0.06。

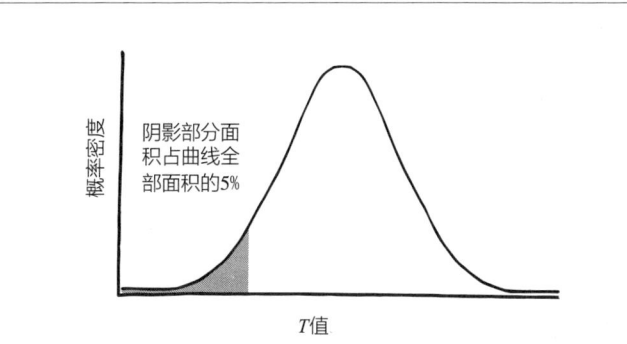

除非我们有什么特别的理由只关注某一侧的极值,否则两侧的极值都应引起警惕。这意味着为了得到统计显著性,我们的结果必须是单侧极值的概率的两倍。

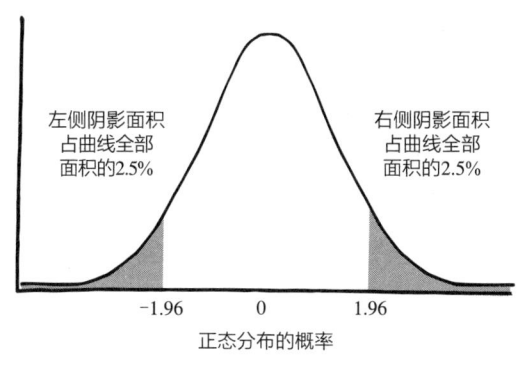

当然,真实情况肯定要比这复杂得多,我能做的就是把理论中最基本的部分介绍给大家。假如现在你有一个原假设:数据不能说明什么问题;一个备择假设:数据可以说明一些问题。然后你取得了一些实验数据,这些数据足够极端,以至于在原假设成立的前提下,只有不到 1/20 的概率会出现这些结果,那么按照费希尔的标准,

第一章 从《公祷书》到《蒙特卡罗六壮士》

你就可以拒绝原假设，并相信备择假设是真的。

理想情况下，这种做法的确行得通。在"智商和脚"的案例中，如果你不断地在大脚人群中进行智商测试，那么在原假设成立（智商高低和脚的大小不相关）的前提下，每20次实验中只有一次会出现奇怪的极值。如果你经常能看到 $p<0.05$ 的结果，那就说明智商高低和脚的大小之间确实存在一定的相关性。

可问题是，实际情况并不会这么理想，而且很容易让人误以为"p 值为 0.05"意味着你的假设只有 1/20 的概率是错误的。事实上，出错的概率有可能比这大得多（后面我们再详细讨论这个问题）。

贝叶斯理论岌岌可危？

虽然对贝叶斯理论感兴趣的人越来越少，但它并未就此消亡。在某些问题上，它仍旧是唯一的统计方法，而费希尔本人也同意这一点。如果我们确实知道某疾病在人群中的背景发生率，那贝叶斯理论就可以给出准确的真阳性率（拿到阳性结果的人真正患病的概率）；如果我们只看该检测本身的灵敏度，那我们的结论往往会大错特错。

尽管费希尔（以及耶日·内曼、皮尔逊）十分厌恶贝叶斯的统计思想，但仍有很多人一直在完善、改进贝叶斯理论，因为在某些情况下它的确很有用。[92]

剑桥大学地球物理学家哈罗德·杰弗里斯是早期贝叶斯主义科学观的关键人物，他认为"贝叶斯定理之于概率论，就如同勾股定理①之于几何学"[93]。费希尔在研究豌豆植物和小鼠的时候——这些实验能够产生精确结论,且可以根据需要多次重复——杰弗里斯正在研究地震波的传播。1926年,杰弗里斯发现地核(外核)是液态的[94]——上地幔主要由以硅为核心元素的石头构成,地核主要由铁元素、镍元素构成。

杰弗里斯的研究数据要比费希尔的复杂得多。他试图利用各个地震台探测到地震波的时间,来确定震中的位置,以及地震波穿过的物质的性质。但地震是一个相对罕见的现象,即便探测到数据,其中也会掺杂大量干扰数据,整个过程充满了不确定性。统计史学家戴维·豪伊写道:"我们只能据此得出一些初步性结论,然后再根据新信息一步一步地更新、更正结论,这一过程依据的不再是'不确定性',而是'置信程度'。"[95]换句话说,这一过程是贝叶斯式的。

每次获取新信息时,杰弗里斯都会更新自己对假设的先验置信度:"每次科学进步,都是先从完全无知开始的,然后随着证据的增加,逐渐建立一个越来越有说服力的假说,直到其置信度达到一个可以接受的水平。科学不确定的那一部分,恰恰是其最有趣的内容。"[96]他认为任何事情都存在不确定性,哪怕科学定律也不例外。丹尼斯·林德利也是一位出色的贝叶斯主义者,他曾在杰弗里斯的悼词中写道:"尽管统计学家们通常会认为,只有在涉及数据时才能谈论不确定性,但杰弗里斯并没有拘泥于此,他认为所有形式的不确定性都可以用概率来描述。"[97]换句话说,不管你拿不准的事

---

① 原文为Pythagoras' theorem,即毕达哥拉斯定理,为西方约定俗成的叫法。不过目前没有任何确凿证据能够证明毕达哥拉斯是此定理的第一发现人。——译者注

第一章 从《公祷书》到《蒙特卡罗六壮士》

件到底是"日内瓦是不是瑞士的首都""宇宙年龄是不是138亿年",还是"我丈夫是否出轨了"——所有这些事情要么是真的,要么是假的,和你是否知道无关——杰弗里斯都希望你能用概率来描述自己对这件事的信心。

(根据戴维·豪伊的说法,杰弗里斯还"热衷于研究各种侦探小说"。侦探小说中有"公平竞争"这样一个分类,这类小说会把主角所知道的、与谜团相关的信息全部公示给读者。这类小说的忠实读者往往会把作品当作一个可以亲自参与的解谜游戏,而不是一个简单的故事。杰弗里斯刚好就是这样的读者,他在阅读时会记下每个人物的各种信息,比如他们不在场的证明和动机。豪伊写道:"看吧,这也是一个根据不完整、不精准的信息得出合理推论的例子!")

杰弗里斯是一个相当和蔼可亲的人。"他不善言谈,但温文尔雅,很难想象他会与人发生争执。"[98] 丹尼斯·林德利给出了如此评价。杰弗里斯从小在达勒姆郡上学,后来考入剑桥大学圣约翰学院,在那里一待就是75年,直至去世。他和费希尔是同一年代的人,尽管费希尔热情奔放,杰弗里斯讷口少言,尽管他们在哲学思想上有很大分歧,但两个人却称得上是朋友。杰弗里斯认为频率学派的整个思想基础——p值、统计显著性、"如果原假设成立,出现这种结果的概率"这些东西——简直乱七八糟。

他和费希尔在《伦敦皇家学会会刊》上进行了长达两年的辩论,两个人可谓旗鼓相当,谁都无法驳倒对方。尽管如此,杰弗里斯仍旧算是输家,因为实践当中很少有人会采用贝叶斯定理,频率学派仍旧是统计学的标杆理论。

大约同一时期，其他科学家也在试图解决先验概率的主观性问题。就在杰弗里斯-费希尔辩论大战的前后，有三位科学家不约而同地提出了同一个想法，这三个人分别是埃米尔·博雷尔、弗兰克·拉姆齐、布鲁诺·德菲内蒂。虽然他们都同意先验概率的主观性，但他们也表示，这并不意味着先验概率是编造出来的。他们各自独立提出，量化先验概率的方式就是"下注"。

本书采用弗兰克·拉姆齐的版本。弗兰克·拉姆齐是一位来自英国的天才，尽管 26 岁就英年早逝，但他在逻辑学、数学、哲学、经济学等领域均做出了巨大贡献。他在概率论方面有着自己的理解，他认为概率就是"信念"，如果我们根据信念行事，那这本身就是一种赌博："其实人的一生一直都在下注。每次去车站，我们都在赌火车真的会开走。如果我们对这件事没有足够的信念，那我们就不该对此下注，而是应该回家躺着。"[99] 这意味着信念可以被量化。"1/3 的概率，不就相当于赌博时，你相信自己赢/输的概率是 1 比 2 嘛。"[100]

这其实就是贝叶斯决策论的早期思想，我们稍后再详谈。弗兰克·拉姆齐的这一见解，为他之后对经济理性、不确定性中的决策行为的研究奠定了坚实基础。弗兰克·拉姆齐的传记作者谢里尔·米萨克写道：

> 在他建立的这个框架之下，我们可以根据自己的信念和期望去判断什么行为是理性行为。假如你现在正站在十字路口，不清楚面前的两条路中哪条可以让你用最短的时间抵达停车场。如果你走了最短路线，那你可以得到 30 个单位的幸福感；

第一章 从《公祷书》到《蒙特卡罗六壮士》

如果你走了较长的那条路线,那你只能得到18个单位的幸福感。你有2/3的信念认为右边的路更短;有1/3的信念认为左边的路更短。弗兰克·拉姆齐的数学模型可以帮助我们计算出每个选择的预期幸福感,然后根据自身的信念和期望,得出"最理性的选择是走右边这条路"的结论。[101]

换句话说,尽管先验概率的确是主观的,但我们可以检测它的优劣。最关键的是,先验概率并非固定不变。如果你的先验概率不合理,那你就很容易被人骗。比如现在有一家博彩公司,针对3匹马开设了不同的赔率,第一匹马的赔率是1∶1(赢了的话,你的钱就会翻一番);第二匹马是3∶1(赢了的话,你的钱会翻两番);第三匹马是4∶1。如果你想同时在3匹马身上下注,那你可以在第一匹马身上押100英镑,在第二匹马身上押50英镑,在第三匹马身上押40英镑,如此一来,你一定能够赢回200英镑。如果概率就是信念,信念就是下注,那就算你的信念是主观的,它也完全可以不一致。

在那些科学、专业统计学之外的领域,贝叶斯定理仍旧发挥了重要作用。第二次世界大战期间——当时以费希尔为代表的频率学派正牢牢占据主导地位——人们对"如何根据有限数据得出最佳结论"这一问题有着更迫切、更实际的需求。这些人要么使用现成的贝叶斯定理,要么自己动手对其进行改进。[102]

艾伦·图灵,这位来自剑桥大学的伟大数学家,曾在战时被英军招入麾下,担任破译德军通信密码,阻止德军U型潜艇继续在大西洋破坏英军补给线的任务。这些U型潜艇利用无线电和基地通信，具体信息会被定期更新暗号的恩尼格玛密码机加密。为了破译密码，识别出每个暗号的真正意思，图灵制造了计算机的雏形。

解码的难点在于，暗号的可能性实在太多了。如果认为每种可能性的概率都一样，那就算破译机器每秒钟能检查100种可能性，英军也得花费宇宙寿命的几万亿倍的时间，才能把所有可能性检查完。这意味着图灵和他的团队必须使用先验概率——假定某些字母组合的可能性要更高一些。他们认为，出现E-I-N这三个字母的组合（德语中的"一""一个"）的概率，比J-X-Q的概率更高。类似地，"WIND"（风）或"CONVOY"（舰队）这样的字眼，比"ITCH"（痒）或"BALLET"（芭蕾）更有可能出现。

图灵把这些直觉代入贝叶斯理论，并以此为基础建立了现代信息论的开端。他还创造了一个信息单位"ban"，类似于现代的"bit"（比特）或"byte"（字节）。

与此同时，保险商也开始用贝叶斯理论来确定公司的保费；军工制造业的质量评估员也开始利用贝叶斯理论来分析如何在可靠度不变的情况下，尽量减少炮弹的测试数量；炮兵指挥官根据贝叶斯定理算出了最佳发射方案。然而在统计学界，频率学派仍旧占据着统治地位。直到20世纪70年代，事情才有所变化。

"我双眼已见证，概率之神托马斯·贝叶斯牧师的荣耀"

"我只去过一次。"安迪·格里夫说道，"自那以后，我妻子就不让我再去了，因为当时我错过了返程航班，进而错过了周末的婚礼。他们都在抱怨，怎么会有我这种人呢。"

安迪·格里夫是一名统计学家，曾担任英国皇家统计学会主席，在制药行业打拼了近50年，如今已经处于半退休状态。安迪·格里夫也是一名贝叶斯主义者，他刚刚谈论的是著名的巴伦西亚会议，贝叶斯学派就是在那里从近代迈向了现代。

20世纪70年代的时候，伟大的统计学家丹尼斯·林德利正担任伦敦大学学院统计系主任。当时刚刚在那里拿到统计学博士学位的数学家何塞-米格尔·贝尔纳多称，在丹尼斯·林德利的带领下，伦敦大学学院统计系已经变成那个时代的"欧洲贝叶斯学派总部"。[103]

虽然听上去很厉害，但其实也算不上多大的荣耀，因为在伦敦大学学院之外，根本没多少人关心贝叶斯理论。何塞-米格尔·贝尔纳多表示："在伦敦大学学院学习的时候，我感觉整个世界都在围绕着贝叶斯理论运转。走出校门后，我惊讶地发现，在大多数统计学交流会上，我都必须花费大量时间和精力去为自己的工作辩解，因为大部分听众根本不认可我们的理论，这导致我几乎没有什么时间去分享自己的研究成果。"安迪·格里夫也有过类似的经历："第一次在会场向大家分享以贝叶斯理论为主题的学术报告时，我们的发言总是被安排在午餐前后。这个时间段有几个人的心思在讲座上面呢？我甚至感觉自己像个喜剧演员——咳，咳，大家打起精神来，安迪·格里夫要给大家讲贝叶斯了哦。"

1976年，丹尼斯·林德利、何塞-米格尔·贝尔纳多，以及年迈的布鲁诺·德菲内蒂共同参加了于法国枫丹白露举办的学术会议，当时他们都认为，这应当是世界首次以贝叶斯理论为主题而举办的国际会议。这几天他们过得挺开心：他们不必再在午餐时间去演讲，也不会每次一张嘴就扯到贝叶斯学派和频率学派的争端，更不会有人把他们的内容当作早间新闻的简讯一样，看完就忘。会议结束时他们纷纷表示下次还想来。一年后，何塞-米格尔·贝尔纳多又在佛罗伦萨参加了一次类似的会议，之后他便前往耶鲁大学任职，在美国一边游学一边举办各种研讨会。在此期间，他结识了很多杰出的思想家，比如乔治·博克斯（费希尔的女婿）、I.J."杰克"古德（曾在布莱切利园帮助英军破译密码，后来成为早期的人工智能理论家）等人。某次研讨会后，他和统计学家莫里斯·德格鲁特聊了起来。"那是一个漫漫长夜，我们一边喝着苏格兰威士忌，一边畅谈人生。黎明时分，话题不知怎么转移到了统计学上面，我们一直认为应当尽快举办一次国际化的贝叶斯理论学术会议。"

之后，何塞-米格尔·贝尔纳多又去往巴伦西亚大学，担任生物统计学教授。当时西班牙刚刚摆脱长达几十年的法西斯独裁统治，正处于对外开放时期。他向西班牙教育部部长建议，将巴伦西亚作为"第一届全球贝叶斯理论交流会"的举办地。1979年，会议成功举办。

我可以负责任地说，这是一场"疯狂的"会议，尽管可能有很多人不会相信这个词居然可以用来形容一场统计学学术会议。安迪·格里夫以相当怀念的语气说道："这个会议太有意思了。虽然工作很辛苦，但一切都值得。我们一大早就开始忙活，然后午休一会儿——用统计学语言来说就是，下午2点至下午6点，我们什么都不做——下午6点到晚上10点，我们又开始忙着工作，之后才

第一章 从《公祷书》到《蒙特卡罗六壮士》

是晚餐时间。吃完饭后，我们还会一起唱歌，像开派对一样，热闹极了。"

是的，他们曾放声欢唱。据何塞－米格尔·贝尔纳多回忆，第一天的晚餐结束后，乔治·博克斯模仿着欧文·柏林的《娱乐至上》(There's No Business Like Show Business)，唱起了《贝叶斯定理至上》(There's No Theorem Like Bayes' Theorem)。[104] 后来这类歌曲甚至有了一个专有名词——"贝叶斯卡巴莱"。只要在网上随便搜搜，你就能找到大量案例。更让我感到不可思议的是，明尼苏达大学的网站上还保存着一份"贝叶斯歌集"，上面有很多妙不可言的内容，比如：

托马斯·贝叶斯之军（拉斯富恩特斯战歌）
作词：P. R. 弗里曼、A. 奥哈根
原曲：《共和国战歌》
我双眼已见证，概率之神托马斯·贝叶斯牧师的荣耀
他正践踏频率学派的思想，抨击他们荒谬可笑的逻辑
他成军于拉斯富恩特斯酒店大厅，以概率真理为剑，率军征伐四方
荣耀，荣耀，概率的荣耀！
荣耀，荣耀，主观性的荣耀！
荣耀，荣耀，他的真理
必将传诵天下！

后边的内容和风格跟前面差不多。[105]

除此之外，贝叶斯学派的这些才子还创作了各种各样风趣幽

默的歌曲，比如《何塞 – 米格尔·贝尔纳多之歌》，曲调仿自西班牙舞曲《玛卡莲娜》①；安迪·格里夫曾和戴维·斯皮格霍尔特爵士（他后来也担任过英国皇家统计学会主席的职位）一起，改编了中世纪学生们很喜欢唱的一首祝酒歌《让我们欢乐吧》②；还有根据《深夜陌客》改编而成的《深夜贝叶斯人》；根据麦当娜《宛如处女》改编而成的《宛如贝叶斯人》等。

我在推特上提到这件事的时候，戴维·斯皮格霍尔特爵士主动联系我说："太可惜了！我们表演《蒙特卡罗六壮士》(*The Full Monty Carlo*③)的时候没能录像，因为当时智能手机还没被发明出来。"[106]（他还跟我说："不过也无所谓了，谁会想看6个贝叶斯学派男教授，在西班牙舞厅尖叫的人群中，一边脱一边唱的视频呢？"[107]他说这话的时候，我深深叹了一口气——他根本不知道网友们喜欢看什么。）好在后来的那些会议留下了很多宝贵的视频资料，比如《贝叶斯信徒》(*Bayesian Believer*)，其中有一句歌词是"遇到托马斯·贝叶斯之后，我成了他的信徒"，这首歌的原唱为门基乐队；以及《贝叶斯世界》(*What a Bayesian World*)，改编自路易斯·阿姆斯特朗的《美好世界》(*What A Wonderful World*)。

第二届巴伦西亚会议的一位与会者跟我说，他和何塞 – 米格

---

① 《公告牌》曾评出一份"史上百大拉丁歌曲"名单，《玛卡莲娜》位列第一。看歌名大家可能想不到是哪首歌，但我相信大多数人都听过。——译者注
② 世界大学生运动会（大运会）长期将这首歌作为开幕曲。2023年在中国成都举办的大运会开幕式上，也曾出现了这首歌的合唱版。——译者注
③ 此处致敬英国电影《光猪六壮士》(*The Full Monty*)，又译作《一脱到底》。"Monty Carlo"谐音"Monte Carlo"（蒙特卡罗），蒙特卡罗既是一座以赌场而闻名的城市（位于摩纳哥），又是一种数学算法的名称。——译者注

第一章　从《公祷书》到《蒙特卡罗六壮士》　　87

尔·贝尔纳多，以及一群当时世界上最杰出的贝叶斯学派统计学家一起乘船去岸边游泳，当时风浪实在太大，他们的船差点撞到礁石。最危险的时候，他们把救生圈都准备好了。他还跟我说："如果当时我们都淹死了，那贝叶斯学派的发展肯定会遭受重大打击。"

安迪·格里夫兴高采烈地跟我说："我有一件第三届巴伦西亚会议的纪念衫，上面写着'贝叶斯主义者更有趣'。"

从杰弗里斯和费希尔那场辩论大战开始算起，贝叶斯理论在科学工作中几乎长期处于销声匿迹的状态，但在其他很多领域都得到了相当广泛的应用。几十年之后，贝叶斯学派终于重整旗鼓，其中有很大一部分原因是杰弗里斯的那些方法论几乎像民间偏方一样流传了下来（"什么？你想算的是假设成立的概率，而不是假设成立的情况下，出现该实验结果的概率？快来试试贝叶斯方法吧！哥们，相信我，肯定好使。"）。还有一部分原因是，在很多领域中——尤其是软件工程领域——人们在处理数据时总是会在不经意间用到贝叶斯理论，就像图灵帮助英军破译密码时那样。奥布里·克莱顿表示："这一变化很有意思。数据科学中的那些新兴领域中，比如机器学习、硅谷的高新科技，大家都默认这没什么好争论的，贝叶斯理论就是更好用，理由和图灵相同。要解决这些问题，肯定要用到贝叶斯定理。在纯学术的圈子之外，似乎每个人都在使用贝叶斯定理。"

安迪·格里夫也说过类似的话："21 世纪初，我在康涅狄格州的辉瑞公司工作。某个周末，我去拜访了一位老朋友，他是一名电子工程师，曾在惠普公司任职。后来他成立了自己的公司，正在研究在大型计算机磁盘上快速搜索数据的方法,他的算法的基础就是贝叶斯理论,尽管他本人并没有意识到。当时很多领域都在开发贝叶斯算法,但大多数人都像我的这位朋友一样,没意识到自己在做什么。"

随着贝叶斯理论的普及,贝叶斯学派和频率学派之间的关系开始变得越来越紧张。前者长期处于弱势,如今成为后起之秀;后者一直都是当权的一方,如今却地位难保(作为一名非国教者,贝叶斯自己也曾长期受到国教的压迫,他本人应当能深刻体会其中的讽刺意味)。在各种公开辩论中,双方的交锋越来越激烈。

安迪·格里夫说:"统计学界有个非常有名的人,名字叫莫里斯·肯德尔,我学生时代用的就是他编写的统计学教材[108]。这个人曾在 1968 年发表了一篇论文,他在论文中表示,要是每一位贝叶斯主义者都能像贝叶斯本人一样在去世后再发表论文就好了,这样我们就能免去很多麻烦。"[109] 与此同时,丹尼斯·林德利也有点火上浇油的意思。他在 1975 年的一次会议上说道:"贝叶斯理论是最好的统计理论。它不仅对现有统计体系进行了强有力的补充,比如多元变量统计就建立在贝叶斯分析之上;同时也是得出正确推论、做出正确决策的唯一方法。"[110] 贝叶斯主义者身上总是有着一种神圣的使命感,这种使命感往往会出现在那些相信自己掌握了真理,但不被主流认可的人群当中(比如环保运动者、单车运动爱好者、福音派教徒)。虽然这并不意味着贝叶斯理论是错误理论——你总不能根据一个人的思想流派去判断事情的对错,但这的确可以反映出,当时贝叶斯主义者可能并不招人喜欢。最终,频率学派忍无可忍了。

贝叶斯理论一度被人们称为"歪理邪说",毕竟哪有正经学者会唱出"我双眼已见证,概率之神托马斯·贝叶斯牧师的荣耀"这样的歌词呢？2013 年，统计学家拉里·沃瑟曼发表了一篇以《贝叶斯推断法算是一种宗教吗？》为题的博文[111]（他给出的答案是，对于一部分贝叶斯主义者来说，它的确像是一种宗教）。一位匿名的"前贝叶斯学派统计学家"回答说："我曾是一名虔诚的贝叶斯信徒，但现在我已经失去了自己的信仰。"[112]

其实我们不应过分夸大两个学派之间的敌意——不仅是现在，当初巴伦西亚会议成功召开、贝叶斯学派信心大增的时候，他们之间也没有说非得拼个你死我活。安迪·格里夫还记得，在英国皇家统计学会发生激烈辩论之后，"他们会在各种公开场合相互抨击，争得面红耳赤，但争完之后，他们也会一起打车去吃晚饭。虽然听上去有点不可思议，但实际上他们当中有很多人都是很好的朋友。"他还记得 20 世纪 90 年代，在阅读一篇由同样为贝叶斯主义者的戴维·斯皮格霍尔特爵士所写的论文时，他曾产生了这样一种想法："近些年学术界流行着一种'讲究实际利益，尽量避免争端'的风气，看来这些人也没能避开时代潮流。不过我还是怀念以前那种氛围，虽然总是吵来吵去，但还挺好玩的。嗯，确实有点好玩。"

职业摔角比赛中有个术语叫"人设"（kayfabe），指的是给某名摔角手虚构出一套故事背景，然后让他时刻扮演自己的角色。比如一个外号为"送葬者"的选手，他的人设就是对另一位职业选手浩克·霍肯[①]恨之入骨。那么不管他是在比赛、接受采访，还是在便利店买东西，他都得表现出自己对浩克·霍肯的恨意。贝叶斯学派

---

① 送葬者和浩克·霍肯都是真实存在的、现已退役的职业摔角手，浩克的本名为特里·尤金·博莱亚，他的外号来自"绿巨人浩克"。——译者注

和频率学派的学术大战中，似乎也存在人设现象。安迪·格里夫指出，巴伦西亚首位卡巴莱表演艺术家乔治·博克斯在1985年发表的论文《向那些致力于实现"统计学大一统"的人致歉》（An Apology for Ecumenism in Statistics）中基本上承认了这一点："我相信贝叶斯学派的理论和频率学派的理论都是学术界所必需的工具，二者缺一不可。"[113]

真实情况似乎的确如此。伦敦政治经济学院认知心理学专家延斯·科德·马德森告诉我，他会同时使用频率学派和贝叶斯学派的统计方法，具体用哪个则取决于问题是什么。贝叶斯学派的统计学家、"Bays"①咨询公司的创始人苏菲·卡尔对我说，她有很多工作都不是用贝叶斯方法解决的。丹尼尔·拉肯斯是一位具有丰富统计知识的心理学家，以"频率学派战士""贝叶斯学派之敌"等称号而闻名，就连他也在网课中欣然承认，想要描述一个假说的置信度，你就得用贝叶斯方法，决策论离不开贝叶斯理论。

或许是时候讨论一下统计学在现代科学中的现状了。

---

① "Byas"是"Bayes"（贝叶斯）的谐音，"Bay"最常见的含义是"港湾"。——译者注

第 二 章

科学中的贝叶斯思想

可重复性危机及应对方案

2011年发生的一系列事件，似乎让科学大厦的基石有所动摇。

这些事件后来被人们统称为"可重复性危机"，尽管它很重要，但你可能根本没听说过（虽然我的本职工作是撰写科学文章，但我也没怎么受到这些事件的影响）。在相当长的时间内，大多数科学家——甚至是心理学家，他们的研究领域受到的冲击最大——都若无其事，该干什么干什么。但2011年在整个科学史上的确是非常重要的一年。只要某个人的工作涉及一丁点儿统计学应用，只要他在职称、论文引用量之外还对真理有所关心，他就应当重视这一年发生的事情，毕竟2011年有种"××元年"的意味。

事件的开端，是人们发现科学界一位有头有脸的教授，德里克·斯塔佩尔，居然在实验数据上弄虚作假。斯塔佩尔任职于荷兰蒂尔堡大学，是社会心理学领域一颗冉冉升起的新星。他的论文曾多次引起轰动，其中有一篇主张"吃肉会让人变得反社会"[1]，还有一篇认为"环境中的垃圾越多，生活在其中的人就越有可能变成种族歧视者"[2]。但最终人们发现，包括这两篇论文在内，斯塔佩尔的大多数论文都没有任何真实数据的支撑，论文中的所有数据都是他瞎编的。[3] 听起来很荒谬吧，但这种事在科学界的确偶有发生。事情败露后，校方迅速解除了他的职务，他的几十篇论文也全被撤稿。

对于科学家来说，还有一个更值得深入思考的问题，那就是

"就算数据没造假,科学是不是也有可能出错?会错得很离谱吗?"

同年3月,在康奈尔大学任职的社会心理学家达里尔·贝姆发表了一篇以《感受未来》(Feeling the Future)[4]为题的研究报告。这是一项典型的社会学研究,研究方向为"启动效应"。该实验会向实验对象(通常是大学生,只要给几英镑、几个学分,他们就很愿意来)"启动"某个概念,然后观察它会对实验对象的行为产生何种影响。比如我们可以向实验对象展示一些混乱无序的单词或字母,让他们试着拼读,接着给他们安排一项任务,观察他们完成任务的方式是否会受到事先"启动"给他们的单词或字母的影响。

早期的启动实验并没有得出什么特别有价值的结论。比如你把"医生"(doctor)这个词拆散,然后让实验对象去拼读。成功拼读之后,他们识别出和医生相关的单词,比如"护士"(nurse)的速度,就会比识别出其他单词的速度快。不过后来,相关实验得出了许多令人称奇的结论:这种微妙的启动效应,会对我们的行为产生重要、巨大的影响。

1996年有一个非常著名的例子[5],当时约翰·巴奇进行了一次启动效应实验,该研究发现,如果向人们展示"皱纹""宾果"①"佛罗里达"②等词语——这些都是和"年龄"紧密相关的词语,在美国尤为如此——会导致他们离开实验室的时候走得更慢,就好像一下老了几十岁。再比如2006年的一项研究发现,向人们"启动"一些和金钱相关的概念,会让他们变得更不愿意寻求帮助,也更不

---

① 美国老年人非常喜欢的一种赌博游戏,是美剧《风骚律师》中的经典场景之一。——译者注
② 这里有阳光、沙滩、海浪,且气候宜人,适合养老。——译者注

愿意提供帮助——相当于变得更自私了。[6] 还有一项研究发现，让人们闻鱼的味道，会导致他们更加多疑，原因是——别笑，这是真的——"它们闻上去很可疑"（It smells fishy[①]）。[7]

20世纪90年代至21世纪00年代，这类调查是社会心理学的主要研究内容。其实早在20世纪70年代末的时候，心理学界就已经出现了类似的调查分析，只不过数量没有几十年后那么多。这些研究似乎表明，人类心理非常容易受到各种影响：在各种微妙的、无意识的暗示之下，我们会表现出各种奇怪的行为。那些从约翰·巴奇实验室缓慢走出来的实验对象，根本不知道"佛罗里达"这个词会让他们联想到喜欢打沙狐球的退休老人，但不知怎的，这个词不仅让他们联想到了这一点，甚至还让他们做出了和老年人类似的行为。这似乎表明我们的思维意识就像空中缓缓飘下的叶子一样，任何难以察觉的风吹草动都会对它产生影响。或许你并没有听说过启动效应，但你很可能听说过和它相关的衍生物，比如"助推理论"和"潜意识广告"。电影《搏击俱乐部》中，主角泰勒·德登在儿童电影中穿插了好几帧成人画面，由于画面停留时间实在太短，人们根本意识不到发生了什么。这一剧情也用到了启动效应的研究成果。

诺贝尔奖得主、著名心理学家丹尼尔·卡尼曼曾在2011年出版的《思考，快与慢》一书中这样评价启动效应："你不信也没办法。这些结果既不是编出来的，也不是具有统计意义的偶然事件。你只能相信这些研究的结论是真的。"[8]

---

① "fishy" 既有 "和鱼相关的" 的意思，也有 "可疑的" 的意思。——译者注

偏偏就在这个时候，达里尔·贝姆出现了。

达里尔·贝姆的研究涉及多项实验，本书只关注其中的一项：虽然该实验看上去并不起眼，但它有一个特别之处。该实验的主题也是启动效应，就像其他类似实验一样，它会向实验对象展示一些信息，观察这些信息会对他们的行为产生何种影响。本实验所展示的信息是褒义词或贬义词（比如"漂亮"或"丑陋"），之后会让实验对象观察一些图片，并要求他们在看到图片的瞬间，以最快的速度按下写着"舒适"或"不适"的按钮。根据之前那些启动效应的研究结果，人们会很自然地认为，看到褒义词的实验对象在看到令人舒适的图片时，会以较快的速度按下"舒适"按钮；看到令人不适的图片时，他们会以较慢的速度按下"不适"按钮。那些看到贬义词的实验对象刚好相反。

该实验特殊的地方在于：有一半的实验对象是先看到图片，然后再被展示褒义词或贬义词。

结果出人意料——仍然出现了启动效应。先看到令人舒适的图片，然后被展示褒义词的那些实验对象，依旧会以较快的速度按下"舒适"按钮。换句话说，他们在已经做出了选择的情况下，依旧会受到启动效应的影响。

该实验的 p 值为 0.01，这意味着结果具有统计显著性，因为按照现代统计惯例，0.01 足以推翻原假设。[①] 达里尔·贝姆认为，该

---

① 如果还是觉得绕，可以这么理解：原假设和备择假设是非此即彼的关系，一般想要证明的结论都会被当作备择假设，然后故意把相反的结论当作原假设。如此一来，推翻了原假设就意味着备择假设更可信。这有点像反证法。——译者注

实验可以证明超自然现象的确存在。另外,该研究还涉及其他8项大同小异的、颠倒了启动顺序的实验,而且这8项实验的结论都达到了统计显著性。

当然,我们大多数人都很难认可超自然现象的存在,可是你看,达里尔·贝姆的实验接连出现了9次超自然现象,9次!该实验所使用的研究方法和统计工具,与其他心理学实验并没有什么不同;大家的 p 值判定标准都是0.05。由此看来,要么超自然现象的确存在,要么统计方法本身出了大问题(达里尔·贝姆公然声称自己的结论没问题,超自然现象的确真实存在,这些实验真真切切地探测到了这些现象)。

2011年发生的第三件大事,来自心理学家约瑟夫·西蒙斯、利夫·纳尔逊、尤里·西蒙松共同发表的论文《假阳性心理学》(False Positive Psychology)。[9]该论文的实验方法与达里尔·贝姆的方法如出一辙,都是用常见的统计工具来证明一个不可能的结果。和达里尔·贝姆不一样的地方在于,这三个人是故意这么干的,目的就是提醒全体科学家,目前大家常用的这套统计方法存在严重缺陷。

同样,这三个人的研究也涉及多项实验,我们只介绍其中最有名的那个:他们找来了20名大学生,从两首歌中挑出一首给他们播放——两首歌分别是披头士乐队的《当我64岁时》(When I'm Sixty-Four),以及邈逼先生(Mr. Scruff)的《卡林巴》(Kalimba),然后统计两组实验对象的年龄。结果他们发现,第一首歌会让人当场年轻18个月,而且这一结果同样具有统计显著性:它的 p 值为0.04。

注意,他们的结论不是"实验对象感觉变年轻了",而是"实验对象真的年轻了 18 个月"。我相信大多数人都会同意，披头士乐队的歌不可能有这种魔力，可是《假阳性心理学》这篇论文的确可以证明，在现代科学的统计标准之下，这件事就是真的，而且他们用的统计方法大家每天都在用。

其实早就有一些科学家对类似现象发出过预警。2005 年，斯坦福大学的约翰·约安尼季斯写了一篇题为《为什么说大多数已发表的研究结论都是错的》（Why Most Published Research Findings Are False）的论文。[10] 他在论文中指出，很多科学领域所使用的统计方法并非十全十美，这些方法很容易导致这类问题的出现。科学界固然存在各种各样的问题，但下面这个绝对是最关键的问题之一：科学家们正在做的事情，并不是根据收集到的数据去分析假说的真实性，而是先假定假说不对，再分析这种情况下他们取得当前实验数据的可能性有多大（这跟伯努利、费希尔干的事没什么不同）。

有意思的是，现代贝叶斯主义的坚定拥护者丹尼斯·林德利早在 1991 年就预见了这一问题。当时他在《概率》（Chance）期刊上为杰弗里斯写了一段颂词，其中有这样一句话："面对'5% 的统计显著性意味着什么'这个问题，大多数实验设计者都会回答说，这意味着原假设成立的概率只有 5%。"然而事实并非如此，5% 的统计显著性只是表明，如果原假设成立，那"你下次看到的结果至少和当前结果一样极端"的概率是 5%。丹尼斯·林德利还指出，如果你采用杰弗里斯的贝叶斯方法，并同意只能在"原假设只有 5% 的概率为真"的情况下发表论文，那目前已经发表的这些论文其实大多都应当被撤稿："'让 p 值小于 0.05'的难度，比'让原假设至多有 5% 的概率为真'的难度更低。为了让自己的研究结论能被发表出来，大家更愿意采用'p值小于 0.05'的标准，而不是杰弗里斯的标准。"

然后他指出了问题的关键所在："这或许就是p值标准如此流行的原因，毕竟大家都想发表自己的研究结论。要是有人能统计出来，有多少'具有统计显著性'的结论是真实结论，那可就有意思了。"

20 年后，科学界给出了一个令人震撼的答案：这一数值远远没有预期那么高。

这是怎么回事呢？一项研究的p值小于 0.05，就意味着每进行 20 次实验，才会有 1 次的结果和当前结果一样极端（或更极端），不是吗？如果每个研究项目都采用这一衡量标准，我们不应该看到很多阳性结果吗？

当然，这只是我们的预期想法，实际情况并非如此简单。想要让p值小于 0.05 有很多方法，最简单的就是直接进行 20 次实验，然后把数值最极端的那次写进论文，因为p值小于 0.05 不就意味着每 20 次实验会有 1 次出现极端结果吗？这正是《假阳性心理学》论文的三位作者所做的事情：他们找来了一些本科生，调查了各种五花八门的个人信息，比如父母生日、心理年龄、政治倾向、是否留恋过去的时光等。除了前面提到的两首歌，实验中还播放了另一首歌——儿童音乐组合摇摆家族（The Wiggles）的《烫手山芋》（Hot Potato）。

然后他们根据各种不同的问题对数据进行"切割"，比如听了《烫手山芋》的人会比听了《卡林巴》的人表现得更右翼吗？听了《卡林巴》的人会比听了《当我 64 岁时》的人表现得更怀旧吗？

只要处理数据的手法得当，再把样本量控制在较小范围（比如20人），制造假阳性结果简直轻而易举。三位研究者还尝试了其他方案，比如一旦 p 值低于 0.05，他们就立即停止数据收集。据他们估计，通过一些类似的小技巧，60% 的情况下都可以让结果具有极高的统计显著性。

这种现象又被称为"根据结果构建假设"，或"p 值操纵"。虽然我们的案例是一篇恶搞论文，但 p 值操纵的现象其实相当普遍。比如有一个叫作"竞争反应时任务"的测试，它可以测量人的攻击性，在研究电子游戏产生的心理影响时尤为有效。实验对象会被要求玩一款暴力（或非暴力）游戏，然后参加一项双人竞争游戏：率先对外界刺激做出反应的人获胜。获胜者可以用噪声惩罚对手，噪声等级最高可以达到令人非常痛苦的水平。

有意思的是，虽然叫作"双人游戏"，但实验对象的对手其实是个电脑程序。心理学家马尔特·埃尔森发现，在发表于 2019 年之前的、用"竞争反应时任务"来分析电子游戏与攻击性之间的关联的 130 篇论文中，居然出现了 157 种数据分析方法。[11] 有些作者会关注第一次惩罚的音量，有些作者会关注 20 次惩罚的平均音量，有些作者会关注第一次惩罚的持续时间，有些作者会关注音量与持续时间的乘积等。如此煞费苦心，统计结果几乎不可能不显著。

你可能会问：如果作者真的想分辨某个结论的真假，那他们为什么要这么做？至少有一部分原因是，虽然科学家们的确想弄清真相，但他们也想升职加薪、拿到终身教职、养家糊口，也得为了生计奔波忙碌。学术界的现状基本可以总结为"不发论文毋宁死"。如果你的学术成果不能定期发表在期刊上——最好是《自然》《科学》这样的"高影响因子"期刊——那你就很难在红砖大学[①]评上教授职位。

当然,如果期刊不管论文到底写了什么,所有来稿一视同仁,统统发表,那这个问题自然也就不存在了。它们当然不能这么干。

科学期刊——当然不是所有,我指的是其中大多数,包括那些鼎鼎有名的——更愿意发表那些新奇、有趣的研究结果。虽然听上去好像很合理,但这会导致结论新奇有趣的论文(比如"超能力真实存在")比结论枯燥乏味的论文(比如"我们试图寻找超能力真实存在的证据,但没找到")更容易被发表。

当然也有很多期刊,尤其是社会科学领域的期刊,会把"p 值 < 0.05"作为"确实发现了有趣结论"的判断标准。如果你的实验结果的 p 值 $=0.045$,那就很可能会被发表;如果你的实验结果的 p 值 $=0.055$,则很可能无法被发表。

这种现象会给整个科学界带来严重问题。举个例子,现在一共有 100 个实验团队对超能力现象进行调研,其中有 95 个团队没有发现超能力的存在,另外 5 个团队发现了超能力的存在,且结果具有统计显著性(这意味着 p 值 < 0.05!换句话说,如果该结论不成立,那每进行 100 次实验,只有 5 次会出现类似结果)。由于科学期刊喜欢发表新奇、有趣的结论,它们很可能会把 5 篇"超能力确实存在"的论文全部发表出来,但只发表 1 篇"超能力不存在"的论文,这意味着如果有人去查阅文献,那他会发现有 83% 的研

[①] 英国 6 所知名大学的统称,因校舍均由红砖建成而得名。——译者注

究都证实了超能力的存在。和科学家们聊聊,你就会听到很多"因研究结论不够新奇而被拒稿"的故事。如此一来,尽管你一打开学术期刊就能看到令人眼花缭乱的新奇论文,尽管这些论文也的确得出了一些结论,但与此同时,那些枯燥乏味,但往往更真实、更可靠的论文却石沉大海了。

不仅如此,这种现象还会导致大量科学家会想方设法地——也有可能是下意识地——让自己的阳性结果的 p 值 < 0.05,具体方法和《假阳性心理学》中的方法一样"优雅"。

食品科学家布赖恩·万辛克成为这些人中的"佼佼者"。他是康奈尔大学的明星人物,曾在奥巴马执政时期获得了数百万美元的政府投资。他发表过大量和人类饮食习惯相关的调查研究,其中流传较广的结论有"如果身边有女性,那男性会吃得更多(他认为这是男性为了表现自己)"[12],"如果给蔬菜起一些更吸引人的名字(比如把胡萝卜叫作'X射线超视觉胡萝卜'),那小朋友们吃蔬菜的数量就会翻倍"[13]。

2016 年,他误发了一篇题为《从不说"不"的研究生》的博文[14],正是这篇博文让他陷入了困境。

博文的主角是一名来自土耳其的博士在读生。当她来到康奈尔大学后,布赖恩·万辛克递给她一份自费得来的、没得出任何结论的调查资料——这份资料记载了一个月当中某家意大利自助餐厅的顾客的饮食行为。之后布赖恩·万辛克对她说:"收集这些资料耗费了大量的时间和金钱。这是一份很酷(很翔实、很有特色)的数据,我相信你一定能挖掘出一些东西来。"于是这位博士生就开始用各种各样的办法去重新分析数据。如此努力之下,她自然得出了

很多 p 值 < 0.05 的相关性结论，这些结论足够两个人发表 5 篇论文（"男性会为了向女性表现自己而吃得更多"就是其中之一）。

这篇博文很快就引起了一些科学家和科学记者的关注，于是这些人便开始翻阅布赖恩·万辛克的其他研究，其中新闻聚合平台 BuzzFeed 的科学记者斯特凡妮·李甚至设法搞到了布赖恩·万辛克的电子邮件内容。这些邮件表明，布赖恩·万辛克曾指导这位博士生将数据按照"男性、女性、在该餐厅吃午餐、在该餐厅吃晚餐、独自用餐、双人用餐、多人聚餐、是否拿过酒、是否拿过饮料、座位距取餐台很近、座位距取餐台很远……"等一系列类别进行拆分，以图找到一些具有统计显著性的结论。布赖恩·万辛克还告诉她："哪怕是石头，也给我挤几滴血出来……最好是那种能够病毒式传播的爆炸性结论。"[15]

丑闻败露之后，布赖恩·万辛克被撤回了 18 篇论文，还有 7 篇被出版社贴上了"严重存疑"的标签以提醒读者，另外还有 15 篇得到了更正。[16] 雪上加霜的是，校方又发现布赖恩·万辛克有学术不端行为，于是便禁止他从事教学、研究工作。无奈之下，布赖恩·万辛克于 2019 年从康奈尔大学辞职。[17]

虽然这无疑是一个极端恶劣的案例，但某种程度上来说，布赖恩·万辛克多少有点倒霉，因为致使他身败名裂的那些行为几乎都是学术界的一些常规操作。"p 值操纵"每时每刻都在发生，只不过其他人的行为没有这么引人注目而已。事实上，很多科学家根本没有意识到自己的这种行为大有问题。前文中的达里尔·贝姆曾于 1987 年写了一本书，并在其中专门用一章写了自己的心得，告诉学生如何才能顺利地将研究成果发表为论文。书中有这样一段话："按照时间划分，论文可以分为两种，一种是在实验的设计阶段就规划好大纲的论文；另一种则是在实验完成之后，根据实验数据写出来的天衣无缝的论文。只有后者才是正确的做法！"

他还向研究人员提出过很多相当激进的建议："不同性别要单独分析，设定一些新的复合指标……重组数据，让它们看上去更加突出……如果数据足够好，足以得出新的结论，那你不妨围绕新结论改写论文，把原来的课题改成论文中的一个小标题，或者干脆删掉重写……把你的数据想象成一颗宝石，你的任务就是切割、打磨，找出它最光彩耀人的一面，所有数据都是为这一面服务的。"[18] 虽然这算不上是 p 值操纵，但围绕新发现去重组数据正是假阳性制造者和万辛克所采用的花招之一。正如他们所证明的那样，类似的花招可以让你轻而易举地从一堆毫无意义的数据里面总结出具有统计显著性的结论。

迄今为止，我们只给出了个别科学家的案例，但实际上这在整个学术圈都是一个相当严重的问题。2011 年年末，弗吉尼亚大学心理学家布赖恩·诺塞克对这一年发生的各种统计事件感到十分忧虑，于是他发起了一项名为"可重复性计划"的运动。他找来了 270 名研究人员，然后大家一起合作，试图复现 100 项心理学研究结果——也就是说，这些人准备用相同的方法、全新的数据去重复之前的那些实验，看看能不能得到相同的结果。

2015 年，这群人根据调研结果发表了一篇论文。[19] 论文表明，在这 100 项心理学研究当中，有 97 项在当初就已经得到具有统计显著性的结果，但布赖恩·诺塞克等人只在 36 项研究当中得到了具有统计显著性的结果。平均来说，只有一半原始结论能够得到复现。这一半当中，又有一大半的结果落在了原始论文的置信区间之外。事实证明，约翰·约安尼季斯（以及丹尼斯·林德利）的担忧是多么明智——已发表的论文当中有很多（甚至大多数）都是错误的。

说到这儿你可能会问，这些故事跟贝叶斯定理有什么关系？好吧，听我慢慢解释。首先，我们已经清楚了可重复性危机的来龙去脉。总的来说，这是"不发论文毋宁死""科学期刊对新奇结论的青睐"所引发的不良后果。面对这些问题，科学家们已经提出了许多合理建议。比如，第一，我们可以降低"统计显著性"这一准入门槛；第二，我们可以预先将"假设"记录在案，以防止"根据结果构建假设"这种现象的出现；第三，我们可以让学术期刊不再根据结论的新奇程度，而是根据调查方法是否足够可靠去甄选论文。

我们可以一针见血地指出可重复性危机的根本问题：科学界所做的事情，其实和300多年前伯努利所做的事情没什么区别，大家还是在做概率推断，而不是统计推断。

正如前文所讲，p值衡量的不是假说为真的可能性有多大，而是先假定某一假说为真，在这种情况下看到类似结果的概率有多大。然而贝叶斯认为，这不足以说明问题（拉普拉斯后来也表达了同样的观点）。如果你想知道假说为真的概率，你就必须用到先验概率，必须采用贝叶斯定理。工具都摆在那里，唯一的问题在于你想不想用。

第二章 科学中的贝叶斯思想 107

奶酪做的月亮、超能力、超光速粒子

贝叶斯主义者认为，我们现在有一个基本问题没有解决。假定我们现在正在做实验，目的是探究某个假说的真伪——先不透露这个假说是什么——实验结果的 p 值为 0.02。这种情况下，假说为真的概率是多少？很可惜，就连很多专业人士都会回答 98%。既然出现这类极端结果的概率只有 2%，那原假设碰巧为真的概率，也应当是 2% 吧？我希望坚持阅读到这里的读者，能够给出否定答案。可大多数科学家都觉得这一思路没错。

2007 年的一项调查要求 44 名心理学本科生、39 名普通的心理学教授、30 名专门担任统计方法指导教师的心理学教授阅读 6 条和统计显著性相关的语句，然后判断其真伪。[20] 结果显示，全部本科生、90% 的普通教授、80% 的指导教师（再次强调，这些人的工作就是为学生提供正确的统计学知识和统计学方法）至少答错了一道题。后两组有 1/3 的人、本科生组有 2/3 的人错误地认为，p 值表示的就是"当前结果是偶然因素造成的"的概率，也就是原假设为真的概率。换句话说，p 值为 0.05 意味着你的结论只有 5% 的可能性是错的。当然，事实并非如此。

这种令人惊讶的现象不止一个。另一项研究调查了 30 本"心理学入门"教材，其中有 25 本给出了"统计显著性"的定义，然后他们发现，这 25 本中有 22 本的定义是错的。[21] 它们最常见的错误，也是把 p 值当成了"当前结果是偶然因素造成的"的概率。正如我们已经多次强调的那样，它们也搞反了。p 值真正的含义，是在原假设成立的前提下，看到类似数据的概率。

需要说明的是,"大部分人不了解 p 值的含义"这一事实,并不意味着每个支持使用 p 值的人都是白痴,也不意味着这些人都不懂 p 值。

埃因霍温理工大学的心理学家、频率学派的坚定支持者丹尼尔·拉肯斯[1]也曾公然表示,仅凭 p 值根本无法得知假说为真的概率,除非我们知道该假说的先验概率。

他还说,p 值的作用是告诉你,在原假设成立的前提下,多次实验当中得到假阳性结果的频次。p 值小于 0.05,意味着你可以暂时拒绝原假设——之后要么再进行更多实验,要么直接把这次的结论发表出来。再次强调,这是暂时的。

贝叶斯学派认为,这一统计方法有个很严重的问题,那就是它可以得出一些相当愚蠢的结论。比如现在有一项 p 值为 0.02 的研究,研究的项目是锤子和氦气球谁的下落速度更快(只考虑引力和空气阻力的影响)。你进行了 6 次实验,每次都是同时在高处释放锤子和氦气球,结果每次都是锤子先落地。在单侧检验的情况下,这一结果的 p 值约为 0.02。太好了,这证明它有统计显著性!换句话说,这一结果几乎不可能是偶然因素造成的!耶!可是……这也太蠢了吧。

现在我们改一下,假设这是一项调查超能力是否存在的研究。实验找来了一些大学生,让每个人从两张相同的图片里面挑一张。之后,两张图片的某一张的原有位置上,会迅速闪过一幅色情图像

---

[1] 如果你想了解更多统计知识,我强烈建议你观看丹尼尔·拉肯斯的免费在线课程"帮你改进统计推断能力"(Improving Your Statistical Inferences)。

（这正是达里尔·贝姆进行过的实验之一）。实验重复了6次，结果发现，每次大学生挑的图片，都是该位置之后会闪过色情图像的那一张。同样，p 值约为 0.02。

站在频率学派的角度来看，这就是我们得到的全部信息。数据有了，假说也有了，二者并没有优劣之分。

根据频率学派的观点，你应当对两个实验的结果一视同仁——它们推翻原假设的概率都一样。不过事实上，我们大多数人都会同意，"锤子比氢气球下落更快"基本上是真的，p 值 ≈ 0.02 对我们的判断没产生多大影响，因为我们心里早就有了答案。同时，我们大多数人也会同意，"本科生能预测到色情图像"基本上是假的。如果它是真的，那也太颠覆三观了。

考虑到期刊更喜欢发表结论新奇有趣的论文，频率学派不考虑问题的先验概率，即便结论是错的，我们连做20次实验也能有1次让该结论具有统计显著性，大家争相去做"大学生有超能力"这类实验也就不足为奇。奥布里·克莱顿表示："如果所有实验都采用同样的评估标准，那你还不如直接选一个最离谱的理论去做实验，毕竟这样做能获得更多的关注、更高的知名度。在'唯频率论'的大环境下，每个人都有充足的动力去提出更多令人称奇的理论。"

奥布里·克莱顿认为，我们应当把先验概率纳入问题当中："如果假说是'月球是奶酪做的'，那你的先验概率就会比较低，新数据对你的判断不会产生太大影响。尽管阳性数据会让你对这个假说多一些信心，但绝不会一下子就颠覆你的先验判断。这就是贝叶斯统计法给科学家们带来的改变。这是一种建立在'怀疑'之上的工具，一种表达'我不相信这个理论'的方式。"

"贝叶斯理论的激励机制刚好和频率学派相反，它鼓励科学家们去研究那些我们先验地持怀疑态度的理论。也就是说，我们应当提高采信证据的标准。"

不过丹尼尔·拉肯斯认为这有点蠢："达里尔·贝姆事件就是一个很好的例子。卡尔·波普尔（20世纪伟大的科学哲学家）经常提到'教条'这个概念——他不希望科学中也存在教条主义。"

"如果一个编辑跟我说，'我不信预感这类东西'，那我会回答说，'我才不管你信不信，闭嘴！赶紧把这些东西出版了'。"

他举了一个似乎更重要的例子。2011年，欧洲核子研究中心（CERN，因大型强子对撞机而闻名）观测到了一些非同寻常的现象。[22] 它在日内瓦有一台粒子加速器，在意大利有一台粒子探测器，两者相距730千米，前者会向后者发射中微子。研究人员利用原子钟分别记录下了中微子离开加速器、到达探测器的时间，其精度可以达到"每年只有几百亿分之一秒的误差"的水平。

他们发现，中微子到达意大利的时间比他们预想的早了六百亿分之一秒，即60纳秒，这一结果极具统计显著性——p值大约只有0.000000002。换句话说，如果这纯粹是偶然事件，那么每5亿次实验中才会出现一次类似的极端数据。

不过另一方面，这件事也极不可能是真的，因为早到60纳秒就意味着中微子超过了光速。而根据相对论，没有任何事物的速度能够超过光速——这算是相对论最基本的一条公理。具体来说，事物的速度越快，质量就越大；速度越接近于光速，质量就越趋近于无穷大。这意味着不管是什么粒子，不管它质量有多小，只要它想超过光速，就需要无限的能量，而这显然是不可能的。如果欧洲核子研究中心的发现是真的，那么整个现代物理体系都要推翻重建。

因此，哪怕 p 值已经小到 0.000000002，大多数物理学家仍会相当自信地认为这一结果是假的。丹尼尔·拉肯斯表示："虽然这是一个不可能出现的结果，但我们是否应当将其彻底无视，然后一笑了之？不，我们不能这样做，统计学不该是这个样子的。历史证明，很多时候，突破性成果恰恰来自这些怪异的发现。所以我不喜欢科学中出现教条主义。"

事实证明，欧洲核子研究中心的结果确实错了。经调查发现，中微子之所以提前到达，是因为时钟系统的某根光纤出现了松动，导致时钟内部的激光信号出现了延迟，进而导致中微子的抵达时间早了 75 纳秒——虽然数字不大，但足以让它的速度超过光速。[23]

应当指出的是，频率学派与贝叶斯学派的分歧在本例中并不重要，或者说，它们实际上远比我展现的复杂得多。只要你的先验概率不是极其离谱，那 6σ（6 标准差）、$p=0.000000002$ 的结果就无法轻易推翻它。我不认为一个合格的贝叶斯主义者会认为光速被超过的概率只有几亿分之一。只有在你认为中微子提前到达只可能是因为它超过光速，该结果才能令你信服。

但没人会这么想。所以这一观测的结论性到底有多强其实并不重要，因为没有物理学家会相信它，毕竟这意味着相对论被推翻了。相反，物理学家们会认为造成这种现象的原因有很多，比如测量误差、设备故障甚至故意作假。事实证明的确如此（此处指设备故障）。这次实验结果并不是单纯的偶然事件——确定有一个实际的结果，只不过这个结果并不是中微子超过光速，而是光纤出现了松动。

稍后我们还会再讨论一下，"非常不可能成立的理论"在遇到"非常强有力的证据"时会发生什么——通常来说，贝叶斯学派会假定这些证据具有某种误导性（这种办法存在争议）。

总之，丹尼尔·拉肯斯认为我们不能对实验数据挑挑拣拣：如果一个科学实验做得不错，表面上挑不出什么毛病，只是实验数据相当出人意料，那么我们就不应当仅仅因为先验概率太低而选择不发表它。他再一次引用了卡尔·波普尔的观点："卡尔·波普尔讨厌贝叶斯，他不希望贝叶斯理论成为自己科学哲学的一部分。而我也是这么想的。"一言以蔽之，卡尔·波普尔的科学哲学就是，你永远无法证明一个科学假说——你要么推翻它，要么无法推翻它。而贝叶斯学派的思想基本与之相反——你可以不断地用证据去支持或反驳某个结论。

事实上，丹尼尔·拉肯斯根本不认可贝叶斯革命的必要性，或者说，他根本不认可贝叶斯学派的基本宗旨。前面我一直在说，频率学派的方法只能告诉我们"根据某个假说，出现这种结果的概率是多少"，而我们真正想知道的是"根据得到的这些数据，假说为真的概率是多少"。丹尼尔·拉肯斯完全不同意这一观点："我更愿意将其称为'统计学谬误'。我是说，统计学家们的工作并不是去回答大众想知道的问题。作为一名科学工作者，我有能力决定自己想知道什么，也清楚自己并不想知道假说为真的概率。或者说，我根本不觉得这个问题存在答案。其实我也希望这个问题有答案，就像我希望世界能够和平一样，可这远远超出了人类的能力范围。"

丹尼尔·拉肯斯并不是在否认"锤子比氦气球下落更快"比"本科生在色情图片方面具有超能力"更可信，或与之类似的现象："卡尔·波普尔认为这并不是可信度的问题，也不是认识论的问题，而是检验度的问题。换句话说，引力理论经过的检验，比超能力经过的检验严格得多，所以我更相信前者。这和先验信念无关，也无法量化为具体数值。我只是单纯地假定它是真的，并不会赋予它一个概率。"

在与丹尼尔·拉肯斯交谈的过程中，我发现了一件有意思的事，那就是他在某种程度上认可贝叶斯学派的部分观点。在他开设的统计学在线课程中，他一开始就讲了一段和贝叶斯理论相关的内容，并明确地指出，必须使用先验概率才能计算出某假说为真的概率，而且 p 值能给出什么样的结论也取决于先验概率的高低。他还援引了约翰·约安尼季斯的论文，来解释为什么大多数已发表的研究结论都是错的，因为大多数论文研究的都是先验概率极低的事物。

事实上他也承认，自己的行为有时也暗含着贝叶斯的思想。比如他在选择研究课题时，通常会挑一个他认为先验概率较高的假说："我会花时间去研究超能力吗？当然不会。从这个角度来说，我的确在暗中使用了贝叶斯式的决策论。我先验地认为，研究超能力不会得出什么有价值的结论，因此我不打算去研究它。所以没错，作为一名科学家——作为一个人——我会用贝叶斯思想去挑选研究课题。但是我要强调，我不会让先验概率影响到我对数据价值的判断。"

他还认为，得到实验数据之后，我们就应当把话语权交给 p 值："你一开始先验地认为，希格斯玻色子并不存在，然后你得到了一些实验数据，更新了自己的观点。他们进行了两次 5σ（5 标准差）

的实验（相当于两次 p 值为 0.0000003 的实验）。这意味着，要么实验结论是真的，要么每 1100 万个宇宙中才会有 1 个宇宙刚好能观测到这种数据，而我们恰好生活在其中。"

他还说，我们不应当依赖先验概率，而是应当努力取得质量更高的数据，比如，提高统计显著性的判断标准："如果我想让大家重视我的实验结果，那我会尽量降低实验的误差率，然后大幅降低 α 值（还记得吗？当 p 值小于 α 值的时候，我们就说该实验达到了统计显著性）。这样一来，如果我真的发现了什么，那就不太可能仅仅是侥幸了。"当然，他说的这些很容易在物理学领域得以实现，尤其是当你有一台粒子加速器的时候；在遗传学领域也很容易实现，因为有庞大的基因数据库可供你研究。但丹尼尔·拉肯斯认为，社会科学领域也能做到这一点："很多社会实验也采用了同样严格的统计标准（比如布赖恩·诺塞克等人的可重复性调研）。此外，元分析（将多个研究结果整合在一起）也采用了 5σ（5 标准差）的标准。有时他们还会采用别的方法，比如美国食品药品监督管理局虽然采用了正常的 α 值，但它会要求你做两次实验：出现 1 次 5% 或许是侥幸，但第二次的概率会变成 5% 的 5%，这也非常严格了。"

卡尔·波普尔和他的"天鹅理论"

丹尼尔·拉肯斯在表达自己对贝叶斯理论的反对时，曾引用了卡尔·波普尔的观点。既然如此，本节就简单介绍一下卡尔·波普尔的思想。

早在 18 世纪，大卫·休谟就提出了归纳推理法。他认为，所有科学推理都基于这样一个假设，即未来会像过去一样。如果我进行了 1000 次锤子实验，发现每次都是锤子比氦气球先落地，那我们就会假设第 1001 次也是这样。

不过，我们认为"未来会像过去一样"的唯一原因，是过去一直如此。大卫·休谟在《人类理解研究》一书中写道："我们所有的实验结论，都是基于'未来会像过去一样'这一假设而得出的。"[24] 用同样的证据去证明未来将与过去一致，"必然是在兜圈子，并想当然地认为它会发生，而这正是问题所在"。或许第 1001 次实验时，锤子会直接飞向地磁北极，或者突然开始在空中转圈，抑或突然变成一只蜂鸟，而氦气球则会稳稳地落到地上。

当然，我们的确会把过去的经验当作未来的指导，"只有傻瓜和疯子才会质疑这一事实"。大卫·休谟想不明白的是，如何才能为这种推理打造一个坚实的哲学基础。他认为我们之所以认为未来会像过去一样，是因为"习惯"。他还说："或许我们无法深究，或许我们根本找不到原因，但我们必须把它当作一种可靠的终极理论，只有这样，我们才能不断地根据经验得出结论。"[25] 换句话说，大卫·休谟建议我们把"未来会像过去一样"当作一条无法证明的公理，只有这样经验主义才是可靠的。

可以预见的是，哲学家们并没有善罢甘休，过去的 250 多年当中，归纳推理问题一直都是他们心中的一根刺。对于那些科学哲学家，以及关心哲学本原的科学家来说，这尤为令人痛苦，因为当某种药物治愈了某种疾病时，当铀 –238 逐渐衰变成铅 –206 时，他们不想告诉大家这些事只发生了一次，而是想告诉大家这些事将来还会继续发生。我们希望这种药物能够继续治愈他人，希望这些铀能够用来发电或炸毁某个城市。

一些哲学家——尤其是保罗·费耶拉本德——认为，这意味着所有科学都是非理性的，进而意味着我们没有任何理由去相信某个科学理论比另一个科学理论更好。（有人问他，按照这种理解，他为什么更愿意坐飞机，而不是骑魔法扫帚出行，他回答说："因为我知道该如何乘坐飞机，但我不知道该如何骑着魔法扫帚出行，而且我也懒得去学。"）[26]

伟大的奥地利裔英籍科学哲学家卡尔·波普尔曾试图规避这一问题，他认为科学根本不依赖归纳推理。他还说，科学家们围绕某个理论进行实验时，他们并不是在证明它，因为他们只能证伪。他举了一个非常有名的例子：现在有一个理论认为所有天鹅都是白色的。然后你找到了一只白天鹅，但这能证明所有天鹅都是白色的吗？当然不能。然后你又找到了一只白天鹅，但这仍然无法证明该理论。就算你见过再多的白天鹅，你也无法断言所有天鹅都是白色的，你无法根据个例推导出普遍情况。"这是一只天鹅，这只天鹅是白色的，因此所有天鹅都是白色的"这种亚里士多德式三段论是不成立的。

只要我们发现一只天鹅不是白色的，那"所有天鹅都是白色的"这一陈述就不可能是真的。所有天鹅皆白色的说法，彻底否定了存在黑天鹅、绿天鹅、五彩天鹅的可能性，只要找到一只这样的天鹅，该理论就可以被证伪。

卡尔·波普尔认为，科学进步的方式，并不是证实真理论，而是证伪错理论："我认为，我们其实从未进行过归纳推理，也没用过什么归纳法。相反，我们总是通过试错、猜想、反驳甚至错误本身，来发现事物的规律性，这些方法和归纳有着本质区别。"[27]

你可能会觉得好像有点儿不对劲（我也这么觉得）。目前为止，空气动力学没有被证伪，木星上存在地外生命这一假说也没有被证伪。但我非常信任空气动力学，我甚至在明知道飞机只靠压力差支撑的情况下，还愿意承坐这个铁皮壳子飞几千千米，因为我相信这个理论，也相信它的应用。不过我对"木星上存在地外生命"这件事的信心就小多了，尽管它有可能是真的，但迄今为止还没人验证过这件事。除非赔率高得惊人，否则我绝不会在这件事上打赌。然而根据卡尔·波普尔的哲学观，这两个理论的有效性是等价的。

不过卡尔·波普尔会说，这两件事还是有区别的——前者已经经过非常严格的检验，后者没有。他表示："同一问题可能会有不同理论，我们会从中选择一个最站得住脚的。就像优胜劣汰一样，生存力最强的理论就是最靠谱的。活到最后的理论不仅经受住了之前的那些考验，也能经受得住最严峻的考验。"[28] 卡尔·波普尔将这种理论称为"已证实"（corroborated）的理论。

我得承认，我不是卡尔·波普尔那样的哲学大师，智力水平可能也没他高（但我硕士时期的成绩的确不错）。但我还是得说，"'经受过严峻考验'、'已证实'的理论不比其他某些奇怪理论更有可能为真"这种想法真的很奇怪。假如你（或卡尔·波普尔）面临两个赌局，其一是赌空气动力学所预测的某个结论是否属实——不妨就赌波音777在跑道上的速度达到266千米/小时的时候，它会成功离地；其二是赌木星上有鱼类生存，那你当然更愿意（我猜卡尔·波普尔也愿意）在前者身上下更多赌注，因为前者的证据比后者多得多。"空气动力学经受过大量严格检验"与"空气动力学更有可能为真"除了说法不一样,似乎没有什么其他区别。

不认可卡尔·波普尔的不止我一个人。阿姆斯特丹大学心理学系统计与方法论专业教授埃里克-简·瓦根梅克斯也曾表达过类似看法:"拜托,卡尔·波普尔!你真的知道自己在说什么吗?所有理论没一个是真的,但有些理论更容易被证伪?如果真是这样,那你一开始为什么还要花时间去证伪呢?"

与同样来自荷兰的丹尼尔·拉肯斯不同,瓦根梅克斯认为自己是"一名激进的贝叶斯主义者。虽然没有奥布里·克莱顿那么激进,但也算是相当激进了"。他强烈推荐大家使用贝叶斯方法。

卡尔·波普尔那种"只能证伪"的思想有个很大问题,那就是它根本没什么用。很多科学假说不是一个反例就能直接证伪的。比如现在我提出一个假说"对乙酰氨基酚能够治疗头痛",这不意味着我认为对乙酰氨基酚能够治疗所有类型的头痛——我给你吃了对乙酰氨基酚,你还是头疼,这并不能推翻我的假说。事实上,我连"对乙酰氨基酚能够治疗大多数头痛"都没说。我只是说,从统计学的角度来看,跟不服用对乙酰氨基酚(或服用安慰剂)的情况相比,服用对乙酰氨基酚更有可能让你从头痛状态迅速恢复过来。

我认为,卡尔·波普尔和费希尔的共同点在于,两个人都只会说某理论尚未被证伪,而不会说某理论已经得到证实。区别在于,费希尔会说,如果实验的 p 值小于 0.05,那你可以暂时认为该假说是真的;而卡尔·波普尔会说,如果某假说已经经过了大量检验,你就可以认为它是一个"已证实"的假说。然而这两个人都没给出假说为真的具体概率。

对于瓦根梅克斯这样的贝叶斯主义者来说，这只是在逃避现实而已，这一切都是因为频率学派拒绝接受贝叶斯理论中的先验概率。瓦根梅克斯表示："如果他们接受了先验概率，算出了假说为真的概率，那么他们就会成为频率学派的叛徒。所以他们无论如何也不会使用先验概率——尽管他们也会偷偷地用直觉去判断某些假说是否合理。"也就是说，丹尼尔·拉肯斯在选择研究课题的时候，卡尔·波普尔认为某些假说"经受了严格检验，所以更可信"的时候，其实都用到了贝叶斯学派的思想。

事实上，在职业生涯晚期，卡尔·波普尔也曾试图量化假说的"可证实性"。[29] 就功能性而言，他最终算出来的公式大致相当于"相对信念率"——这正是贝叶斯理论中的一个概念。[30]

瓦根梅克斯还对丹尼尔·拉肯斯"研究人员并不关心假说为真的概率"的说法表示强烈质疑。这里我再重申一下：频率学派回答的是"根据某个假说，出现这个结果的概率有多高"，而研究人员们真正想知道的是一个恰恰相反的问题，即"根据当前数据，假说为真的概率是多少"，然而丹尼尔·拉肯斯等频率学派人士并不认可这一说法。

瓦根梅克斯表示："频率学派努力回答的问题，研究人员根本不关心！他们完全搞错了！我们并不想知道原假设为真的情况下出现极端结果的概率，我们只想知道如何根据当前数据推导出原假设为真的概率，毕竟这才是问题的根本所在。"

为了验证这一观点，瓦根梅克斯和合作者们一起联系了多位曾在《自然·人类行为》上发表过论文的作者。他说："我们想知道在获得实验数据前后,他们对论文的主要观点的可信程度产生了何种变化,比如'跟梨相比,男性更爱吃苹果'之类的。结果我们发现,每位作者都认为实验数据让论文观点变得更可信了,这在整个科学界都是相当罕见的现象。[31] 然而这些问题已经超出了统计学派的能力范围!"

如果你读过一些科学家的论文,你就会发现很多人都在讨论自己的假说为真的概率。比如爱因斯坦就说过:"我知道光速恒定和相对论是两个相互独立的理论,我想知道哪个理论更可信。"[32] 他还说:"亚伯拉罕和布赫雷尔的理论为真的可能性很小,因为他们关于运动电子质量的理论与另一个能够解释更多、更复杂现象的理论不兼容。"[33] 显然,科学家们不仅想知道假说是否能被证伪,还想知道自己的假说为真的概率有多大。至少,科学家们有时会本能地像贝叶斯主义者一样思考问题。

贝叶斯理论与可重复性危机

与频率学派相比,贝叶斯学派的基础优势在于,数据不会用完就扔。前面我们曾提到伦敦政治经济学院认知心理学专家延斯·科德·马德森,他会根据实际情况决定自己该使用频率学派的方法,还是贝叶斯学派的方法。他表示:"频率学派有个怪癖——他们喜欢随意舍弃一些东西,这导致他们的方法非常不稳定。"他的意思是,频率学派每次展开一项新研究,都至少会在理论上忘掉之前所有的研究数据。比如"锤子的下落速度比氦气球快"和"本科生在色情图片方面拥有超能力"这两个假说都得从头开始才行，这意味着随便一点风吹草动就能让结论产生巨大变化，就像随风飘零的叶子一样。同时这也意味着——按照延斯·科德·马德森的话来说就是——"我们很容易得到一些具有统计显著性的结论。我们只需要围绕 p 值做文章就行，因为每次实验都被视作第一次实验"。

现在我准备借用丹尼尔·拉肯斯在 Coursera 平台开设的统计学课程中的一个例子（我再次向大家强烈推荐这门课程）：假定我们现在正在收集数据，想看看红头发的人是否更喜欢喝汤。我们已经知道喝汤人数在总人口中的本底率，所以我们需要做的是找来 200 个红头发的人，问问他们是否喝汤，并将其记录在案。

结果我们发现，红头发的人并不比其他人更爱喝汤（我没有真的去调查这件事，这里只是随便举个例子）。然而 p 值的临界值设定为 0.05，这意味着平均而言，每做 20 次实验就能得到 1 次具有统计显著性的结果。希望大家牢记这一点：$p=0.05$ 意味着，如果备择假设不成立，那每 20 次实验中才会有 1 次类似的极端结果。

假定实验是这样做的：我们先找了 10 个红头发的人，问他们爱不爱喝汤。问完后我们暂停调查，检查此时的 p 值是否小于 0.05。如果是，那我们就宣布实验结束，然后告诉出版社："我们得到了一个具有统计显著性的结果！"之后便将论文发表在《自然》上面。如果不是，我们就继续调查，每多询问一个人就暂停一下，然后检查此时的 p 值。有些人会觉得这没什么，不就是节省了一些时间吗？事实上，有时这么做甚至能挽救大量生命，比如你在测试疫苗，发现实验早期它就展现出了非常强的疗效，那我们就可以提前将其投入使用，而不是再观察几个月。

但出人意料的是（至少出乎我的意料），"提前窥视实验结果"的做法，会在极大程度上改变实验是否具有统计显著性的概率。如果原假设为真，且数据很普通，那么在你不"提前窥视"的情况下，p 值 ≤ 0.05 的概率就是 1/20；在你"提前窥视"的情况下，p 值 ≤ 0.05 的概率大约会升到 1/2。

如果你不是等到实验结束再分析数据，而是每收集到一条数据就开始分析，那么 p 值会随着样本量的增长而变化，具体如下图所示。该图像来自某个统计软件，代码来自丹尼尔·拉肯斯。[34]

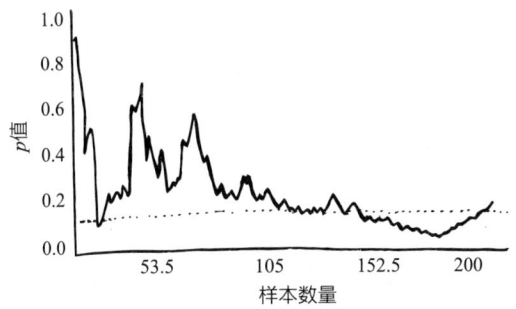

图中的虚线表示 $p=0.05$。如果实线降到了虚线之下，就意味着此时你的 p 值小于 0.05，即结论（在这一瞬间）具有统计显著性。此图中实线一共有两次跌落至虚线之下，研究人员可以从中任意挑选一个时刻停止实验，然后立即宣布自己的调查结果达到了统计显著性，尽管我们很清楚，这个结果并不真实可靠（毕竟代码都是我们自己写的）。

这个程序我运行了很多次，每次实线都会出现大幅波动。其中大约有一半的情况，实线会在前 200 个样本中落入虚线之下。不管你是不择手段，还是天真无知，你都可以很容易地在一堆杂乱的数据中"无中生有"地总结出一些具有统计显著性的结论，只要少分析样本、多检查 p 值就好了。

不过站在贝叶斯学派的角度来看，这其实不算什么问题，由于你已经从自己的先验判断中获得了一些数据——不管这些数据具体是什么——每个新数据对你的判断都不会产生太大影响。而且当更新的数据出现时，之前的那些新数据也会变成你的先验信息之一。

来自拉斯富恩特斯的丹尼斯·林德利是贝叶斯学派的领军人物之一，他认为"研究人员当然可以每收集一个数据就算一下 p 值，直到 p 值小于 α 值，但他们之所以这样做，并不是因为他们想要采用贝叶斯方法"[35]。还有一些贝叶斯学派的人——包括 20 世纪美国心理学家沃德·爱德华兹[36]，以及前面提到的瓦根梅克斯[37]——认为，"根据实际情况停止数据收集"其实是个很不错的贝叶斯分析法。2014 年的一篇论文[38]进行了大量数据模拟（方式和我刚才进行的模拟类似，但更为复杂），其结果表明，如果在某个后验概率或某个贝叶斯指标（具体情况我之后再谈，你可以暂时把它理解为 p 值）降到某个水平的一瞬间，你立即停止数据收集，那么平均来说，你仍然可以得到和实验按照计划完整进行时一样的概率。以更快的速度得到同样的结论，意味着你可以更快地将新药推向市场，或更快地把"发现了一种全新的亚原子粒子"这类研究发表到期刊上，进而更早地把时间精力放在新的研究项目上。

跟频率学派的方法相比，贝叶斯学派的方法有一个巨大优势，即它不会只是单纯地分析原假设，然后给出"接受"或"拒绝"的答案。换句话说，贝叶斯学派不只可以判断我们是否应该接受某种假说，还可以帮助我们判断这些假说具体有多大可能性是真的。这一点尤为关键，因为现实当中根本不存在什么原假设。或者说，在研究人类群体时，原假设最终总是会被拒绝。①

假定你现在正在研究两个社会群体之间的差异，或者更具体地说，你正在研究"红头发的人是否更爱喝汤"。如果你调查了 200 个红头发的人，以及 200 个其他发色的人，只要运气不太差，那你总能发现一些微小差异。在频率学派的统计框架之下，你必须想办法判定这种差异是否足够显著，是否足以推翻原假设。

如果你调查了全球每一个红头发的人，以及每一个非红头发的人，那你必定能发现一些差异。哪怕每 100 万人中，爱喝汤的红头发的人比爱喝汤的非红头发的人多一个，这也算是某种差异。所以，如果样本量足够大，那你必定能拒绝原假设，而且可以保证结论真实可信。芝加哥大学心理学家戴维·巴坎曾于 1968 年写下这样一段话：

> 几年前，我曾在美国各地找到了 60000 多名受试者，并对他们进行了一系列测试，结果显示每项测试都具有统计显著性。不管是按照密西西比河以东、以西分组，还是按照缅因州、非缅因州分组，抑或按照美国北部、美国南部分组，其均值都会呈现出显著差异。尽管在有些情况下，样本均值的差异非常小，但所有测试的 p 值都非常低。[39]

---

① 原假设一般都设定为"没效果、没作用、没区别"，所以绝大多数社会科学论文的任务就是拒绝"原假设"，选择"备择假设"。——译者注

伟大的心理学家保罗·米尔也表达过类似观点。他曾调查了57000名明尼苏达州的高中生，记录了他们的宗教信仰、娱乐爱好、兄弟姐妹的数量、在家中的排行、高中毕业后的志向等一系列信息。不同答案之间一共有990种组合方式，比如"爱好烹饪的学生是否更有可能是独生子女""家人都信仰浸礼宗的学生是否更有可能加入学校的政治类社团"等。保罗·米尔指出，对数据进行切分之后，这990种组合中有92%的组合都表现出了统计显著性。[40]而且这些差异都是真实存在的，只不过其背后的原因很复杂、很多元化。

同样，如果你找来30000个红头发的人、30000个非红头发的人，调查他们是否喜欢喝汤，那你也能发现差异。而且几乎可以肯定，你的结论会具有统计显著性。另外，你的结论也的确是真实的，并非什么假阳性。可是你并不能确定，它到底是微小的关联性，还是纯粹的偶然性。换句话说，你并不知道如果换一批受试者，这种关联性还在不在。然而这是一个非常重要的问题。

频率学派的核心观点是，你要么拒绝原假设，要么接受原假设；备择假设要么成立，要么不成立。这意味着只要样本量足够大，你就一定能有所发现。而贝叶斯学派认为，你可以估算自己的结论的可靠性有多强，即效应值，并给出具体的概率分布。①

---

① 需要强调的是，频率学派的人也不是傻子，他们早就想过这些问题。频率学派也有一种工具可以估算效应值大小，这种工具被称为"等效性检验"，它可以帮助我们判断某个效应的大小是否足以引起重视。所以严格来说，"拒绝或接受原假设"并不是频率学派唯一能做的事。不过对于频率学派来说，等效性检验更像个"临时工具"，它没有贝叶斯学派的工具那样自然，因为后者是贝叶斯理论体系的固有组成部分。

所谓概率分布图，指的就是事件可能发生的各种结果的图示。以一枚 6 面色子为例，掷色子的概率分布图的横坐标依次为 1、2、3、4、5、6，它们分别代表掷色子的 6 种结果。纵坐标表示的是每种结果发生的概率，6 种结果的概率都是 1/6（约等于 0.167，或 16.7%），加在一起等于 1。"1"意味着你掷色子的结果 100% 是 1~6 中的某个数字（如果更严格一点，我们还应当设置第 7 个横坐标，用它来表示"各种怪事"，比如"色子斜立着，说不清哪个数字朝上""色子忽然变成了一只獴"等情况。为了方便讨论，我们暂且认为掷色子只有 6 种结果）。具体如下图所示：

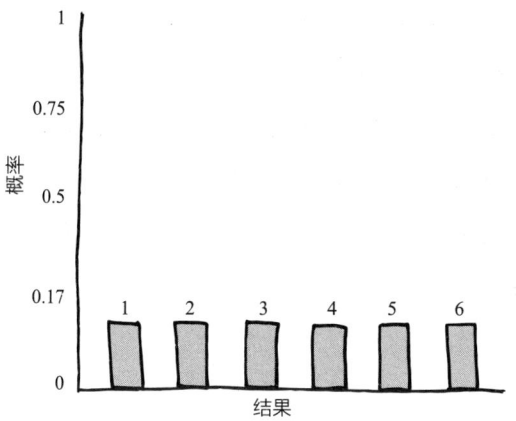

如果每次掷 2 颗色子，那概率分布图也会产生变化。它看上去很像正态分布——掷出 7 的情形有 6 种（1+6、2+5、3+4、4+3、5+2、6+1），掷出 2 或 12 的情形都只有一种（1+1、6+6）。具体概率分布如下：

第二章　科学中的贝叶斯思想　　127

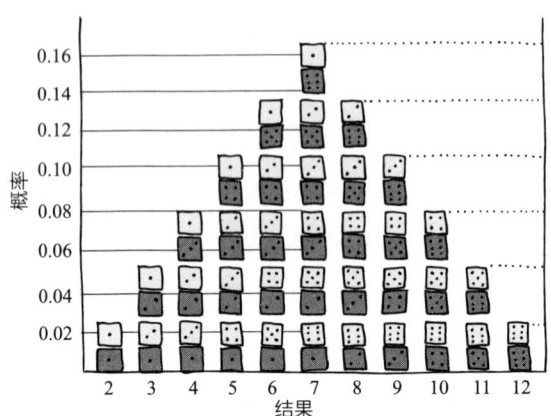

如果我们观测的不是离散变量，比如色子哪面朝上，而是连续变量，比如身高或体重，那概率分布图就会变成一条连续的曲线。它可能是正态分布，也可能是其他形状，这取决于你观测的是什么。每条曲线和横轴之间的总面积都是1。如果你想知道某个结果的概率，比如"身高处于173厘米至178厘米的概率"，那你就可以算一下173至178这个范围内曲线与横轴之间的面积。

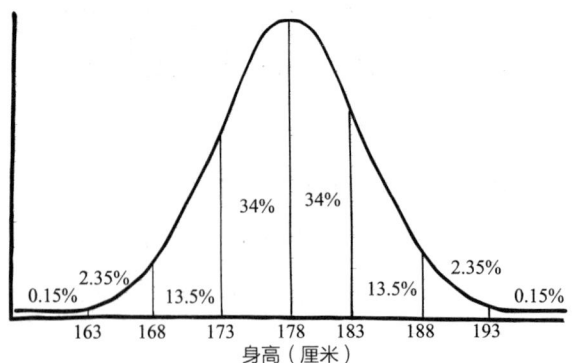

这并不是贝叶斯学派独有的分析工具。概率分布同样适用于伯努利的研究内容。

不过，这种工具和贝叶斯学派契合得更好，因为首先，你可以用概率分布来展现自己根据已有信息对某个事件的先验判断和最佳猜测；其次，你可以不断地用新信息去更新图像，得到新的概率分布。

这意味着什么呢？首先，你可以画出一个先验概率分布。也就是说，在取得实验数据之前，你就已经对结论的强度，或者说效应的大小有了一个最佳猜测。我们仍以"红头发的人是否更爱喝汤"这个问题为例。假定我们的最佳猜测是红头发的人的喝汤喜好与非红头发的人的喝汤喜好没有区别，但你不是很确定。真实的结论或许是红头发的人略微更爱喝汤，或略微更厌恶喝汤；也可能程度比"略微"高很多很多，只不过这种可能性更小。另外我们非常确定（概率≈1），他们喝的汤的数量会介于0至所有之间。

你对"真实结论接近于某个数值"的信心越强，你对该数值所赋予的概率就越高。因此，你越自信，概率分布图就越窄、越瘦；你越不自信，概率分布图就越宽、越扁。

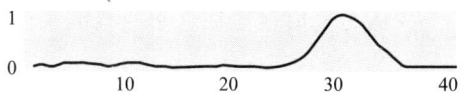

之后你调查了某些红头发的人的喝汤喜好。你惊讶地发现，红头发的人每天的喝汤量，比人均喝汤量高一大截。新数据分布在某

个平均值附近。新的曲线被称为"似然曲线"①。

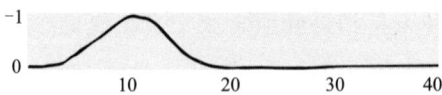

之后将后验曲线②和似然曲线相乘，得出一条新曲线，该曲线就是前两条曲线的平均值，也是你的后验分布图。

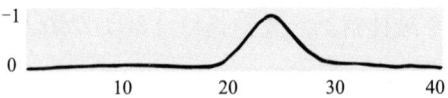

后验分布长什么样取决于你的先验判断，以及新数据在样本量、效应值等方面的表现。如果你的先验判断很强——曲线又窄又高，但新数据质量很低——似然曲线又宽又矮，那么得出来的曲线就会更像先验分布曲线。如果你的先验判断很弱，但新数据质量很高——似然曲线又高又尖锐，那么新数据就会冲淡你的先验判断，后验分布曲线长得就更像似然曲线。

现在我们不用再说"拒绝原假设，接受备择假设"这类话了。我们只需要说："我认为真值就落在这条曲线的某个位置，具体概

---

① 统计学家们起的这些名字真令人恼火，"probability"（概率）和"likelihood"（似然性）在日常生活中都有"概率、可能性"的意思。但在统计学当中，这两个词却有着微妙而重要的区别，经常让人摸不着头脑。"significance"（显著性）这个词也是如此。唉，不提了。

② 疑为"先验曲线"。——译者注

率取决于横纵坐标。"如果后验曲线比先验曲线更高、更尖锐,就意味着你应当重视新数据,并持续跟进调查。

奥布里·克莱顿等贝叶斯主义者认为,这种方法可以有效缓解"p 值至上"的问题。目前,只要你把数据类别区分得足够细致,或每收集一个数据就做一次分析,或不断增大样本量,直到找到一些没什么意义的微小关联性,那你总能发现一些具有统计显著性的结果。目前学术期刊存在的问题是,它们根本不关心论文发现的关联性是否真实,是否有意义;而科研工作者存在的问题是,想要在事业上有所发展就必须发表大量论文。我认为,不再以 p 值作为统计显著性的硬性标准,而是以"效应值有多大,结论有多强,假说为真的概率是多少"这种更平滑的方式来分析论文价值,可以有效改善当前本末倒置的激励机制,杜绝"p 值至上"的现象。

需要强调的是,用贝叶斯学派分析法取代频率学派分析法,并不能全方位地解决现代科学中存在的诸多问题,而且就某些领域而言,频率学派的方法可以很好地解决问题(我也不应当过分夸大科学界的那些问题——垃圾论文确实很多,激励机制也确实很差,但科学的确让你比祖辈活得更长、活得更富有、活得更健康,让你可以用一个巴掌大的、可以揣在兜里的金属盒与世界上任何一个地方的人进行交流)。

就连贝叶斯学派的忠诚斗士瓦根梅克斯也同意这一点:"贝叶斯理论不是什么万能药。每个体系都有自己的核心原则。不要对数据挑挑拣拣,做人要诚实。如果输入的是垃圾,那输出的自然也是垃圾。"如果科学家们总是将那些枯燥无趣的"原假设"拒之千里,如果学术期刊总是发表新奇有趣的论文，那科学文献中就会充斥着大量"令人称奇"却并不真实的结论。这意味着如果你用元分析的方法来评估科学共识的整体情况，就会得到一幅错误的图景，不管你用贝叶斯学派的方法分析数据，还是用频率学派的方法分析数据，情况都会如此。

不过贝叶斯学派的方法的确可以解决"人们总是将 p 值的分界线设为 0.05"这一问题。这一点很重要，因为——尽管科学家们总是公然（或假装、偷偷）地将 $p=0.05$ 的结论当作真实结论——在某些情况下，$p=0.05$ 反而会成为假说不成立的证据。下一节中我会给出具体解释。

丹尼斯·林德利悖论

"只有 1/20 的概率看到如此极端的结果"似乎是一个相当高的标准。就像我们之前讨论的那样，这既是 $p=0.05$ 的含义，也是你判断假说能否成立的标准（也可以说是你判断能否拒绝原假设的标准，哪种说法都一样）。但事实上，1/20 这个标准根本无法帮助我们得出什么有效信息。在某些情况下，$p=0.05$ 甚至可以成为假说不成立的证据。

现在我来解释一下原因。p 值衡量的是某个假说成立的情况下，某种结果出现的罕见程度。"而在贝叶斯学派中，你要做的事是将两个假说进行对比。"瓦根梅克斯说，"虽然在原假设成立的情况下，某结果非常罕见，但在备择假设中它可能更罕见。"这就是所谓的丹尼斯·林德利悖论，该悖论源自丹尼斯·林德利于1957年发表的论文《统计学中的一个悖论》(A Statistical Paradox)。[41] 虽然它叫悖论，但它实际上并不是悖论，而是一个反直觉的现象：从不同的角度去分析数据，得出的结论也会不一样。

现在假定你重复进行了多次实验，比如10万次，再假定备择假设是假的，不会产生什么实际效应，那么这些实验的 p 值就会呈现随机分布。为了更好地说明问题，这里我再次借用丹尼尔·拉肯斯的在线课程中的一个例子：假定你选定了一个样本人群，测了他们的智商。备择假设是样本人群的智商异于常人，原假设是样本人群的智商和常人一样。已知总人口的平均智商是100（智商的定义就是这样）。然后我们假定备择假设实际上是假的，也就是说你采样的这群人的智商均值也是100。之后我们将此实验重复10万次，这些实验的 p 值的分布就会如下图所示：

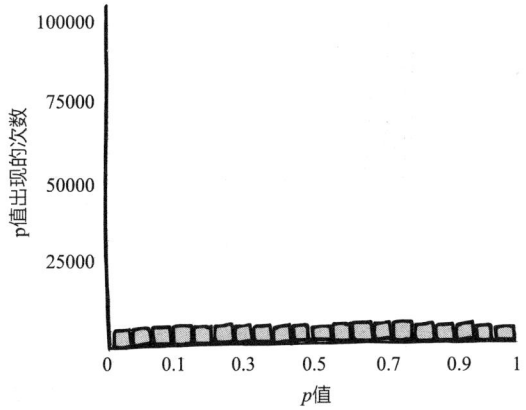

实验数据有时非常极端，有时则没那么极端，这意味着有时

第二章　科学中的贝叶斯思想

你会非常偶然地得到一批智商极高或智商极低的样本，但这种样本并不能代表整个人口；其他情况的样本则更具代表性。p值小于等于0.05的情况每20次才会发生1次，所以p值介于0.05~0.1、0.1~0.15的情况也是如此。只要区间长度是0.05，就意味着每20次才会发生1次。进而我们可以推测出，p值介于0.04~0.05的情况每100次才会发生1次，诸如此类。

现在我们假定，备择假设实际上是真的，然后你找到的样本人群也比较聪明，这些人的平均智商是107。如果你设定了一个恰当的样本量，且样本智商很高，那你很可能会得到一个非常低的p值。此时p值的分布会集中在0的附近，如下图所示：

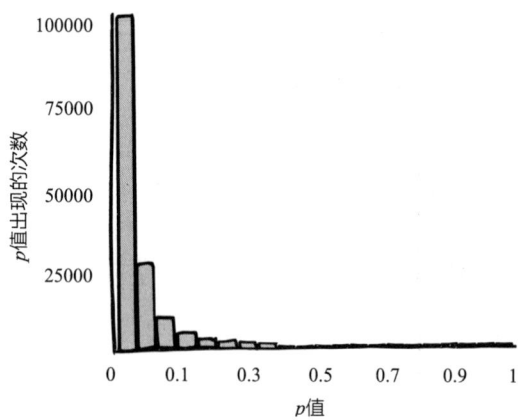

超过0.04的p值非常少。现在再来看这两个假设，原假设是你调查的这群人和普通人一样，智商均值为100；备择假设是你调查的这群人智商均值为107，明显高于大众平均水平。不可思议的是，跟备择假设相比，原假设更有可能出现p值小于0.04的结果。

当然，你并非只能做出这两种假设。真实的智商均值也可能是 94、110 或其他的数值。不过，假如你没有什么特别的理由去青睐某个假设——也就是说你的先验判断很宽泛、很分散——那么在只看重 p 值的情况下，调查结果反而更支持原假设，而不是备择假设。

这并不是说 p 值这个概念毫无可取之处。英国开放大学统计学荣誉教授凯文·麦康威（他更认可贝叶斯学派的理念，不过他并不教条）表示，这一切只是因为两个学派试图回答的问题不同（正如本书前面多次强调的那样）。0.05 的 p 值只能告诉你，在原假设成立的情况下，这些实验数据很罕见，这当然是对的，但它不能告诉你，如何根据当前数据去推测原假设为真的概率有多大。理论框架的限制导致它只能做这些事。

真正的问题在于，研究人员常常会误解 p 值的含义，把具有统计显著性的结果当作假说的绝佳证据，甚至有些人会认为这些结果可以直接证实自己的假说。

我们应当明白，之所以会出现这种问题，很大程度上是因为"p 值小于 0.05"这个判断标准太弱了，甚至弱得有些可笑。如果我提出一个假说——手中的色子不是公平的色子，它被人动过手脚，然后我掷了 2 次，发现 2 次都是数字 6 朝上，那我就可以直接宣布该结果具有统计显著性，我们应当接受备择假设，因为这一结果的 p 值只有 0.028。然而我可以负责任地告诉你（我经常玩战争主题的桌游），连续多次掷出数字 6 的情况简直太常见了（当然，都是我的对手掷出来的）。

瓦根梅克斯表示："从贝叶斯学派的角度来看，0.05 的判断标准太弱了，根本说明不了什么问题。"

既然标准太低，那一个显而易见的解决方案就是提高标准。丹尼尔·拉肯斯之前也的确建议大家降低 α 值[①]（前面提到过，p 值小于 α 值的时候，结论才具有统计显著性）。2017 年，一群科学家共同在《自然·人类行为》上发表了一篇论文[42]，呼吁大家将统计显著性的标准提高至 0.005，即 1/200。虽然这样做并不能彻底消除丹尼斯·林德利悖论，但可以极大减少类似现象的出现。

不过问题并没有得到根本性解决，因为 p 值仍然无法告诉我们假说为真的概率是多少。虽然降低 α 值的确可以让 p 值更有说服力，而且如果你遵循费希尔或卡尔·波普尔的观点，你会对你的"确证"或者拒绝原假设的信心更强了，但你仍然无法量化这份信心。如果你更认可瓦根梅克斯、奥布里·克莱顿等人的观点，认为我们有必要弄清假说为真的概率，那你就得使用贝叶斯方法，就得接受"先验概率"这回事。

那么……我们该如何确定先验概率呢？

如何确定你的先验概率

我们先来进行一个简单的思想实验（来自谷歌首席决策科学家凯西·科兹科夫[43]），看看你在直觉上是更倾向于贝叶斯学派，还是更倾向于频率学派。假定我们在抛一枚硬币，抛完后立即用手捂

[①] 标准提高意味着 α 值降低。——译者注

住，以防看到结果（理想情况下，你应当先把硬币放在攥紧的右手食指上，然后用大拇指将其弹飞，在硬币快要落在右手手背的时候，用左手迅速拍上去。当然别的方法也可以，只要别看到结果就行）。请问此时硬币正面朝上的概率是多少？把答案记在心里，然后再找一个朋友，让他也抛一次硬币，最后让他看看结果，但别告诉你。请问此时硬币正面朝上的概率又该是多少？

如果你两次都回答"50%"，那你就是在用贝叶斯学派的方法思考问题。因为对你来说，概率就是一种基于已有信息得出来的主观信念。硬币可能正面朝上，也可能反面朝上，你没有理由相信某一面朝上的概率更高，所以你的答案是50%。别人看不看硬币，并不影响你的判断——对你的朋友来说，他看了硬币，所以正面朝上的概率要么是100%，要么是0；但对你来说，你并没有得到任何新的有效信息，所以概率仍然是50%。

如果你的回答是"要么是0，要么是100%"，或"你到底在说什么呢？这个问题根本不成立"，那你就是在用频率学派的方法思考问题。事实只有一个，正确答案也只有一个——要么正面朝上，要么反面朝上。面对一件已经发生的事情，谈论"概率"是没有意义的（其他人看没看到结果，对你来说没有区别。就算他们知道结果，你不知道结果，答案也是唯一且确定的，因为事情已经发生，概率要么是1，要么是0）。

我们一直说"贝叶斯学派是主观的"，指的就是这个意思，尽管概率学和统计学常被人们视为一种用来估量不确定性的工具——我们不知道结果是X还是Y，但我们可以根据自己对世界的了解，试着去判断它们发生的可能性有多大——我会根据自己对世界的认知做出判断，你也会根据你对世界的认知做出判断，由于认知存在差异，得出来的判断可能大相径庭。

不确定性可以分为两种，一种是"随机不确定性"（aleatory uncertainty），一种是"认知不确定性"（epistemic uncertainty）。随机不确定性指的是未来的不可知性——aleatory 这个单词源自拉丁语"alea"，意为"色子"（根据盖乌斯·苏维托尼乌斯·特兰克维鲁斯的记载，恺撒大帝在跨过卢比孔河向罗马进军时曾说过一句话："Iacta alea est！"这句话的字面意思是"色子已被掷下！"，含义是"我已做出了决定，虽然不知道后果是什么，但后果必将到来"[44]）。

随机不确定性意味着你在抛硬币之前，并不确定硬币会是正面朝上还是反面朝上；意味着你乘坐飞机时，并不确定它是否能够平安降落（尽管出事的概率很小）；意味着面包片从桌上掉下去之后，你并不确定它落地时是抹了黄油的那一面朝上，还是没抹黄油的那一面朝上。

认知不确定性的英文名字是 epistemic uncertainty，其中 epistemic 源自希腊语单词"epistēmē"，意为"知识"。认知不确定性指的就是凯西·科兹科夫提到的那种情形。抛一枚硬币，然后迅速捂住，不看结果——这件事不涉及随机的不确定性，因为事情已经发生，结果已经出现。你之所以无法确定结果，是因为你没有得到任何新的有效信息。站在你的视角来看，抛没抛硬币不重要，因为你对结果都是同样毫无头绪。

认知不确定性意味，如果某个熟人坐了飞机，到了落地时间没有联系你，那你无法确定飞机有没有平安着陆（我有点后悔举这个例子了，大家要相信飞机是相当安全的）；意味着面包片落地之后、你低下头去看它之前,无法确定抹了黄油的那一面是朝上还是朝下。

现实世界中存在着大量的认知不确定性。瑞士总人口有多少?我不知道,大概 1000 万吧。我有 90% 的把握相信,这个数字为 400 万~3000 万。如果把先验概率的分布画出来,那它会是一条峰值为 1000 万的曲线,低于 400 万、高于 3000 万的部分各占 5% 的概率,如下图所示:

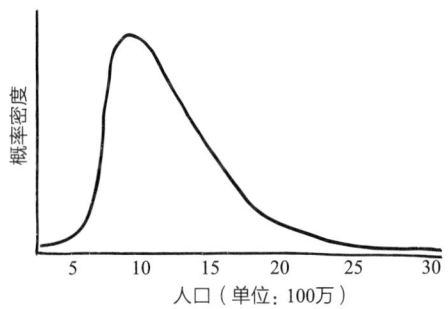

(我刚查了一下,欧盟统计局的数据显示,2022 年 1 月 1 日,瑞士的总人口为 8736510。[45] 得知这一点后,我的先验概率的密度分布迅速收缩到了 8736510 附近。)对于"佐治亚州的首府在哪儿"这类答案为离散数据的问题来说,我们可以把概率分布到每个可能的答案上,比如 60% 的概率是"亚特兰大",35% 的概率是"第比利斯",等等。

目前为止一切都很顺利,就连丹尼尔·拉肯斯也挑不出什么毛病。决策论确实离不开贝叶斯定理,在预测未来、思考是否应该改变主意时,也的确离不开贝叶斯模型。这些事只能用贝叶斯方法来解决。某种程度上而言,大脑就是一台贝叶斯机器——之后我们还会详谈——预测周边世界、用感官获取新信息、根据新信息更新预测，这不正是大脑做的事吗？

可是科学领域中，先验概率该如何获取呢？总不能随便说一个数字吧？总不能自顾自地认为"我估计这款疫苗有 40% 的概率能预防新冠"，然后据此开展工作吧？难道没有更精准的方法吗？

当然有了，而且方法不止一种。最简单的方法就是承认我们什么都不知道。如果你完全不知道瑞士总人口到底是 1，还是跟全球总人口一样多，那我们就可以先验地认为，每种可能出现的结果具有完全相等的概率。这种情况下，先验概率分布就会和色子掷出各种数字的概率分布一样平坦。延斯·科德·马德森认为："均匀分布的先验概率意味着，你并不倾向于任何一种结果。其实频率主义者的先验判断就是这样的，只是他们不愿承认。我有个同事是频率学派的忠实拥趸，有一次我跟他说'你的主观先验概率就是 0.5，不过你知道这个数字从哪儿来的吗？虽然你们的学派没有明确指出这一点，但你们却一直在暗中使用它'。"

均匀的先验概率也存在一些问题，其中最明显的问题就是在第一章里乔治·布尔提到的那个麻烦：在某个视角下呈均匀分布的先验概率，换个视角或许就不均匀了。还记得前面那个例子吗？有一个密不透光的盒子，里面放有大量非黑即白的小球。如果你认为盒子中黑球数量的概率均匀分布，那黑球与白球的各种比例也是等概率的（假如盒子中只有 2 颗球[①]，那黑球的数量就只有 3 种可能：2 颗、1 颗、0 颗，每种可能的概率相等）。

[①] 原文为 four（4颗），疑似有误。——译者注

不过，如果你先验地认为每颗球是黑是白的概率相等——每次抽出一颗球，它是黑是白的先验概率呈均匀分布——那这就等于你认为黑球和白球的比例最有可能是五五开（假定球的数量很多）。

杰弗里斯提出了一个方案，可以在大部分情况下规避这一问题。他的方案是，把先验概率分布变成一个U形图，即概率主要集中在极端结果附近（这意味着你会先验地认为，你正在研究的这件事情要么几乎每次都发生，要么几乎从不发生）。

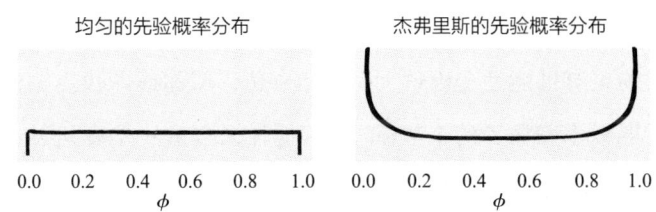

和均匀分布的先验概率一样，杰弗里斯提出的这种分布也属于"无信息先验"（non-informative）——也就是说，一旦你得到一些新数据，你的后验概率就会和新数据的分布差不多，因为无信息先验无法为后续判断提供任何参考价值。不过无信息先验也有一个好处，那就是它不容易（不是"绝对不会"）引发"在完全无知的情况下，不同观察视角会得出不同先验概率"这种悖论。

当你对问题一无所知时，这种先验是比较有用的，不过完全无知的情况并不多见。比如，虽然你对瑞士可能不太了解，但你绝对可以自信地告诉大家，瑞士人口必然大于10人，小于10亿人。所以大多数情况下，你对问题会持有一些模糊的先验判断。

延斯·科德·马德森表示："我之前曾和团队一起研究过印度

尼西亚渔民的捕鱼行为，我们想了解这些渔民的捕鱼方式。于是我们咨询了这些渔民、当地非政府组织，以及一些专家。当时我就想，'我不能让专家的话影响我的先验判断，毕竟这些话不是数据'。这种观点实在有点傻。试想一下，现在有一群专家正在阅读你的理论模型，读完后发出了'简直见所未见，闻所未闻！'这样的感慨，结果你不为所动，坚持把先验概率设定为 0.5，因为你认为只有数据才能说明问题。这样做是不是太一根筋了？"

不过，这样做意味着先验概率是一个主观概念。如果你认为印度尼西亚渔民更有可能使用拖网，而不是延绳钓；如果你认为他们捕获的更有可能是金枪鱼，而不是章鱼，那你或许就会先验地认为前者的概率是后者的 1.5 倍，或其他什么数值。收集到实验数据之后，主观的先验判断就会影响最终的结论。

有的人会问，这难道不会削弱实际数据的重要性和意义吗？瓦根梅克斯的观点是不会："你可以根据不同的先验概率去检验结论的可靠性。"也就是说，你可以分析分析，捕获金枪鱼的先验概率是章鱼的 1.7 倍、2.4 倍、1.3 倍这三种情况下，结论是否都能站得住脚。

他还说："通常情况下，只要你的判断合乎情理，具体数值其实并不重要。而且大多数人对合理性的判断是一致的。还有一点就是，数据往往能够描绘出问题的全貌，所以先验概率是多少真的不重要。如果它表现得很重要，那很可能意味着你的数据质量实在太差了。"

曾在制药业工作过的统计学家安迪·格里夫也分享过类似的事："我们会在早期研究或内部研究中使用主观信息，比如我可以从专家那里获取一些专业信息，然后将其用于公司内部的决策。"

"不过在提交给监管机构的报告中，公司不太可能允许你这样做。在更大型的实验中，我们会使用某药品的历史数据，或类似药品的历史数据。"

频率学派的丹尼尔·拉肯斯对此表示强烈怀疑。事实上，他怀疑是否真的有人把之前的实验数据当作下次实验的先验信息。他曾问我："你能不能举个实际例子，告诉我到底有哪位科学家曾用贝叶斯定理更新过自己的先验概率？比如，有人在2018年发表了一篇论文，过几年他们又进行了一次实验，这次他们会把2018年的信息当作先验信息，然后用收集到的新数据去更新自己的先验判断，并给出具体数值？真的有人这么做过吗？真的有哪篇已发表的论文是这么干的吗？"

瓦根梅克斯并不认同丹尼尔·拉肯斯的观点："我们当然会使用后验概率！不这么做的话，之前的数据不就相当于全扔掉了吗？在工业领域，数据就意味着金钱，谁会把钱扔了呢？"

安迪·格里夫也在工业领域工作过，他表示制药研究人员一直都是这么干的，因为这样效率更高。通常来说，科学家们会把某个项目涉及的所有研究汇集到一起，然后进行"元分析"——他们会综合分析所有研究的数据、p值、效应值等信息，然后给出一份综合性结论。对贝叶斯主义者来说，这只是日常工作的一部分而已，所有以前的研究都要纳入当前的分析。安迪·格里夫表示："这样做可以让所有收集过的数据得到充分利用，甚至包括之前的元分析。事实上，利用过往数据建立先验概率分布已经成了一种标准方法，这种方法就叫元分析先验法。"

第二章 科学中的贝叶斯思想

贝叶斯学派的方法的确可以更有效地利用现有数据，这是一个不争的事实。美国流行病学家、贝叶斯主义者罗伯特·韦斯表示："如果你没有根据已有信息做出恰当的先验判断，那你可就亏大了。"[46]他的意思是，本来你有现成的数据、现成的信息，但你却弃之不用，那你最终得出的结论就没有那么靠谱，因为它本可以更靠谱的。尽管你可以找出各种理由不去使用现有数据，但不可否认的是，这样做一定会降低新数据的使用价值。

不过先验概率也存在一个问题，那就是理论上来讲，先验概率过于奇怪会导致结论出现偏差。假如你正在进行一项药物实验，实验组的人员会服用该药物；对照组的人或服用安慰剂，或得到常规护理。如果你对对照组的效果做出了不诚实、不称职的先验判断，故意认为他们的效果比应有效果差很多，就会导致实验组的效果看上去更明显。

安迪·格里夫表示："如果在收集数据的过程中，你发现对照组的情况和自己见过的情况，以及历史数据有很大出入，那麻烦就大了。虽然制药公司很少出现这种情况，但总有道德败坏的人会故意这么做。为了避免这种现象，我们应当将先验分布混合到一起。如此一来，当前数据和历史数据出现较大差异的时候，历史数据的权重就会自动降低。"

确定先验概率并不是一件容易的事。我们需要做出选择，而选择往往意味着争议（尽管贝叶斯学派有个自认为"相当客观"的分支）。如果大家对实验的可信度存在分歧，如果大家对是否应该采纳专家意见持有不同观点，那你们的先验概率也很难统一。

但这并不意味着人们可以随意设定先验概率，我们应当结合实际情况去采取不同的方法。当然，如果数据质量足够好，那你的先验概率就会被迅速冲淡。

你并不是在白费力气，你只是尚未成功

在谈论争议性话题的时候，很多人都会"故作睿智"地总结说，尽管他们说得不错……但另一方也很有道理……总之，虽然双方势同水火，但大家都很优秀，都是才华横溢的人。老实说，这种态度倒不一定有什么错，因为贝叶斯学派和频率学派之间的争论也差不多是这样。双方经常会吵得不可开交——有人形容对方"为了一个错误的理论连灵魂都不要了"，还有人说对方"就是学术界的特朗普"（说出这些话的可都是很优秀的、才华横溢的人）。

不过，正如安迪·格里夫所说，其中有些人是在作秀。就连频率学派的坚定拥护者丹尼尔·拉肯斯也承认："通常情况下，频率学派的方法就是最佳方法。不过如果你的先验信息足够科学，那这种情况下用贝叶斯方法的确更好。具体该用哪个方法其实很微妙，展开细说的话都能写一本书了。"

谷歌首席决策科学家凯西·科兹科夫曾写过一篇博文《你是频率主义者还是贝叶斯主义者？》，其中有个小标题是"二者到底哪个更好？"。她给出的回答是："这个问题问得就不对！具体采用哪种方法，取决于你面临什么类型的决策。"[47]

她还提到了一件有意思的事：在杜克大学读研究生期间——她认为"杜克大学之于贝叶斯思想，就好比梵蒂冈之于天主教"——

她发现最支持贝叶斯思想的并不是教授，而是学生。她认为这主要是因为对于学生来说，贝叶斯思想更容易掌握，而这个观点很可能是对的。

苏菲·卡尔是 Bays 咨询公司的管理者，同时也是一名统计学家，她对贝叶斯思想的态度一点都不教条："我会像谈论橄榄球一样来谈论贝叶斯思想和频率主义思想。"我来解释一下。英式橄榄球赛事可以分为两大阵营，一个是联盟式橄榄球，一个是联合会式橄榄球，这两个阵营的比赛规则存在一些差异，且各自的粉丝都坚信自己支持的赛事才是最好的赛事（对于非英国读者我再额外解释一下，总的来说，联盟式橄榄球的粉丝大多是工人阶级，其主要在英格兰北部举办；联合会式橄榄球主要在英格兰南部、威尔士、苏格兰和爱尔兰举办。联合会式橄榄球的粉丝以中产阶级为主，至少在英格兰是这样）。

苏菲·卡尔表示："我是利兹犀牛的粉丝，他们打的是联盟式橄榄球。到了南方之后，我又会替巴斯队加油助威，而他们打的是联合会式橄榄球。"统计学其实也是如此，你可以随意地在贝叶斯方法和频率学派方法之间自由切换，虽然二者各有利弊，但并没有优劣之分。苏菲·卡尔举的这个例子简直棒极了。

所以我也想"故作睿智"地说："尽管两个学派之间的辩论非常激烈，气氛剑拔弩张，但双方都很有道理！"

显然，在很多场合中，频率学派的方法没有一点问题——丹尼尔·拉肯斯说得很对，在寻找希格斯玻色子的过程中，我们没必要考虑先验概率，p 值就可以很好地解决问题。比如，我们可以把 p 值上限设定得很低很低，以至于在希格斯玻色子并不真实存在的情况下，极端数值出现的概率只有一千一百万分之一，或更小。生物学中的 DNA 测序——对数十万人的整个基因组进行全基因关联性研究，并将其与疾病、身高、智力等表型结果[①]进行比较——或许也不需要贝叶斯方法。

显然，只靠贝叶斯方法无法解决科学界的所有问题。如果学术期刊仍然青睐结论新奇有趣的论文，如果研究人员仍然面临"不发论文毋宁死"的困境，如果论文数量仍旧是职业晋升的硬性标准，那整个激励模式就仍然没有处于正轨之上。用贝叶斯方法取代频率学派的方法，或许能改变一些事情——不用 p 值的话，至少可以杜绝"p 值操纵"现象——但仍旧无法彻底解决问题。虽然我们可以使用"贝叶斯因子"这一新指标，但如果科学家们不愿意分享数据或代码，那这个新指标也发挥不了应有的作用。

其实在频率学派的框架内，我们也可以解决或改善这一问题。我认识的一些学者提倡大家使用一种被称为"注册报告"的方法。注册报告指的是，在论文作者进行数据收集之前，学术期刊就预先评估其方法的优劣，并决定是否发表该论文。如此一来，不管最终的结果是令人兴奋、有巨大价值，还是枯燥乏味、毫无结果，这篇论文都能发表出来，变成科学文献的一部分。目前已经有几家重量级期刊采纳了这一机制，我也觉得这是个不错的办法——大家不必再为了得到一个假阳性结果去绞尽脑汁地处理数据，出版社也不必再大费周章地去挑选新奇有趣的论文。不管论文采用的是贝叶斯方法还是频率学派的方法，这种做法都大有裨益。

[①] 表型结果指的是生命体的各种特征。——译者注

前面我们已经多次提到，频率学派方法的主要问题在于，p值小于0.05这个判定标准实在太弱了。想要改进，我们就得把p值的上限降为0.005之类的数值，尽管这样做会导致很多论文无法发表（即便发表了，估计也很少有人看，因为这种论文的标题一般都是"经调查，并没有发现……"）。

还有人建议，干脆放弃"学术期刊"这套模式。我曾和布里斯托尔大学的心理学家马库斯·穆纳福讨论过相关问题，他告诉我说，从根本上来讲，"学术期刊是记录科学文献的媒介"——相当于科学记录的官方储存室——这种想法早就过时了。他认为："'写一篇3000字的论文，然后想办法发表到期刊上'这种思想已经有300年的历史了。如今的科学研究远比过去复杂，我们应当用一种新的方式，把研究的方方面面一起呈现给大家。"

事实上，科学界的确已经出现了新方式——剑桥大学温顿风险与证据交流中心的亚历山德拉·弗里曼发起了一项名为"章鱼计划"的行动，该计划旨在为人们的假说、数据、代码、方法论提供一个免费的存储中心。弗里曼曾经担任记者，她告诉我说："从媒体界转向学术界之后，我发现二者居然有相同的激励模式——学术期刊也在鼓励科学家们去讲好的故事，而不是做好的科学。而且期刊还用影响因子这一指标去鞭策作者撰写阅读量高、言简意赅、浅显易懂的文章。然而这并不符合科学文献的初心——文献应当完整且翔实，这样查阅起来才有意义。"

通常情况下，科学家们需要花费数月、数年的时间完成研究，再花费数月、数年的时间向期刊兜售自己的论文，以求将其发表。弗里曼表示："章鱼计划和传统模式完全相反，它采用了不同的激励模式。你可以先把假说发表到'章鱼平台',然后再去构思实验方法来检验这个假说,并把它链接到之前的假说上。任何人都可以按照你的方法去进行实验。得到实验数据之后,你可以再把数据链接到上面,以供大家分析讨论。与此同时,那些期刊也可以像之前一样,从中寻找新奇有趣的论文进行传播——就像《新科学家》或《科学美国人》干的事一样。它们甚至可以采用付费墙模式。当然,'章鱼平台'一直都是免费的,毕竟我们的目的就是让大家能够在上面分享真正的科学研究。"

我知道有人会产生疑问:"现在整个科学出版界都在舍本逐末,学者撰写论文的动机也不再是揭示真相,我们为什么还要花费大量时间去争论贝叶斯学派和频率学派哪个更好?既然已经没人在乎真相,我们是用贝叶斯因子,还是用 p 值,还有什么区别吗?"其实我感觉学者们也厌倦了争来争去,毕竟双方的观点早就明确了,与其一直争吵,还不如干点正事。

不过我必须表明自己的立场。首先,尽管和 50 年前相比,贝叶斯方法已经得到了更为广泛的应用与认可,但科学研究的黄金标准仍然是频率学派的 p 值。奥布里·克莱顿表示:"去谷歌学术上搜一下你就会发现,'p 值''统计显著性'仍然是学术界的通用语言。每年都有几十万、上百万的论文还在采用频率学派的标准。或许潮流的确在改变,但频率学派仍然是统计学的老大哥。人们甚至认为,贝叶斯学派还在坚持己见,其实是在死马当活马医。但戴维·巴坎有句话说得很好——这怎么能叫死马当活马医呢?我们并不是在白费力气,我们只是尚未成功!"

在某些方面,贝叶斯方法的确更占优势。首先,它的确解决、改善了可重复性危机涉及的一些问题。我们回过头来看看林德利悖论：在频率学派的框架中，具有统计显著性的实验结果有时反而会成为假说不成立的证据。不过这种现象很难出现在贝叶斯学派的框架中，因为贝叶斯工具会根据数据去分析两种不同假说各自成立的概率。当数据难以支持结论的时候，频率主义者也必须在原假设和备择假设中选择一个，但贝叶斯主义者并不会这样做。

其次，理论上来说，贝叶斯方法也可以减少"根据结果构建假设"这种现象的出现，至少它可以解决"每收集一个数据就分析一次"的问题。还有，如果你的研究涉及某个很难成立的假说，比如"超自然现象的确存在"，那你的先验概率也会反映这种不可能性，所以证明假说所需要的证据也会比频率学派需要的证据更加强力。

贝叶斯方法的另一个优势在于，你可以把所有可利用的数据都利用起来。虽然对希格斯玻色子这种情况来说，由于数据量很大，所以先验判断并不重要，但是对其他情况来说就不一样了。比如在疫苗研究当中，你需要分别观察实验组和对照组有多少人染病，这一过程通常需要数月、数年的时间才能产生统计显著性所需要的数据量。不过，如果我们将之前的实验数据纳入考虑范围，把它们作为先验概率的判断依据，我们就能让实验更快地得出结论。用罗伯特·韦斯的话来说就是，如果你没有根据已有信息做出恰当的先验判断，那你就亏大了。

另外，我也同意瓦根梅克斯的观点——他认为贝叶斯学派的方法更优雅，在美学方面更胜一筹："贝叶斯理论自洽、连贯，体系内没有任何矛盾之处。而频率学派经常会出现解释不通的情况，虽然他们也承认这些问题,但他们会辩解说这些都是特例。我觉得这太丑陋了。"

"从根本上来说,贝叶斯思想就是更优雅、更美观。"

除了传统科学,决策论也会用到贝叶斯理论。瓦根梅克斯表示:"经典统计学的任务,就是帮助我们在两种假设之间做出抉择。那贝叶斯主义者会如何做抉择呢?答案就是,我们会明确某件事的效用以及先验概率,然后代入具体数值计算,最后做出能让主观效用最大化的决定。在经济学中,这是一种很标准的做法。"

"虽然 p 值也能起到类似作用,但这种做法太简陋了。它不涉及先验概率,也不涉及效用值,一切都是模糊的。就这也能称得上是一个不错的决策理论?太荒谬了吧。我相信没人会在正式决策中使用它。"

大家可能不是很懂这些话是什么意思,因为我还没来得及介绍"效用"这个概念。不过大家先别急,我先解释一下为什么说贝叶斯思想是所有决策过程的基础。

第三章

决策论中的贝叶斯思想

亚里士多德与乔治·布尔

不知大家有没有听说过逻辑推理中的三段论。最经典的三段论是"所有人都会死,苏格拉底是人,所以苏格拉底也会死"。

三段论属于演绎推理。如果两个前提(所有人都会死,苏格拉底是人)都成立,那么结论(所以苏格拉底也会死)也必然成立,否则就会自相矛盾。三段论是有效的,但不一定是真实的。换句话说,三段论只意味着"结论是根据前提推导而来的",并不意味着"结论就是对的"。比如"植物对人有益,烟草是植物,所以烟草对人有益"这个三段论在逻辑上有效,但并不符合事实。

亚里士多德是公认的最早使用演绎推理的人。[1] E.T. 杰恩斯是一名物理学家、概率学家,他对贝叶斯学派的信仰,大致相当于圣保罗对基督教的信仰。他认为亚里士多德的三段论可以总结为两种模式[2]:

如果 A 为真,则 B 也为真
A 为真
———
所以 B 也为真

以及它的反例:

如果 A 为真，则 B 也为真

B 为假

———

所以 A 也为假

其中 A、B 可以是任意命题。比如"如果溪水是水，那么亚伯拉罕·林肯就是美国第 45 任总统[①]；溪水的确是水；所以亚伯拉罕·林肯的确是美国第 45 任总统"，"如果鱼能飞，那我的祖母就是一辆自行车；我的祖母并不是自行车；所以鱼不会飞"。

和前面一样，如果你认可前提，那你就必须接受结论。这意味着推理是有效的，但不一定是正确的。

我们还可以向其中添加新元素，比如"如果 A、B 均为真，则 C 也为真；A、B 均为真；所以 C 也为真"，这实际上就是三段论更复杂的一个形式。再比如"如果 A 为真，则 B、C 均为真；C 为假；所以 A 也为假"，虽然更复杂了，但这些都是最基本的形式。

还记得前文提到过的乔治·布尔吗？就是那个认为"无知也有很多种"的人，他在 19 世纪的时候将代数符号引入演绎推理。A∧B 表示"A 与 B 均为真"，∧ 在逻辑学中的意思是"与"，也可以叫作"逻辑合取"符号。A∨B 表示"A 与 B 至少有一个为真"，∨ 在逻辑学中的意思是"或"，也可以叫作"逻辑析取"符号。¬A 表示"A 非真"，¬ 在逻辑学中的意思是"非"，也可以叫作"逻辑否定"符号。A⇒B 表示"如果 A 为真，则 B 也为真"，⇒ 在

[①] 美国第 45 任总统实际上是特朗普。——译者注

逻辑学中的意思是"若……则……",也可以叫作"蕴涵算子"。

逻辑学中还有一大堆公理——如果 A 为真,那 ¬A 必不可能为真。如果 A ∧ B 为真,则 B ∧ A 为真。诸如此类。利用这些简单的公理,我们可以一步一步地构建起整幢逻辑大厦。

亚里士多德(或乔治·布尔)的逻辑学有个很单纯的目标:推理出真值。换句话说,在一大堆逻辑陈述的结尾,它要么推理出"A 为真",要么推理出"A 非真"。尽管推理的基本结构比较简单,但你可以用它来做一些相对复杂或者非常复杂的事情。

布尔代数可以用逻辑门来表示。简单来说,逻辑门就是计算机芯片的基本组件,它有两个输入端,一个输出端,输出端是否工作取决于输入端是否被激活。

现在我们假定逻辑门连接着一些简单的输入端,比如一个光感器和一个麦克风。光感器会在光照值达到特定水平时启动,麦克风会在音量达到特定分贝时启动。逻辑门的输出端连接着一个 LED 灯泡。

如果该逻辑门是个"与"门,那么只有在光感器、麦克风都被激活时,也就是很亮且很吵时,LED 灯泡才会被点亮。

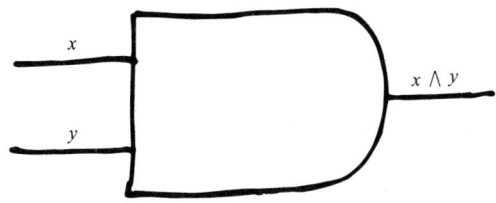

如果该逻辑门是个"或"门,那么只要光感器、麦克风有一个被激活(当然也包括两个同时被激活的情况),LED 灯泡就会亮。

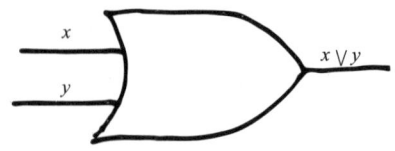

如果该逻辑门是个"非"门,那就意味着输出端只会在没接收到任何输入的情况下,才会点亮 LED 灯泡,所以你可以在输入端只连一个光感器。只要光感器没有接收到光,输出端的 LED 灯泡就会一直亮着。

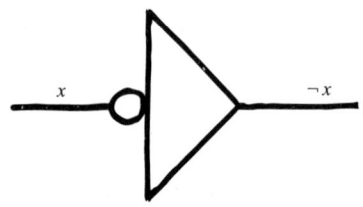

这些逻辑门的含义和布尔代数符号的含义完全相同。"与"门就等于逻辑符号∧,把刚才的例子换成三段论式的描述就是,"如果 [光] 和 [噪声] 均为真,则 [LED 灯泡点亮] 为真"。"或"门就等于逻辑符号∨,它意味着"如果 [光] 和 [噪声] 至少有一个为真,则 [LED 灯泡点亮] 为真"。"非"门就等于逻辑符号¬,它意味着"如果 [光] 非真,则 [LED 灯泡点亮] 为真"。

这些简单的逻辑推理,足以让一个功能完备的数字处理器完成所有的计算工作(当然,对真正的计算机来说,你还需要一块内存)。事实上,前面提到的各种"门"都可以用一个简单的"与非门"来构建——除非两个输入端同时为真,否则与非门的输出端会一直处于激活状态。比如，我们可以用两个与非门制作一个"与门"——第一个与非门连着两个输入端，其输出端连接在第二个与非门的输入端上。如此一来，如果第一个与非门的输入端同时被激活，那它的输出端就不会被激活，这意味着第二个与非门的输入端也没有被激活，所以第二个与非门的输出端会被激活：

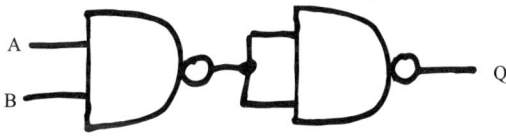

上面这些字都是我在电脑上敲出来的，而这台电脑的整个CPU（中央处理器）都可以用与非门来模拟，可见命题逻辑是个多么厉害的东西。难怪乔治·布尔会将其形容为"思想的法则"[3]。

需要注意的是，逻辑推理也有一定的局限性。我们一般会想知道某件事到底是真是假，但通常来说，我们无法在逻辑上确定无疑地得出结论。比如，我们可能会产生这样的推理，"如果今天是星期五，那学校的晚餐就会提供鱼；今天是星期五；所以孩子们今晚在学校有鱼吃了"。如果我们接受前提，认为它是无可辩驳的真理，那我们就必须同时接受结论。可问题是，我们无法确定前提对不对。也许学校食堂没买到鱼，孩子们今天吃的是意大利面。也许我记错了日子，今天不是星期五，而是星期四。

E.T. 杰恩斯举过这样一个例子：深夜时分，在一条无人的街道上，一名警察听到了珠宝店玻璃破碎、警报尖鸣的声音。靠过去一看，警察发现一个蒙面大汉正翻窗逃离。警察把他拦下之后，发现他背着一包金银珠宝。我相信大多数人都会像警察一样，怀疑这个蒙面大汉是个小偷，毕竟这是最有可能的解释。但这个推论并不具有逻辑上的确定性。E.T. 杰恩斯解释说："这个蒙面大汉也可能是珠宝店的老板，他之所以戴面具，是因为他刚参加完化装舞会；他之所以没有直接回家，是因为他忘记带钥匙了。走到珠宝店附近时，他看到一辆路过的卡车扔了一块石头，砸碎了珠宝店的窗户。他做这一切都是为了保护自己的财产。"[4] 其实我也觉得这种说法有点牵强，但你无法证明它不是真的。

生活中也有很多类似的现象。大多数情况下，我们都无法进行完整的逻辑推理，只能采用——用 E.T. 杰恩斯的话来说就是——"弱化"的推理。换句话说，我们很难完整做出"如果 A 为真，则 B 为真；B 为假；所以 A 为假"这种推理，往往只能退而求其次，做出下面这种推理：

如果 A 为真，则 B 为真
B 为真
——
所以 A 的可信度变高了

如果上午 10:00 会下雨，那么上午 10:00 前天空中就会有云；现在是上午 9:45，天空中的确有云；所以上午 10:00 下雨的可能性变高了。我们在实际生活中的思考、推理过程，大致就是这个样子。

我们做决策时不仅会依据新信息，也会依据先前的经验信息。E.T. 杰恩斯表示："大脑不仅会利用当前问题所产生的新数据，也会利用旧数据。做决定之前，我们会努力回想以前对云和雨的经验认知，以及昨晚天气预报都说了什么。"如果那位警察每天晚上都能看到一个蒙面人从珠宝店破窗而出，每次都发现他就是店主，那不久之后这位警察就会对这种事习以为常，然后懒得上前盘问了。"由此可见，我们在评估新问题的可信度时，极度依赖之前的经验信息。这种复杂的推理方式是无意识的，而且通常会在瞬间完成。只不过一般情况下我们会简单地将其称为常识。"

一方面是经验信息，一方面是新信息。为了做出决定，我们将两种信息综合到一起，形成新的判断。怎么样，是不是似曾相识？有没有感觉到这就是贝叶斯方法？

没错，这的确是。我相信 E.T. 杰恩斯（以及杰弗里斯、每一位现代决策学家）也会认同这一点——推理过程确实遵循着贝叶斯定理，不仅常识是这样，所有不确定情况下的决策过程都是这样。他们还会说，亚里士多德和乔治·布尔提出的逻辑理论也只是贝叶斯分析的一个特例而已——其中概率非 1 即 0，这有些太绝对了。有了贝叶斯思想的帮助，我们不仅可以分析特例，还可以分析概率为 0~1 的任何状况。

贝叶斯理论是决策论的核心思想

经典的逻辑推理是决定性的推理，其中概率要么是 1，要么是 0。如果我们是在证明逻辑语句，或为 CPU 设计电路，那这种推理模式就没什么问题。不过，如果我们想要分析概率，以便在不确定的情况下做出合理决策，那我们就得研究 0~1 的数字。

有些时候，我们的确需要，或者说想要，建立一个概率为 0~1 的数学模型，来帮助我们确定、调整自己的信念。这种情况下，我们的最佳帮手就是贝叶斯定理。

戴维·曼海姆不仅是一位学者，也是一位超级预测者（没听说过这个词也不要紧，之后我还会解释），他告诉我："科学家可以在频率学派和贝叶斯学派中任意选择一种方法，但决策学家不可以，因为频率学派的数学框架没办法帮你做决策。"

这里我准备借用埃利泽·尤德科夫斯基在《理性：从人工智能到僵尸》(*Rationality : From AI to Zombie*) 一书中提到的一个思想实验[5]（其实他完全可以围绕这个思想实验再写一本书[①]）：假定你居住的地方有一家彩票站。每次开奖的时候，彩票公司会从 70 个号码中抽取 6 个，6 个号码必须全对才能中大奖。

计算后得知，彩票号码一共有 131115985 种组合方式。换句话说，每张彩票中大奖的概率是 1/131115985。

这个概率就是先验概率，它并不高。假定你现在有一个神奇的作弊盒子，当你念出正确的下期大奖号码时，它就会发出哔哔声。虽然号码的组合方式有点多，但理论上来说，只要你能坚持不懈，每秒钟确认一个数字，那么 4 年之后你就一定能找到中奖号码。

不过这个作弊盒子有个毛病——有时它会随机发出哔哔声，频

[①] 可惜已经被我写了！这本书就是《理性主义者的银河系指南》(*The Rationalist's Guide to the Galaxy*)，该书频频出现在各种推荐书单中，各大书店、各大网购平台均有销售！你或许也能在名气不大的书店买到它！

率为每四次出现一次。也就是说,彩票号码不对时它也可能会响。

假定你念了一串数字,它响了。怎么办?需要立即去买彩票吗?毕竟,如果这串数字不是中奖号码,那它只有 25% 的概率会响。

别急!别忘了你的先验概率。用贝叶斯学派的术语来说就是,同"这串数字不是中奖号码"这一假说相比,在"这串数字就是中奖号码"这一假说成立的情况下,作弊盒子(所谓的数据)发出声音的概率是前者的 4 倍。换句话说,两种假说的似然率是 4∶1(后者∶前者)。

然而,如果把 131115985 种组合方式都念一遍,那这个作弊盒子大约一共会哔哔 32778996 次,其中只有 1 次是中奖号码。也就是说,我们将似然率 4∶1 与先验概率 1∶131115985 相乘,得到了后验概率 4∶131115985,即 1∶32778996。

换个角度想,在先验概率中,每种数字组合都拥有 1/131115985 的"概率质量"(probability mass)。然后我们用作弊盒子一一检查这些组合,如果它不响,那你就可以确定该组合不是中奖号码,于是你就可以把该组合拥有的概率质量降为 0。

(实际上,我们无法彻底确定某个组合不是中奖号码,也不应将其概率质量彻底降为 0,而是应该将其降为某个微不足道却不为 0 的数字。毕竟,作弊盒子不响也可能是因为它出了故障;或者我走神了,没听到它响。不过为了更加方便地讨论问题,我决定像埃利泽·尤德科夫斯基一样,尽量简化数学模型。)

再考虑平均而言,每念 4 个组合,作弊盒子就会响一次,所以我们应当把概率质量主要放到这些会让作弊盒子哔哔响的组合上面。所以这些组合的概率质量变成刚才的 4 倍,即 1/32778996。

如果再用作弊盒子对这些组合进行检测，且假阳性仍会随机出现，那么平均来说，作弊盒子会对 8194749 个错误组合发出哔哔声，对 1 个正确组合发出哔哔声。如此重复进行 14 次，我们才能找出那个一共让作弊盒子响了 14 次的正确号码组合。

14 次，少 1 次都不行。埃利泽·尤德科夫斯基表示："你不能直接拿第一个让作弊盒子连续响了 10 次的号码组合去买彩票，然后嘟囔着'如果这个号码是错的，那它让作弊盒子连续响 10 次的概率还不到百万分之一呢！你们贝叶斯学派的方法简直太拖沓了！不管了，我就买这串号码了'。"[6]事实上，如果你真的买了这串号码，那它中奖的概率还不到 1%。

总之，如果我们买了那个一共让作弊盒子响了 14 次的号码，那感觉会是笔划算的买卖——感觉划算不仅是因为这个号码能中奖，还因为奖金很诱人；由此可见，决策论不仅关心各种结果的概率，还关心各种结果的效用。之后我们还会详细讨论——事实上，这个号码中奖的概率并不高。

热力学中有个"卡诺热机"概念，它的名字源于 19 世纪法国机械工程师尼古拉·卡诺。卡诺热机是一种理想化的热机：理论上来说，在热交换系统中，它是效率最高的模式。现实生活中的热机——蒸汽机、内燃机等——效率都没有它高，因为现实中的热机的热量会有一部分散失到环境中，导致在给定的能量总值下，这些热机做的功比卡诺热机少。通过改良，现实热机的效率可以不断接近卡诺热机，但无法达到卡诺热机的水平。

贝叶斯定理之于决策论，就如同卡诺热机之于热力学。这个比喻是埃利泽·尤德科夫斯基提出来的[7]，我认为它非常恰当。真实的汽车无法靠卡诺热机来驱动，因为你造不出来。它只是一个理想中的模型，所有真实热机都只能是它的"近似值"。真实热机越接近卡诺热机，它的效率就越高，反之就越低。

同样，贝叶斯定理也很难完美地应用于真实世界当中。比如，我们无法完美地确定俄乌爆发冲突的先验概率，也无法完美地确定粉红葡萄柚子汁售罄的先验概率。另外，我们也无法完美地确定新信息可以在多大程度上更新你的先验概率——如果卫星图像显示，俄乌双方的装甲部队正在边境集结，那你该如何更新自己的先验概率呢？如果英国连锁超市维特罗斯的官网上显示，粉红葡萄柚子汁尚有存货，那你该在多大程度上相信它呢？这些概率都只能是近似值而已。

你（或他人、机构、决策模型）做出的决策，实际上都是贝叶斯定理的近似值。在不确定的情况下做出决策时，越接近贝叶斯定理越好，反之就越坏。

E.T. 杰恩斯曾在《概率论沉思录》一书中表示，利用贝叶斯定理，我们不仅能实现"亚里士多德式的逻辑"，还能实现很多其他东西。"亚里士多德的演绎推理只是贝叶斯定理所能实现的各种推理中的一个特例。"[8]

他的意思是，如果我们对概率进行限制，让它只能等于 1 或 0，我们就能在贝叶斯决策论中实现亚里士多德式的逻辑或乔治·布尔式的逻辑。比如，"所有人终将死亡的概率是 1；亚里士多德是人的概率是 1；所以亚里士多德终将死亡的概率也是 1"。E.T. 杰恩斯总结出来的两种模式也可以改写如下：

如果 A 的概率为 1，则 B 的概率也为 1

A 的概率为 1

——

所以 B 的概率为 1

以及它的反例：

如果 A 的概率为 1，则 B 的概率也为 1

B 的概率为 0

——

所以 A 的概率也为 0

在概率只能等于 1 或 0 的情况下，亚里士多德式、乔治·布尔式的逻辑都可以表述成类似形式。比如，"A 与非 A 不能同时为真"可以表述为"要么 A 的概率为 1，要么非 A 的概率为 1"；"与"门和"逻辑合取"可以表述为"$p(A \wedge B) = p(C)$"，其中 A、B 是输入，C 是输出（换句话说，A、B 均为真的概率，等于 C 为真的概率。借用前面的例子就是，光感器、麦克风同时工作的概率，等于 LED 灯泡被点亮的概率）。

E.T. 杰恩斯还说，贝叶斯概率论也能解释常识一类的东西。切记，大多数情况下——几乎是所有情况下——我们都无法实现亚里士多德式的演绎推理。比如，"如果 A 为真，则 B 也为真；A 为真，所以 B 也为真"很难实现，一般我们会替换为"如果 A 为真，则 B 为真；B 为真，所以 A 的可信度变高了"。

比如"如果下了一整夜的雨,那第二天早上的人行道就会变得湿滑;人行道很湿滑;前一晚很可能下雨了"。这个不能完全确定,因为还有可能是草坪洒水器坏了。不过"人行道很湿滑"这一证据,的确让"前一晚下雨了"变得更可信了。贝叶斯定理的伟大之处在于,你不仅可以说某个结论变得更可信了,还可以用数字准确地说出它有多可信。

现在我们假定,如果下了一整夜的雨,那第二天早上的人行道就有 80% 的概率变得湿滑。如果晚上没下雨,第二天早上的人行道仍有 20% 的概率变得湿滑——是"草坪洒水器坏了"之类的原因导致的。在下雨的情况下人行道变湿滑的概率,是没下雨的情况下的 4 倍,这就是似然比。似然比可以帮助你更新自己的信念——根据"路面湿滑"这一证据,"前一晚下雨"的可能性会变大多少。

不过我们并不仅仅想知道这些。我还想知道下过雨的可能性具体有多大。为此我们需要用到先验概率。

假定每年的这个时节,有 33% 的夜晚会下雨,这就是先验概率。假定我们在该时节的某个清晨看到了湿漉漉的人行道,那么这种情况下前一晚下雨的概率是多少?

假定你抽出了 100 个清晨的时间去观察人行道,那么平均来说,其中会有 33 个清晨下雨,有 67 个清晨没下雨。

在没下雨的 67 个清晨当中,有 20% 的时间——平均来说是 13.4 个清晨——路面是湿滑的,剩下的 53.6 个清晨,路面是干爽的。

在下雨的 33 个清晨当中,有 80% 的时间——26.4 个清晨——路面是湿滑的,剩下的 6.6 个清晨,路面是干爽的。

由此可见,如果某个清晨你发现路面是湿滑的,那它要么是

13.4 个没下雨的清晨中的 1 个，要么是 26.4 个下雨的清晨中的一个。这意味着前一晚下雨的概率就是 $\frac{26.4}{26.4+13.4}$ ≈ 66%。

就像亚里士多德式的三段论"所有人都会死，苏格拉底是人，所以苏格拉底也会死"一样，接受前提必然会得出特定结论。具体来说，如果你同意"每年的这个时节有 33% 的夜晚会下雨；如果下了一整夜的雨，那么第二天早上的人行道就有 80% 的概率变得湿滑；如果晚上没下雨，第二天早上的人行道仍有 20% 的概率变得湿滑"这些前提，那你就必然会得出"如果某个清晨路面是湿滑的，那么前一晚下雨的概率就约等于 66%"这个结论。这一推理和三段论的区别之处在于，三段论非真即假，而我们将真假具化为了概率。

当然，在现实生活中，我们很难掌握精确的数字，相关信息也不会只有一个。如果我们真的能找到包含世间所有事物的"宇宙数据库"，那我们只需把相关数值代入线性公式，就可以轻而易举地算出任何事情发生的概率，让未来尽在掌握之中。事实上，是否会下雨涉及太多太多因素——时节、气压、云层、温度、湿度甚至是巴西的蝴蝶扇动翅膀的次数——就算我们能追踪到每项因素，我们也无法在数值上将其汇总。不过，假定我们真的能够做到这一点，那我们就可以将所有数据代入贝叶斯定理，然后精确算出明天下雨的概率。

克伦威尔法则

某位伟大的贝叶斯思想家曾说过："我以基督的名义恳请你们，

想想你们有可能犯错。"

这位思想家就是英吉利共和国首位护国主奥利弗·克伦威尔。这句话来自1650年邓巴战役之前，克伦威尔写给苏格兰教会大会的信件。[9]虽然在贝叶斯出生前40多年的时候，克伦威尔就不幸离世了，但为了纪念他，贝叶斯决策论中的一个重要法则——克伦威尔法则——还是以他的名字命名了，命名者是前面提到的丹尼斯·林德利。该法则表示，除非是"2+2=4"这样的逻辑真理，否则你不应该对任何事情做出"概率为1或0"的判断。

丹尼斯·林德利表示："虽然'月球是奶酪做的'概率很低，但我们不应当将其视为0。哪怕是百万分之一也行，总之不应当是0。不然万一哪天宇航员发现月壤就是奶酪，还带回来了样本，你不就傻眼了吗。"[10]

我们再来看看"下雨导致路面湿滑"的例子。假定我家住在南极洲的麦克默多干谷（那里的学校不咋样，咖啡也不好喝，好在房价不高），这里已经连续200多万年没下过雨了。所以在我看来，某个夜晚下雨的先验概率约等于七亿分之一。

然而某天早上，我发现路面湿漉漉的。我已经知道，在昨晚下雨的情况下看到湿滑路面的概率，是昨晚没下雨的情况下看到湿滑路面的概率的4倍，因为前面我们已经分析过这一点。可是由于下雨的先验概率太低，它的后验概率仍然非常小，大约是一亿七千万分之一，或0.000000006。

我又沿着街道走了几步，发现邻居家门口的路面也是湿滑的。于是我把刚才的后验概率当作新的先验概率，并进行了类似的计算，得出了新的后验概率，大约是四千二百万分之一，或0.000000024。

这意味着昨晚下雨的概率仍然非常小。于是我认为，路面湿滑应当是因为昨晚我和邻居家的草坪洒水器一起漏水了。

然后我又路过了两栋房子，它们门口的路面也是湿滑的。于是下雨的概率又升了4×4=16倍，约为二百五十万分之一，或0.000000384。概率仍然很小，所以最可能的解释还是"所有草坪洒水器都坏了"。不过"下雨"这一假说的确不像一开始那样难以置信了。

假定我又路过了16栋房子，发现路面都是湿滑的，此时昨晚下雨的概率就已经升到70%左右。由此可见，即便先验概率很低很低，我们也不需要很夸张的证据去改变你的看法。

现在我们假定，下雨的先验概率为0。这种情况下，无论发生了什么，无论出现了多少证据，后验概率都一直是0，因为任何数字乘以0都等于0。不管你路过了多少栋房子，看到了多少条潮湿的道路，你都不会认为昨晚下过雨，连一丢丢的可能性都没有。

把概率看成"胜算"

如果我们把概率换算成胜算，或者赔率、胜率之类的形式，就可以更直观地感受到，为什么绝大多数情况下我们不能将概率设为1或0。这里胜算指的是类似于"整数X：整数Y"的表述方式。一般来说，胜算可以写成"概率：(1-概率)"，比如概率是0.9，那对应的胜算就是0.9：(1-0.9)，即9：1。如果概率是0.5，那对应的胜算就是0.5：(1-0.5)，即1：1。

之所以要这样做，是因为概率都是0~1的很小的数字，1、

> 0.9、0.5 看起来没多大区别，不过写成胜算的形式之后，情况就明显不一样了。如果概率是 0.999999，那对应的胜算就是 999999：1，但如果概率是 1，那对应的胜算就是无穷大。无穷大不是实数，不能像实数一样做加减法（用埃利泽·尤德科夫斯基的话来说就是："有些人认为'5+∞=∞'，理由是从 5 开始数起，一直数下去就是无穷大。实际上不能这样理解，因为这会导致'∞-∞=5'"[11]）。
>
> 胜算这种形式还有一个优势，那就是它能清晰地显示概率之间的实际区别。比如 0.99 和 0.999 只相差 0.009——这一差值要小于 0.5 和 0.51 之间的差值 0.01——所以 0.99 和 0.999 看起来差不多，但实际上二者之间的区别与"99：1 和 999：1 的区别"一样大。

由此可见，我们不应当赋予任何事物 0 或 1 的概率。需要注意的是，这并不意味着你不能有"这件事不可能发生"这种想法。比如，某个雕像的手臂由大量原子构成，这些原子碰巧行动一致，以至于做出了挥手动作的概率的确不是 0；将 1 枚公平的硬币连续抛 10 万次，每次都是正面朝上的概率也的确不是 0，但这两件事的概率实在太小太小了，即便放眼到整个宇宙，或数以万亿计的平行宇宙当中，也极难看到这种事发生。所以在面对"万亿分之一"这种极低的概率时，你完全没必要纠结于"它的概率不是 0"，直接认为它不可能发生就行了。我们需要做的，就是时刻记住奥利弗·克伦威尔的那句话——我以基督的名义恳请你们，想想你们有可能犯错（即便从表面来看，你们绝无可能犯错）。

意料之中的证据

贝叶斯决策论有很多有意思的特点，其中之一就是你很难用新证据去加强自己的理论，因为在预期当中，你找到的任何一份新证据都会等可能地增强、减弱自己的理论；如果你没找到新证据，那就更糟了，因为这一定会减弱你的理论。

比如我认为某个政客是个坏人，她只会干折磨小狗之类的坏事，不会干好事。我想增强这个理论，于是我查了她的个人竞选网站，试图找到她支持虐待小狗的言论，我很自信我能找到。结果无非两种：要么找到了，要么没找到。这两种结果分别会对我的理论产生何种影响呢？

我会很自然地认为，如果我找到了，那我的理论就会变强；没找到也没关系，我的理论不会受到任何影响。可事实并非如此。如果找到某个证据可以在某种程度上增强你的理论，那没找到这个证据也会减弱你的理论，其程度与你对这份证据的预期程度成正比。

比如，你认为在"她是坏人"的情况下，你有 95% 的概率在网站上找到她支持虐待小狗的言论，有 5% 的概率找不到。

如果她并不是坏人，那你找到相关言论的概率就会下降。我们假定在她并不是坏人的情况下，你只有 10% 的概率能在网站上找到她支持虐待小狗的言论。

如果你真的找到了证据，那你对"她是坏人"的信心就会变得更强——从 $p=0.95$ 上升到 $p\approx 0.99$。变化并不大，因为这份证据是意料之中的。

不过，如果你没找到证据——你应当会很惊讶——那"没找到证据"这件事就会导致你对"她是坏人"的信心大幅下降至 $p \approx 0.33$，即 1/3，因为本来很有把握的事没有发生。

由此可见，如果你认为某些证据很容易找到，那找到这些证据就不会对你的理论产生太大影响，因为它们本来就是你对这个事物的认知模型的一部分。如果出现了意料之外的事情——或者没找到本来很有把握的证据——那你对理论的信心就会大幅下降。

你对某个证据的把握越大，你发现它的时候就越不惊讶（后验概率的变化程度越小），如果没发现你就越惊讶（后验概率的变化程度越大）。这意味着，平均而言，你的后验概率完全等于先验概率——假定你的先验概率准确，如果你有 90% 的把握找到某个证据，那么没找到这个证据对理论产生的影响，就应该是"找到这个证据对理论产生的影响"的 9 倍。如果把握为 99%，那倍数就是 99。

俗话说得好，"没有证据本身也是一种证据"。如果我不相信世界上存在独角兽，那我就不会认为"我会看到活生生的独角兽"。没看到独角兽的每一秒钟，都能成为"世界上不存在独角兽"这个理论的一小份证据，都能让我对该理论的信心离 100% 更近一步。当然，如果我真的看到了一只活生生的独角兽，那这份证据就会对我的理论产生毁灭性的打击，我心中的后验概率也会大幅下降。

如果你的推理模式和我说的不同——事实上，大多数人都不是这样推理的，尤其是在面对政治问题的时候，因为我们很容易产生偏见，很容易人云亦云——那就说明你没有恰当地利用各种证据，没有恰当地更新自己的理论。比如，如果你很有把握找到某个政客虐狗的证据，但最终却没有找到，结果你只是耸耸肩说："无所谓了，她肯定是个坏人。"那你只会进一步加强自己的错误理论，错失修正它的机会。

效用、博弈论、荷兰赌

在面对不确定的结果时，贝叶斯决策论可以帮助我们做出最佳决策。

前面我们分析了人类得出结论的过程，以及如何算出各个结论的概率。一个优秀的贝叶斯主义者会将先验概率和似然比相乘，得出后验概率。我们还知道，人类寿命有限、能力有限，我们不可能找到所有证据，然后将其汇总。但这并不意味着贝叶斯方法是错的，我们仍然可以用它去计算各种假说成立的概率。

不过，为了做出最佳决策，我们还需要确定信念和概率，确定自己到底有多在乎某件事，即决策论中的"效用"。

为了快速理解什么是效用，我们可以简单地把它看成金钱。考虑到金钱是靠时间、体力换回来的，而且数量有限——我们必须仔细权衡不同事情该花多少钱，它的确是一个不错的类比。另外，这个类比还能简化我们的计算过程。

概率和效用共同构成了期望值。为了更好地理解这一概念，我们再借用一下彩票和作弊盒子的例子。

在使用作弊盒子之前，每个号码组合中头奖的概率是1/131115985，看起来比较低，但也不是不可能中奖。如果每张彩票的售价是1英镑，头奖的奖金是150000000英镑，那你只要把每种号码组合都买一份，就一定能赚到150000000−131115985=18884015

英镑，这可是不少钱呢。就算你没有能力买下所有号码组合，那尽量多买一些组合也是个不错的主意，因为平均来说每张彩票的价值是 150000000÷131115985=1.14 英镑。在预期情况下，彩票公司每卖出一张 1 英镑的彩票，就会净亏损 0.14 英镑；反过来你的净利润也是 0.14 英镑。这就是买彩票的预期价值，或者说期望值。

如果每张彩票的售价是 2 英镑，那平均来说你每买一张就会净亏损 0.84 英镑。如果我们用作弊盒子检测彩票号码，结果它发出了哔哔声，那么这个号码组合能中头奖的后验概率就是 1/32778996。这种情况下，每张彩票的价值就变成了 150000000÷32778996=4.58 英镑。此时平均来说，你每买一张彩票就能净赚 4.58-2=2.58 英镑。

这就是效用理论的基本思想，违背效用理论的基本逻辑会导致矛盾的出现。20 世纪 30 年代，弗兰克·拉姆齐、布鲁诺·德菲内蒂发现，如果你不遵守效用理论的基本准则，那你就会被"荷兰赌"愚弄。下面我就来解释一下。

弗兰克·拉姆齐认为，我们可以用赔率来表示自己对某一结果的信心。如果你觉得某件事有 50% 的概率会发生，那它的赔率至少应当达到 1∶1 才值得下注，因为只有这样期望值才会大于 0。如果你觉得某件事有 33% 的概率会发生，那它的赔率至少应当达到 2∶1 才值得下注，以此类推。

但效用理论的基本准则是，你对各个结果的信心，加在一起得等于 1，也就是说，每个结果的概率加总之后必须等于 1。若非如此，你必将赔钱。举例来说，假定我认为明天有 50% 的概率会下雨，我愿意跟你打赌，我下注 0.5 英镑，你也下注 0.5 英镑，下雨了我把钱全拿走，没下雨你把钱全拿走。

第三章　决策论中的贝叶斯思想

另外，我还认为明天有 60% 的概率不会下雨，所以我再跟你打个赌，我下注 0.6 英镑，你下注 0.4 英镑，不下雨我把钱全拿走，下雨了你把钱全拿走。

两个赌局加在一起就是所谓的"荷兰赌"，也叫"大弃赌"。如果我对自己的判断很有把握，那我就会同时接受这两个赌局。可问题是，我一共需要下注 0.5+0.6=1.1 英镑，但不管最终到底下没下雨，我都只能赢回 1 英镑。既然这样，干脆也别赌了，我直接给你 0.1 英镑不好吗（从你的角度来看，你应当劝我多下注）。显然，我对各种结果的概率分配完全不合理，你可以充分利用这一点，把我变成一台提款机。

正如我在前面提到的，概率学家经常会用金钱来举例，因为简洁易懂。另外，有充分证据表明，"金钱买不来幸福"这句话其实没什么道理——一个国家的人均 GDP 和居民生活质量之间具有极强的相关性。

健康经济学家、生物伦理学家们常使用"质量调整寿命年"这一概念。比如英国国家卫生与临床优化研究所认为，如果某项措施可以让人多拥有一年的健康寿命，即一个质量调整寿命年，且花费小于 2 万英镑，那这项措施就具有成本效益，也就是很划算。[12] 其中涉及的判断方式也采用了效用理论的期望值模型：能让 10% 的患者延长 5 年寿命的方案，比能让 20% 的患者延长 2 年寿命的方案要好，因为 $5×0.1=0.5$，$2×0.2=0.4$，$0.5 > 0.4$。

不过前面这两种情况都是过度简化后的一种指标。在现实生活中，支持效用理论的哲学家、经济学家们会站在效用的角度来思考问题，比如我们的幸福感具体有多高，我们的偏好得到了多大的满足。

约翰·冯·诺伊曼——匈牙利犹太裔美籍博学家、博弈论的发明者、计算机和量子力学的先驱（维基百科甚至专门有一页用来陈列"以冯·诺伊曼命名的各种事物"，页面长度有3屏多[13]）——也对效用理论产生了兴趣。在他生活的那个年代，经济学家们普遍希望能有一种通用的方法，可以让人们在各种不确定的情形之下做出合理决策。换句话说，他们想知道如何甄别出能让预期收益最大化的抉择。冯·诺伊曼也不例外，他以"做出能让每个人的幸福值最大化的决策"为目标，尝试着建立了一个经济学模型。

不过当时的经济学家们都觉得这个模型从理论上来说就不可能存在，因为它涉及的事物根本没办法比较。[14] 如果我在郊区开了一家大型购物中心，那么一方面，它可以给我带来大量金钱收入（我渴望金钱收入），也可以给顾客带来很多便利（顾客渴望便利）；但另一方面，它也会破坏当地环境，影响周边居民（他们不希望这样）。我们总不能说，前者的便利性大于后者的破坏性吧！

个体情况其实很容易分析。冯·诺伊曼及其《博弈论与经济行为》的合著者奥斯卡·莫根施特恩构想了鲁滨孙一个人在孤岛上的情形。虽然他可能无法实现所有欲望——比如背部按摩就没办法，谁叫他孤身一人呢；住高级公寓、坐头等舱飞去巴厘岛更是天方夜谭——但他可以自由地决定先满足哪些欲望。如果用芭蕉叶搭棚子需要1小时，生火煮野山药吃也要1个小时，而且距离天黑只剩1小时了，那他就可以自由地决定，是避免淋雨更有价值，还是避免饥饿更有价值。他可以根据自己的偏好给各种欲望排序，然后在工具、时间的限制下，尽可能地满足它们。

其中并不涉及什么数学知识，传统的经济学就可以很好地解决问题。冯·诺伊曼与奥斯卡·莫根施特恩写道："就像传统经济学中的欲望、商品一样，鲁滨孙也得到了类似的数据。他的目标就是将各种数据组合起来，让满足感最大化。这只是一个很普通的求解最大值的问题，其难点只在于具体操作，思路和概念方面都是确定好的。"[15]

鲁滨孙遇到"星期五"之后，问题出现了。鲁滨孙不喜欢饿肚子，但不介意以天为被、以地为床，所以跟搭个棚子相比，他更愿意去弄点吃的。"星期五"不喜欢吃野山药，怕冷，所以跟吃饭相比，他更愿意花时间去建个遮风挡雨的小棚子。如果想让群体的效用最大化，你就不得不将两个人的欲望进行比较，然而二者之间存在冲突。他们两个人想要最大化的事物完全不一样。

在传统经济学中，你可以对人们的偏好进行排序——鲁滨孙，食物第一，住所第二；"星期五"，住所第一，食物第二。可问题在于，你没办法比较两个人的偏好。哪怕鲁滨孙已经饿得不行了，而"星期五"只是有一点点冷，你也无法在数学上对二者进行比较。但冯·诺伊曼不这么想。奥斯卡·莫根施特恩这样描述当时的场景："我清楚地记得，我们当时正在设定一些公理，冯·诺伊曼突然从座位上站了起来，用德语惊呼'Ja hat denn das niemand gesehen？'"（这句话的意思是"之前怎么就没人想到这一点呢？"）

为了比较两个人的偏好，冯·诺伊曼设定了几条简单的公理，其中尤为关键的一条是，人们的欲望具有传递性，也就是说，如果某人对 A 的喜欢多于 B，对 B 的喜欢多于 C，那么他对 A 的喜欢一定也多于 C。

如果欲望不具有传递性，那人们就会像荷兰赌中的情形一样，变成任人宰割的鱼腩。举例来说，如果我对狗的喜欢多于猫，对猫的喜欢多于沙鼠，对沙鼠的喜欢多于狗，那么在我已经养了一只沙鼠的情况下，我就会用它和 1 英镑跟你换一只猫，然后再用这只猫和 1 英镑跟你换一只狗，之后再用这只狗和 1 英镑跟你换回我的沙鼠……这种交易每循环一次，我就会净亏损 3 英镑，早晚倾家荡产。

另外，偏好也必须具有连续性和单调性。这意味着，如果做一个决定可以让你有 50% 的机会赚 10 英镑，做另一个决定可以让你有 100% 的机会赚 5 英镑，那这两个决定对你来说就没有区别；如果做一个决定可以让你有 1% 的机会获得某种结果，做另一个决定可以让你有 2% 的机会获得同样的结果，那后者就比前者好 2 倍（也可能是坏 2 倍）。这还意味着，随着某个结果的概率的增大或减小，某个人的预期效用也会随之平稳地增大或减小，不会突然发生跳跃性变化。另外，偏好还必须具有可替代性——如果你觉得吃蛋糕和吃果冻没区别，那"10% 的概率吃蛋糕，90% 的概率吃果冻"和"10% 的概率吃果冻，90% 的概率吃蛋糕"也没有区别。

根据这些公理，冯·诺伊曼提出了效用理论，为人们的偏好赋予了具体数值，即效用。如此一来，我们就可以比较人们的偏好了。比如我可以认为去公园散心价值 10 个效用，见证利物浦队获得英超冠军价值 100 个效用，听到外甥女初临人间的啼哭声价值 1000 个效用。

冯·诺伊曼的这项工作开创了一个全新的研究领域——博弈论。如果我想模拟两人、多人的偏好如何相互影响，比如前面鲁滨孙和

"星期五"那个例子，我就需要建立相关的数学模型。冯·诺伊曼和奥斯卡·莫根施特恩已经证明了这种数学模型在原则上是存在的，剩下的工作就是进行一些计算，以及一些思想实验。

冯·诺伊曼又举了一个例子，其中的两位主人公——福尔摩斯、莫里亚蒂教授——来自另一部家喻户晓的英国文学巨著《福尔摩斯探案集》。在该例中，莫里亚蒂教授正在追杀福尔摩斯，于是福尔摩斯跑到了火车站，计划乘坐火车逃往多佛尔码头。结果刚上火车，福尔摩斯的行踪就被莫里亚蒂教授发现了。福尔摩斯知道莫里亚蒂教授可以搭乘下一班火车，以更快的速度提前到达多佛尔码头。

此时福尔摩斯该怎么办？如果他按照原计划去多佛尔码头，那么莫里亚蒂教授就会提前在那里等着他自投罗网。好消息是这趟火车中途有且仅有一个停靠站，即坎特伯雷站。如果他在这里下车，那他就没法按原计划去多佛尔码头坐船逃离英国了，但莫里亚蒂教授也会在多佛尔码头白忙活一场，让福尔摩斯稍微安全几天。可问题是，莫里亚蒂教授也知道这些信息，所以他也有可能提前在坎特伯雷站下车设伏。所以……福尔摩斯到底该不该在坎特伯雷站下车呢？

为了分析问题，冯·诺伊曼引入了一些数字。如果莫里亚蒂教授能抓到并杀死福尔摩斯，那不管是在多佛尔杀的，还是在坎特伯雷杀的，他都能获得 100 个效用。如果莫里亚蒂教授去了多佛尔，而福尔摩斯去了坎特伯雷，那就意味着双方暂时打成平手，莫里亚蒂教授获得 0 个效用。如果莫里亚蒂教授去了坎特伯雷，而福尔摩斯去了多佛尔，那莫里亚蒂教授就会获得 −50 个效用，因为福尔摩斯可以在多佛尔码头坐船逃往法国，以后想抓他就更难了。

福尔摩斯 \ 莫里亚蒂教授	多佛尔	坎特伯雷
多佛尔	100	0
坎特伯雷	-50	100

莫里亚蒂教授该怎么办？如果他去了多佛尔，那他的平均收益就是 (100+0)/2=50；如果他去了坎特伯雷，那他的平均收益就只有 (100−50)/2=25。

这么看来，他应当去多佛尔。可是，如果福尔摩斯料到了这一点，那他就会去坎特伯雷，导致莫里亚蒂教授的收益为 0。

答案就是，莫里亚蒂教授应该想办法让自己变得"令人捉摸不透"。比如，如果这场博弈可以反复多次进行，那每 5 次博弈中，莫里亚蒂教授应当任选 3 次去多佛尔，2 次去坎特伯雷，因为这样能让收益最大化——平均每次 40 个效用。与此同时，福尔摩斯应当反其道而行之，任选 3 次去坎特伯雷，2 次去多佛尔（原著中，莫里亚蒂教授去了多佛尔，福尔摩斯和华生在坎特伯雷下了车，下车之后刚好看到莫里亚蒂教授的火车消失在视野中）。

当然，现实生活中我们无法确切地知道每个决策的具体效用，就像我们无法用贝叶斯定理确切地算出所有概率，因为我们不是全知全能的神。但是理论上来说，如果我们真的能准确知道每个人的偏好，那我们的确可以用效用理论和贝叶斯定理把各种结果算出来。大体上来说，现在这些 AI 应用的工作原理也是如此。

第三章 决策论中的贝叶斯思想

奥卡姆剃刀与先验概率

想要利用好贝叶斯方法，我们必须得有先验概率。放眼整个概率史，先验概率一直都是个大难题——如何确定先验概率？先验概率的主观性会对问题产生多大影响？

有些情况下，我们可以利用现有的统计数据确定先验概率。比如，在癌症筛查过程中，我们可以把该癌症在类似人群中的背景发生率当作先验概率。但大多数情况下，我们的先验概率很难这么精准。

在决定该采用哪种假说的时候，我们可以根据假说的复杂程度来确定先验概率。越复杂的事物，越难以碰巧出现，因此，在其他条件都相同的情况下，如果两个假说都说得通，其中一个较为简单，一个较为复杂，那我们就应当先验地认为，简单的那个更可能是真的。

这就是所谓的奥卡姆剃刀原则，这个名字源于14世纪方济会修士奥卡姆的威廉，其中"奥卡姆"指的是萨里郡的村庄奥卡姆①。

不过，我们又该如何确定什么是最简单的假说呢？毕竟我们对这个世界的解释往往都很复杂。美国科幻作家罗伯特·海因莱因认为，最简单的假说、最简单的解释就是"街尾住着一个女巫，所有事都是她干的"（埃利泽·尤德科夫斯基认为这句话是他说的，但

---

① 所以理论上它应该叫"威廉剃刀原则"，对吧？毕竟"阿拉伯的劳伦斯"也不叫"阿拉伯"，"拿撒勒的耶稣"也不叫"拿撒勒"啊。

我不是很确定[16]）。如果某人生病了，你也可以解释说"都是女巫干的"，这一解释确实比"几十亿个能够自我复制的粒子进入了你的身体，扰乱了身体细胞的正常工作；你身体开启了防御机制，试图抵御这些粒子的侵袭，这就是你生病的原因"简单多了。

同样，面对闪电现象，"这是雷神发怒"确实比什么电动力学方程简单多了，毕竟后者需要经过大量复杂运算才能给出答案。我们都知道雷神（或者说，我们都知道人，都假定神的思维和人类似），都知道什么叫发怒，但很少有人知道如何去计算电动力学中的微积分方程。

决策论学家对"简单性"有着更严谨的定义。能用简短语言来描述的事情，不一定意味着这件事本身很简单，比如"human brain"（人类大脑）只有两个英文单词，但它实际上是宇宙中最为复杂的事物之一。

决策论学家的观点是，我们可以用"最小描述长度"来描述信息的复杂度（还有两个类似的概念，"所罗门诺夫归纳法"以及"柯氏复杂性"，虽然这三个概念有细微差别，但本质上说的是一回事）。最小描述长度关心的是，如何才能用最短的计算机代码得到目标输出。

我们先来看一些简单的情况。下面这个例子来自捷克共和国查理大学的数学家、计算机学家米哈尔·库茨基。[17]现在有3串11位的数字：

1) 33333333333
2) 31415926535

第三章 决策论中的贝叶斯思想

3) 84354279521

这几串数字的随机性如何？如果现在让你按照规律，分别将3串数字扩展至100万位，你该如何用最短的代码来实现这一目标？这些代码最短能有多短？

当然，代码不能是"输出随机数字"这么简单，因为随机数生成器会以相等的概率输出任意数字，刚好生成上述某串特定数字的概率只有 $p \approx 1/10^{11}$。我们想知道的是，能否利用代码按照规律无限地将某一串数字扩展下去，从而让我们可以预测第 X 位上的数字具体是几。

第一串数字的情况很简单，扩展至100万位，意味着有100万个数字3。如果用BASIC语言，仅需4行代码就可以做到这一点：

```
10 N=1000000
20 FOR I=1 TO N
30 PRINT 3;
40 NEXT I
```

另外两种情况要复杂一些，因为它们看上去相当随机，没什么规律。用米哈尔·库茨基的话来说就是，哪怕是按照统计学家的标准，这两串数字也能通过随机性检测。

但实际上我们很容易预测第2串数字的第12位，因为仔细观察你就会发现，前11个数字就是圆周率的前11位。我们可以轻松查出第12位是几，或者，如果你觉得这算作弊，我们也可以直接算出来。早在公元前250年，阿基米德就提出了一种计算圆周率的简单方法，即利用正多边形无限逼近圆形。不管怎么说，我们可以确定第12位的数字就是8。除了阿基米德的算法，我还有数十种算法可以计算圆周率。只要我把算法的代码输入计算机，它就可以给出任何一位上的数字。换句话说，你可以把无限长的圆周率压缩成几串代码。

但第3串数字就真的很随机了。如果想将其扩展至100万位，你就必须硬生生地将其写至100万位，没有任何捷径可言，也没有任何算法可以压缩它。你写到第多少位，它的最小描述长度就是多少。

当然，我们想要确定的是各种假说的先验概率，而不是确定某串数字第几位是多少。不过我们可以反过来看这个问题——如果我们看到了一串数字，那它最有可能是哪个算法生成的？刚才我们说过，一个随机数生成器能够以相等的概率生成任意一串11位数字，每个数字的概率都是 $p \approx 1/10^{11}$，所以随机数生成器就是最简单的解释，或最简单的假说。不过，如果我们看到的那串数字是31415926535，那你肯定不会认为随机数生成器这个假说是对的，而是会认为这串数字背后肯定有个更复杂的、更符合当前情形的算法，比如圆周率生成器。尽管随机数生成器和圆周率生成器都能生成这串特定的数字，但后者生成它的概率明显更大。为了能够更加准确地预测后面的数字，你更愿意接受圆周率生成器这一假说，尽管它更复杂一些。

不过，如果你看到的数字串是84354279521，情况就不一样了。在你看来，这串数字完全没有规律可言。所以一种假说是"这串数字来自某个很烦琐的算法，它依次指定了每一位上的数字，具体代码就是——第1位生成8，第2位生成4……如此写了几百万行"，另一种假说是"它来自随机数生成器，没什么特别之处，毕竟随机数生成器会以 $1/10^{11}$ 的概率等可能地生成任何一串11位数字"，后者似乎更合理一些。由此可见，我们确定先验判断的时候，不仅要看算法的复杂度，还要看它有多符合当前的结果。

如何在这两者之间进行权衡呢？举例来说，假定现在有一个抛硬币的结果"正反正正反反"，生成这种结果的算法有很多种，你想知道最有可能是哪一种。

最简单的算法程序就是"这是一枚公平的硬币，每次都会完全随机地生成正面或反面"，它的代码也很简单。不过这种算法会以1/64的概率等可能地生成任意一组结果，"正反正正反反"也是其中之一。换句话说，每个结果都不比其他结果更特殊。

当然，算法也可能是"首先生成正面，然后生成反面，然后生成正面，然后生成正面，然后生成反面，然后生成反面"。这种算法生成当前结果的概率高达100%，但它写起来要更复杂一些。

如果你只关心算法是否足够简单，那不管你面临的是"正反正正反正反反"还是"正反正正反反正正反反反反"，你都可以说背后的算法逻辑是"一枚公平硬币"。如果你只关心算法和当前结果的拟合程度，那不管你面临的是哪种情况，你都可以说背后的算法逻辑是特定的，它只能生成当前这种结果。不过，如果你既关心算法的简单程度，又关心算法的拟合程度，那你该如何权衡呢？

答案就是，我们可以把各种结果视为一种信息。一个"比特"的信息——比如二进制中的1与0，可以表示是与否——足以将搜索范围一分为二。假定现在有位选手参与了一个竞猜节目，一共有100扇门，其中一扇门的背后有大奖，他的任务就是找到这扇门。你是节目主持人，你知道正确的门是哪一扇，你的任务就是利用电灯开关的两种状态和他交流，引导他找到正确的门。

在游戏开始前，大奖在任何一扇门背后的概率都是 $p=0.01$。为了提高中奖概率，选手可以告诉你："如果正确的门的编号为 1~50，你就把灯打开。"然后你打开了灯。这意味着选手已经知道大奖就在前 50 扇门后，此时每扇门的中奖概率已经变成 $p=0.02$。换句话说，这一步骤让搜索范围减小了一半，也让每个剩余选项的概率增加了一倍。

你可以参照这一点去权衡简单程度和拟合程度。对某个算法来说，如果额外增加 1 比特的信息无法让搜索范围减小一半，那它就没有达到上限。实际上，这并不是真的在压缩数据，你只是把数据转移到了算法程序当中。

因此，在面临两个或多个假说的时候，你应当在其他情况都相同的情况下，把更高的先验概率赋予更容易写成一段计算机代码的那个假说，其标准是每多出 1 比特的信息，该假说成立的概率就减小一半。尽管确定先验概率的方法有很多，但"最小复杂度"是其中的核心思想。

其实这几年火遍全球的各种 AI 模型也用到了类似的思想，因为 AI 本质上也是在不确定的情况下做出抉择。谷歌的密码学家保罗·克劳利告诉我："如果你懂贝叶斯理论，你就会发现 AI 在最基本的层面上用到了大量贝叶斯思想。"现代的那些 AI 神经网络存在大量节点，这些节点就像大脑中的神经元一样。AI 会在学习过程中为不同的节点链接赋予不同的权重，从而加强或削弱各节点之间的关联程度。保罗·克劳利表示："AI 内部有一套评分机制，权重体系越复杂，它的得分就越低，反之就越高。如此一来，我们就能迫使它尽量采用更简单的假说，而不是更复杂的假说，这看上去完全就是贝叶斯思想；其先验概率就是建立在奥卡姆剃刀原则之上的。进行完整的贝叶斯计算需要耗费大量算力，所以现代这些 AI 会尽量使用算力需求较低但性能表现并不会逊色多少的简化算法。"不管怎么说，贝叶斯思想都是 AI 的基本原理之一。

超先验

前面我们说过，乔治·布尔曾反对贝叶斯思想。他的观点是，假如有一个密不透光的盒子，里面放着非黑即白的小球，但我们不知道两种颜色的小球各有多少颗。此时先验概率到底该如何确定？你是应该先验地认为，每颗小球是黑是白的概率相等？还是该先验地认为，黑球与白球的任何一种比例的概率相等？

前面我们已经分析过，这两种观点会产生两种完全不同的先验概率。假定盒子里只有两颗小球，如果黑球与白球的任何一种比例的概率相等，那么情况一共分为 2 黑 0 白、1 黑 1 白、0 黑 2 白三种，每种情况的概率都是 1/3。如果每颗小球是黑是白的概率相等，那么 2 黑 0 白、0 黑 2 白的概率都只有 1/4，而 1 黑 1 白的概率是 1/2。

如果盒子中的小球有 100 颗，那两种先验判断的区别就会更明显。如果黑球与白球的任何一种比例的概率相等，那 100 颗球全是白球的概率就是 1/101；如果每颗小球是黑是白的概率相等，那 100 颗球全是白球的概率就大约是 $1/10^{31}$。

这意味着，无知也分为很多种情况，没有哪种无知是真正意义上的一无所知。如果你认为你对黑白小球的比例感到一无所知，那你实际上就是在说你对某颗小球是黑是白有一定了解。如果你认为你对某颗小球是黑是白一无所知，那你实际上就是在说你对黑白小球的比例有一定了解。

为了解决这一问题，我们可以使用"超先验"概念。超先验指的是，你不仅对某个参数感到无知——比如黑白小球比例这一参数——在更高的层面上来说，你对应当采用哪种参数也感到无知。换句话说，你完全不知道自己应该从黑白小球比例的角度思考问题，还是从每颗小球是黑是白的角度思考问题。你决定采用某个参数之后，该参数就被称为你的"超参数"，该参数之下的先验判断，或先验概率，就是你的超先验。

某种意义上而言，这就是世界观的不确定性。举例来说，假定你是一个非常简单的、贝叶斯式的 AI，正在跟对手玩捉迷藏。你的对手要么藏在树后，要么藏在墙后。你一开始的先验判断是两种情形概率相等。玩了 1000 局捉迷藏之后，你发现对手有 800 次都躲在墙后。按照传统的贝叶斯方法，你更新了先验概率，此时你会认为，每局游戏中对手会有 80% 的概率躲在墙后。

然而之后情况又发生了变化。接下来的 100 局捉迷藏当中，对手有 80 次躲在了树后。

对一个非常简单的贝叶斯式学习模型来说，它可能只会把两次结果加总在一起，认为接下来的游戏中，对手大约会有 75% 的概率躲在墙后。如果这个模型更复杂一些，那它可能会为最近的几局游戏赋予更多权重，所以对手躲在树后的概率会提高一些。

它也可能会认为，整个世界已经发生了翻天覆地的变化，于是干脆重建了整个模型，此时它会认为对手更有可能出现在树后，而非墙后。它还可能会认为这个世界存在两种状态，然后根据当前数据去判断哪种状态更契合当前情况。

如果你看到对手躲在树后的次数更多，那你就会提高"世界已经改变"的概率，转而采用"对手更有可能躲在树后"的模型。

这就是所谓的超先验——在更高层面上对世界做出预测，它制约、引导着更低层面的预测。超先验和普通先验类似，只不过它预测的是哪种世界观更有可能成立的概率。

非此即彼的假说 & 多个假说

假如现在有个人跟你说他是通灵大师[18]，你会在多大程度上相信他的话？按照奥利弗·克伦威尔和丹尼斯·林德利的观点，你不应当将这种概率视为 0。还记得那句话吗？"我以基督的名义恳请你们，想想你们有可能犯错。"

不过，不管达里尔·贝姆的论文多么天花乱坠，这件事也极不可能是真的。

假定现在有一个外号为"神秘巴里"的人站在你面前，跟你说他会读心术。如果你在纸上写下 1~10 的某个数字，他就能说出来它是几。那么他要说对多少次，你才应当相信他？

如果单纯靠猜，那他每次猜对的概率就是 1/10。这个概率并不低，即便他连续猜对两次，你也很难相信他真的有超能力，所以你认为他的确会读心术的先验概率应当远远小于 1/100。

如果你觉得他连续猜对 10 次，就可以认为"他会读心术"这件事有几分可信，那你心中的先验概率大约就是 100 亿分之一。

不过 E.T. 杰恩斯表示，在这种情况下，别说连续 10 次了，就算连续 1000 次猜对，你也不应该相信他有超能力。

20 世纪 40 年代初，一个名为塞缪尔·索尔的通灵术研究者宣称他发现了超能力确实存在的证据。[19] 理由是，他进行了一项超能力测试，让受试者进行猜牌游戏，结果他发现有两名受试者猜对的概率明显超过了偶然概率——第一名在 20000 次游戏中猜对了 2980 次，全靠蒙的话，预期只能猜对 2308 次；第二名参加的项目略有不同，他猜对了 9410 次，完全靠蒙的话，预期只能猜对 7420 次。后者距离平均值足足相差 25 个标准差，这意味着就算你从宇宙诞生的那一刻开始做实验，每秒做 1 次，一直做到宇宙毁灭，也非常非常不可能看到 1 次类似的结果。

我相信，即便了解到这些信息，你应该还是很难相信实验对象真的有超能力。如果数据只有两种解释——"他纯靠运气""他真有超能力"——那你的确应当更倾向于后者，因为不管你心中的先验概率有多小，你的观点都会被这种极有力的证据冲淡。可事实并非如此。

这两种解释并不是唯二的解释。他可能既不是运气太好，也不是真有超能力，而是作弊。或者还有可能是实验设计有问题，或者整个实验都是假的。

在你心中，"他真有超能力"这件事的先验概率非常小——之前我们假定这一概率是100亿分之一——所以刚才这几种假说都比"他真有超能力"更可信。能够支持"他真有超能力"这一假说的证据，明显也能支持刚才这几种假说。

因此，如果一开始你对"他真有超能力"的先验概率只有你对"实验造假"的先验概率的1/100，那不管出现了多少证据，都是后者更可信。除非我们可以靠某种手段完全排除实验造假的可能性，否则更不可能成立的那个假说永远都不会变得更可信。

事实证明，塞缪尔·索尔确实在实验数据上动了手脚。

存在多个假说的麻烦之处在于，持有不同先验概率的人群很难对某件事的观点达成一致。以"超能力真实存在"为例，如果你认为超能力很有可能是真的，那你的先验概率自然就比我的大很多。如果我们都看到了大量证据——猜1~10的数字，某人连续猜对了100次，且相关假说只有两种——他只是运气好，他真的有超能力——那我们两人的先验概率都会被数据覆盖。如果假说有很多种，比如有3种——他只是运气好，他真的有超能力，他在造假——那数据仍然会让"他只是运气好"这个假说变得极为不可信，但你会更相信"他真的有超能力"，而我会更相信"他在造假"。

这显然会对现实生活产生很大影响。假如你提出了一个假说，比如"接种疫苗会导致自闭症"或"人类活动确实对气候变化产生了影响"，并赋予这个假说一定的先验概率。与此同时，你还找来了两个人，一个人认为这个假说很可能成立，另一个人认为这个假说不可能成立。

然后你向他们展示了一些证据，比如"BBC（英国广播公司）

新闻报道，科学研究表明，麻腮风疫苗问世之后，自闭症发病率并没有明显提升"，或"这些科学研究表明，大气中的二氧化碳浓度在不断升高，使得地球正在变得越来越热"。

就像通灵术的例子一样，如果这些证据只存在两种解释——假说是对的，假说是错的——那么这些证据就应当会让两个人达成一致意见。然而，如果我们再加上一种解释，即数据来源不可信，那么在其中一人坚信"疫苗会导致自闭症""气候变化是假的"的情况下，这些证据就无法让两人达成一致意见。因为这个人会认为这些证据反而可以证明"BBC不可信（或学术期刊不可信）"。最可怕的是，对这个人来说，这就是最合理的答案。

AI中的贝叶斯思想

本质上来说，AI只是一种用来预测不确定事物的电脑程序。前面我们就说过，这种预测也是建立在贝叶斯思想之上的。《人工智能：一种现代的方法》是人工智能本科教育阶段的标准教科书，它的封面上就印着托马斯·贝叶斯的照片。这本书认为"大多数现代AI系统的基本思想都是贝叶斯定理，因为它们关心的都是不确定情况下的推理方法"。[20]

事实上，有一种AI算法就叫"贝叶斯机器学习"，它的整个构架都在模仿贝叶斯定理。当然，我的意思并不是只有它采用了贝叶斯思想，我是想告诉大家，所有机器学习、AI系统背后都是贝叶斯思想。[21] 毕竟正如我们所见，贝叶斯定理在决策论当中实在是太重要了。

假定现在有一个非常简单的 AI，它的任务是识别老鼠、狗、狮子的图片。如果是十几年前，这种 AI 足以令人感到震撼，但放到今天来看，它简直太普通了（其实就在 2017 年，我为第一本书的创作而四处走访时，AI 能够将猫狗区分开来还是一件非常新奇的事。至于现在，你只需要掏出自己的智能手机就可以做到这一点，它甚至可以在几分之一秒内将照片库中的狗狗、婴儿、海滩等类别的照片全部给你筛选出来）。

理论上来说，它的工作方式是这样的：

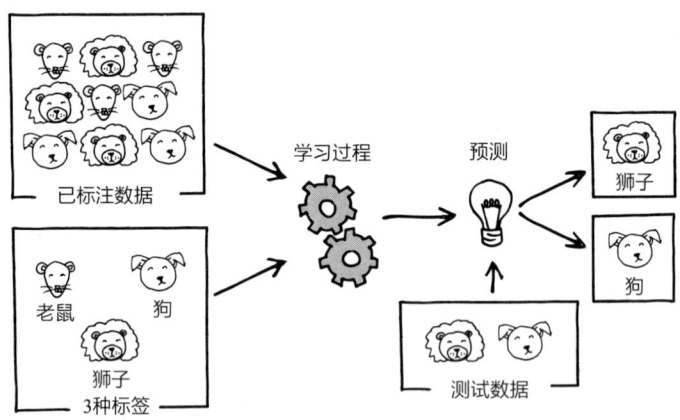

你"喂"给 AI 几百万或几千万张分别标好"老鼠""狗""狮子"的图片，让它利用这些"已标注数据"进行训练，然后它就会以某种方式反复学习数据。学习完成之后，你需要再拿几张它没见过的图片（"测试数据"）进行测试，此时它会根据自己的学习经验对这些测试图片做出最佳猜测，并给这些图片分别标上"老鼠""狗"

"狮子"的标签。AI 的这种学习方式就是所谓的"监督学习"。它所干的事情，就是预测"那些喂给自己学习数据的人类"会给新图片标上什么标签。

当然，我们也可以用贝叶斯思想去解释这一过程，二者几乎是一样的：在看到某张图片之前，这个 AI 可能会主观地认为这是一只狮子的先验概率为 1/3，即 $p≈0.33$。看到图片之后，也就是得到新信息之后，它会将这一概率更新为 $p=0.99$，或其他什么数字。先验概率、似然比、后验概率——我们应当已经很熟悉这一流程了。

我们可以更具体一些。现在我们将情况进一步简化，把上面的例子看成一张图，图上面有一堆数据点。此时 AI 的任务是分析图像，然后找到一条能够穿越这些数据点的最佳拟合直线。事实上，我们根本不需要强大的 AI 来干这种事，因为这只是线性回归而已，高尔顿那个年代的统计学家就可以轻松解决这一问题。不过原理是一样的。

假定这些数据点表示的是人们的鞋码与身高——你随机抽取了一大群人，测量了它们的身高和鞋码。图上 X 轴表示的是鞋码，Y 轴表示的是身高。通常来说，这些数据点会分布在左下至右上的区域附近。

AI 的任务就是找出这些数据点的最佳拟合直线。当然，你也可以凭感觉来画，但我们最好采用一个已经相当成熟的方法，即最小二乘法。在图上画一条直线，然后测量每个数据点和这条直线的垂直距离，这一距离就是"误差"。将每个点的距离，也就是误差，取平方值（平方是为了让所有数都是正数），然后将所有平方值加总，得到平方和。

第三章　决策论中的贝叶斯思想

我们的目标就是找到能让平方和达到最小值的直线，即每个数据点的平均距离最短的直线。

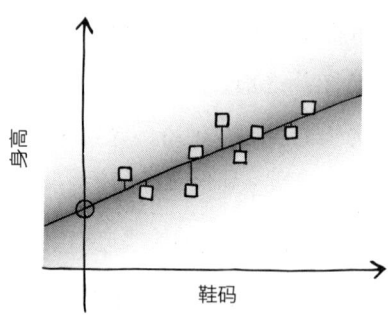

这些数据点可以视为 AI 的训练数据，而这一过程也用到了贝叶斯思想。首先，图上分布着一条直线，代表着宽泛的先验概率。然后我们在图上加入了数据点——代表数据。之后这条直线会根据数据而移动，得出后验分布。最后这条直线又会成为下一批数据的先验分布。

假如你现在知道一个人的鞋码是 11 号，想用它预测这个人的身高，那它就会用最小二乘法画出一条最佳拟合直线，然后读取横坐标 11 所对应的纵坐标，这个纵坐标就是 AI 对身高的最佳猜测。它有多大把握，取决于训练数据有多少，以及训练数据有多分散。数据越分散，把握就越小。

当然，这只是 AI 最基本的原理，实际上它们要比这复杂得多，涉及的参数也不会只有鞋码、身高，而是成千上万个，但基本思路是一样的。所有 AI 都需要大量的训练数据，然后根据某些参数去预测另一些参数的值。

通常来说，AI 只会接受一次训练，测试数据并不会改变它的先验判断。但情况并非总是如此，有些 AI 也会接受多次训练，不断根据新数据更新自己的先验判断。每次训练中，那条最佳拟合直线都是 AI 的先验判断，新数据都是似然比（或者说似然函数），二者都会合并成新的后验概率。新的数据点距离上次的最佳拟合直线越远，AI 就会越"惊讶"（把它想象成一条模糊的直线，离中心越远，它就越模糊）。

目前为止，我们一直假设这条线是直线，其实真实情况下它更可能是曲线。如果 Y 轴表示的是"新冠病毒感染者的全球病例数"，X 轴表示的是"时间"，起始时间是 2019 年 11 月，那么最符合实际情况的应当是条指数曲线，因为病例数量每隔几天就会翻一番。有的时候，最佳拟合曲线会长得像英文字母 S 或 J，也可能是一条正弦曲线，或其他什么形状的曲线。当然你可以让 AI 一直依照直线去模拟，但大多数情况下这并不是一个好的选择：这会导致这条线"欠拟合"。

同样，你也可以让 AI 变得极为复杂[1]，这样它就会画出一条七扭八歪的、完美穿过每一个数据点的曲线，此时误差的平方和等于 0。虽然看起来很美好，但这很可能无法反映出数据背后的真实情况。出现新数据时，这条七扭八歪的曲线很可能距离新的数据点相去甚远，因为这条线已经变得"过拟合"了。

由此可见，问题的关键在于 AI 应当在多大程度上去拟合曲线，

---

[1] 就神经网络（大多数现代 AI 的基础）的情况而言，它需要的是更多"参数"（节点之间的链接），而不是更多的数据点。如果是这样，那它就可以画出一条穿过所有节点的线。

这种程度就是自由度。自由度有点像前两节中的"超参数"——除了最佳拟合曲线这个问题，我们还应当关心一个更高层次的问题，即这条曲线应当有多"扭曲"。AI 对这些参数的先验判断就是它的超先验。通常情况下，在其他情况都相同的情况下，AI 会在两条线中选取更简单的那条。还记得吗？在讲奥卡姆剃刀原则的时候我们曾提到，我们要权衡假说的简单程度和符合程度，AI 也需要做这种权衡。

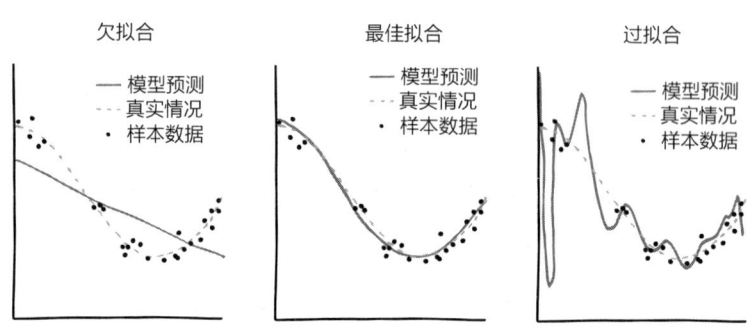

医用 AI 在试图分辨癌症的扫描结果时，ChatGPT 在试图仿照《英王钦定本圣经》中描写的一个男人努力取出电视机里的三明治的情节时[①]，都用到了贝叶斯思想。它们都在根据训练数据生成先验概率，然后用这些先验概率预测未来的数据。

---

① "从电视里取出三明治"（remove a peanut butter sandwich from a VCR）是 ChatGPT 的一个梗——ChatGPT 刚火时，有人想测试其写作能力，于是命令它"仿照《英王钦定本圣经》中描写的一个男人努力取出电视机里的三明治的情节"，结果发现尽管主题很离谱，但它写得还不错——主对他说："我的孩子，不要害怕！我会引导你的手，为你指明道路。有照我们从父所受之命遵行真理的，就可取出三明治"——大致上是这种风格。——译者注

第四章

生活中的贝叶斯思想

人类是理性的吗？

上一章我们曾提到，贝叶斯定理是决策论的理想模型。如果你能把所有相关信息都考虑在内，那你就能以最佳方式确定先验概率，并根据新信息对其进行恰当的调整。虽然这只是理想情况，但为了尽量做出最佳决策，我们还是得尽量参照这种方式。不过，我们到底能在多大程度上实现贝叶斯模型呢？

过去的几十年里，为了研究人类到底有多不理性，科学家们做了大量的调查研究①，其中最著名的一项应当是丹尼尔·卡尼曼和阿莫斯·特沃斯基的合作项目——这两个人都是犹太裔心理学家，丹尼尔·卡尼曼凭借该项目获得了诺贝尔经济学奖（阿莫斯·特沃斯基当时已经去世，诺贝尔奖从不颁给已故之人）。

有研究表明，某些情况下我们并不擅长判断风险。1978年的一项著名研究表明[1]，在面临"你认为自己有多大可能会遭受一些不好的事情"这个问题时，人们往往不会根据该事件在整个人口中的背景发生率去思考，而是会站在更简单的角度，比如"我是不是能很容易地想到一个实际案例"去思考。在心理学中，这种现象被称为"可得性启发法"，它可以解释为什么我们会觉得夸张的、难

---

① 决策论中，"理性"指的是按照最有可能实现某个目标的方法去行动。这一目标既可以是赚钱，也可以是实现世界和平，甚至可以是用口香糖去搭建一座27米高的大楼。即便是一件公认的蠢事，你也完全可以按照"理性"的方式去完成它。

忘的、能上新闻头条的冒险行为或危机事故比无聊的事情更为常见，比如很多人认为死于恐怖袭击的人数比死于安全事故的人数多得多，埃博拉病毒比糖尿病危险得多。

我们经常会犯一些逻辑错误，比如很多人认为"比约恩·博格[①]输掉第一盘"的概率，比"比约恩·博格输掉第一盘但赢得了整场比赛"的概率还低，尽管从逻辑上来说，比约恩·博格不可能既输掉了第一盘，又在没有输掉第一盘的情况下赢得了比赛。类似地，很多人认为"里根政府会为未婚妈妈提供财政帮助，同时削减对地方政府的财政支出"的可能性，比"里根政府会为未婚妈妈提供财政帮助"的可能性更大，尽管里根政府根本不可能在不做第一件事的情况下同时做两件事（这两个例子来自丹尼尔·卡尼曼、阿莫斯·特沃斯基于1981年进行的一项调查研究[2]）。

或者更直观地讲，在决策论（上一章曾提到）当中，事件 A 和事件 B 都发生的概率，必然小于等于事件 A、事件 B 单独发生的概率，用符号表示就是 $P(A,B) \leq P(A)$。所以"比约恩·博格输掉第一盘"的概率，不可能比"比约恩·博格输掉了第一盘但赢得了整场比赛"的概率还低。这类谬误一般被称为"合取谬误"（conjunction fallacy）。

丹尼尔·卡尼曼、阿莫斯·特沃斯基于1981年的另一篇论文中表示，很多人都会产生一种被称为"框架效应"（framing effect）的

[①] 瑞典前男子网球运动员，职业生涯总共拿下 11 个大满贯，曾连续多年称霸世界。网球比赛的赛制一般为五盘三胜制，也有些是三盘两胜制。——译者注

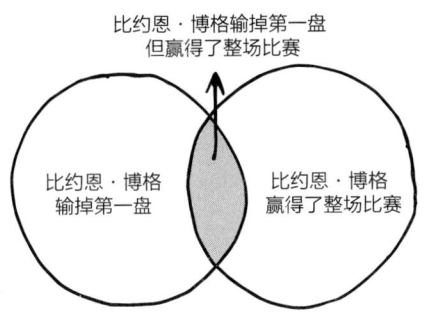

认知偏差。[3] 具体来说，假定你正在向人群宣布，社会上暴发了一种新型传染病，预计会导致 600 人死亡。防治方式有两种：一种很确定，但只能救一部分人；另一种不确定，但有可能救下所有人。丹尼尔·卡尼曼、阿莫斯·特沃斯基发现，同一件事的不同措辞，会让大家做出不同的选择。如果你告诉大家，第一种方案肯定能救助 200 人，第二种方案有 1/3 的概率可以救下这 600 人当中的每一个人，有 2/3 的概率一个人也救不了，那么近 3/4 的受访者会倾向于第一种方案。如果你用相反的方式告诉大家，第一种方案必定会导致 400 人死亡，第二种方案有 1/3 的概率不导致任何人死亡，有 2/3 的概率导致 600 人死亡，那么有超过 75% 的受访者会倾向于用第二种方案赌一把。

这两种表述方式，或者说两种框架，在逻辑上是等价的——在本例中，"400 人死亡"就意味着"200 人获救"。然而措辞不同，人们的态度也会不同。

类似的研究结果还有很多，这些研究结果促成了各种以"人类竟是如此不理性的生物"为主题的书籍，比如丹·艾瑞里的《怪诞行为学》、斯图尔特·萨瑟兰的《天生非理性》。在某种程度上，丹尼尔·卡尼曼的《思考，快与慢》也是其中之一。

虽然书很多，但这并不意味着它们粗制滥造——其中涉及的大部分心理学研究都经得起推敲，尽管 2011 年达里尔·贝姆事件引发可重复性危机之后，人们对类似的实验产生了一些疑虑。面对类似问题，人们的确经常会给出矛盾的、不理性的答案。需要指出的是，丹·艾瑞里于 2012 发表的一篇论文最终被发现存在虚假数据[4]，自此以后他的研究工作便受到了一番严查。虽然丹·艾瑞里表示自己绝对没有编造过数据，但他也说不清这到底是怎么一回事。[5]

丹尼尔·卡尼曼的书也引用了大量和启动效应相关的心理学研究，这些研究中有很多都遭到了质疑，就像我们在第二章中介绍可重复性危机时的情况一样。但框架效应绝对是真实存在的，人们的确会错误地预估风险或危机，也的确会根据"自己有多容易想到一个相关案例"做出错误判断。

此外，人们也不擅长把先验概率和新信息结合起来。换句话说，大多数人都不是合格的贝叶斯主义者，即便是那些本应表现得很好的专业人士也是如此。1978 年，一项著名的研究邀请了 60 名医学人士参与调查，其中有 20 名医学生、20 名实习医生、20 名医学专家，全部来自哈佛大学医学院。调查中有一个问题是"现在有一项疾病检测手段，该疾病在人群中的发病率是 1/1000，如果该检测手段的假阳性率是 5%，那么一个拿到阳性结果的测试者，有多大概率真的患有这种病（假定你对该测试者的症状、体征一无所知）？"[6]

读到这里，你应该已经可以很轻松地算出答案。我个人倾向于将人数假定为比较大的数字，比如 100 万。根据问题描述，这

100万人中会有1000人患病，999000人没有患病。在没有患病的999000人当中，这项检测会产生49950份假阳性结果。因此，假设这项检测能正确识别出全部的1000名患者，那么得到阳性结果的测试者真正患病的概率就是1000 / (49950 + 1000) ≈ 0.02，即2%。

对医生来说，这是一项很重要的数据。但1978年的研究显示，60名医学人士中只有11人给出了正确答案（每组答对的比例差不多，医学生的表现并不比专家差）；有接近一半的人给出了"95%"的答案——这些人根本没考虑该疾病在人群中的发病率。

很多其他研究也得到了类似的结果。2011年的一篇论文邀请了多位妇产科实习医生参与调查，其中有一个问题是："已知每1000名女性中就有10名患有乳腺癌，这10名患癌女性去参加检测，会有9人得到阳性结果。剩下的990名健康女性去参加检测，会有89人得到阳性结果。现在有1名女性拿到了阳性检测结果，她想知道自己是否真的患有乳腺癌，或者至少知道自己患有乳腺癌的概率是多少。你该如何回答她？"[7]

这个问题更简单了——它直接告诉你真阳性有9人，假阳性有89人，你只需要算一算9/(9+89)是多少就行了。然而在参与调查的5000名医生当中，只有26%的人给出了正确答案。

以前我会认为，这些实验可以反映出人类是一种极度不理性的生物。现在我不这么想了。我们已经知道做出理想决策必须用到贝叶斯思想，我们也知道人类在大多数情况下可以做出正确决策——比如大多数时候我们都能成功地找到食物充饥，找到屋檐避雨，都能走路多看两旁以免被车撞——这说明我们在很多事情上都是很理性的。所以我认为,"人类的认知偏差实在太严重了"这样的结论,实际上大部分都是在说"跟论文作者相比,其他人的认知偏差实在太严重了"。

其实只要信息能够以恰当的、常见的方式呈现给我们,我们通常就会表现得极其理性。

这就是延斯·科德·马德森的观点——他是伦敦政治经济学院认知心理学专家,主要研究方向是人类的理性行为。他表示:"如果你坐在屋里,花了两个多月的时间,费尽心思才设计出了一个行为学实验,那或许说明,你的实验和日常生活离得有点远。或者说,这种实验的设计感太强了。只要你看看人们在日常生活中的表现就会发现,90%的情况下大家都可以做出正确决策。如果我想买一杯咖啡,那我肯定能够想到可以去咖啡店购买。"

他举了另一个例子,该例来自彼得·沃森于1966年进行的一项著名的、旨在说明人类有多蠢的实验,后来该实验又被人们称为"沃森选择任务"[8]。该实验具体如下:桌上有4张牌,每张牌都有两面,一面是数字或图案,另一面是人物或动物。4张牌朝上的一面分别是星星、数字8、年轻女性、兔子。如果现在有人告诉你,"如果某张牌有一面是数字,那它的另一面就会是动物",那么为了验证他的话是否属实,你应当去翻哪一张牌?

别犹豫！尽快给出你的答案！

我先随便打几个字，空出几行来，以防你不小心直接看到答案。再多打一行。

♪~♩~♫~♬~

好了，实验表明，大多数人会把"数字 8"和"兔子"翻过来，毕竟这很符合直觉，因为他的言论是关于数字和动物的。然而这是错的，正确答案是，你应该把"数字 8"和"年轻女性"翻过来。

这纯粹是亚里士多德式或者乔治·布尔式的逻辑。该命题可以简化为"如果 X（牌的某一面是数字）为真，则 Y（另一面就是动物）为真"。

你有两种方法可以证明该命题是假的。第一，你可以找到一个 X 成立，同时 Y 不成立的例子；第二，你可以找到一个 Y 不成立，同时 X 成立的例子。所以你既可以去找 X，也可以去找非 Y。

你可以翻开"数字 8"，如果背面不是动物，那"如果某张牌有一面是数字，那它的另一面就会是动物"这个命题就是假的（"X 成立，同时 Y 不成立"）。

你也可以翻开一张非动物的牌，如果它的另一面是数字，那也可以说明该命题是假的（"Y 不成立，同时 X 成立"）。

如果你翻开了动物牌，发现背面不是数字，那这无法说明该命题是假的，因为"如果 Y 为真，则 X 为假"无法证明"如果 X 为真，则 Y 为真"是假命题。

如果你答错了，那也没什么好担心的。尽管这个问题我已经见过很多次了，也知道问题在设套，但有时候我仍然会被绕进去。当初彼得·沃森在调查时发现，回答正确的人还不到 10%，之后的重

第四章 生活中的贝叶斯思想

复实验也取得了类似结果。[9]

通常这类论文会在结论中指出,人类极容易产生"证真偏差"(confirmation bias)——人们更愿意为了证明既有观点去寻找有利证据,而不是为了证伪某个假说去寻找不利证据。

延斯·科德·马德森认为这类实验有点故意设套的意思:"比如你现在是个学生,正在参加一个派对。你很清楚这个派对不应当向未成年人提供酒精饮料。"(声明一下,我20岁才上大学,根据英国法律,我可以合法饮酒,但为了给大家举例,我得装作自己是个6年级的小孩。)

延斯·科德·马德森假定了这样一种情况:"现在校警来检查了。你发现你的四位朋友都在端着杯子喝着什么东西,你知道其中有个人21岁,还有个人16岁,但你不知道这两个人具体在喝什么。剩下的两个人,一个在喝橙汁,另一个在喝啤酒,但你不知道这两个人的年龄。"

没错,这实际上就是"沃森选择任务"的一个变种。你可以把这四个人想象成四张牌:

显然,你需要检查一下喝啤酒的那个朋友的年龄,以及那个

16岁的小孩具体在喝什么。延斯·科德·马德森表示:"这种情况下,每个人都可以做出正确选择。那个21岁的朋友可以随便喝龙舌兰,那个16岁的朋友也可以随便喝橙汁,这都没问题。"这不是延斯·科德·马德森空想出来的结果。他在自己的学生当中做了测试调查,发现把问题换成"未成年喝酒"之后,所有人都可以做出正确选择:"这种情况下,所有人都只会检查那两个人,以确保派对能够继续开下去。"1992年,两位进化心理学家做了一个类似的实验,他们发现75%的受访者都能答对问题[10],但如果把同样的问题换成更抽象的逻辑描述,那答对的人就只有不到25%。

延斯·科德·马德森表示:"每本教科书都会提到'选择任务',以展示人类到底有多么不理性。可事实果真如此吗?如果我们面对的是一些很生活化、很自然的问题,我们还会表现得这么差吗?"

"如果你非要用极其抽象的问题去测试别人,才能证明人们是不理性的,那这个结论还有什么说服力吗?这难道不是特例吗?你实际上就是在告诉受访者,'因为你在这个非常抽象的、设了很多陷阱的问题上表现得很差,所以你就是一个充满认知偏差的人,你根本不会想办法去证伪事物',这样做未免太苛刻了吧。尤其是当你把问题换成更常见、更生活化的表述方式,几乎所有人都能给出正确答案时。"

事实似乎确实如此:如果问题是大家熟悉的,那人类就会在推理方面表现得非常好。斯蒂芬·平克从人类学家路易斯·利本伯格的研究结果中借用了一个例子[11]——来自非洲南部的"桑人"的故事（桑人又被称为布须曼人①，以狩猎采集为生）。直觉上来说，人们很难相信非洲南部以狩猎采集为生的部落，可以进行贝叶斯式的推理，但斯蒂芬·平克认为他们可以。

豪猪的脚上有两种肉垫，其中一种是"近端肉垫"（"近端"是解剖学术语，特指靠近臂膀的那一侧），还有一种是"中端肉垫"（你的手掌就属于这种）或"趾垫"（长在爪子附近）。蜜獾的脚上只有一种肉垫，即近端肉垫。通常情况下，爪印可以显示出所有的肉垫，但有时爪印只能显示出部分肉垫，比如在地面过于坚硬的情况下。桑人可以明确区分"蜜獾留下只有一种肉垫的爪印"的概率，以及"只有一种肉垫的爪印是蜜獾留下的"的概率，前者是概率推断，后者是统计推断（反概率）。他们知道，只有一种肉垫的爪印，可能是豪猪留下的爪印的一部分。另外，桑人还会考虑先验概率：如果他们发现了一个模糊难辨的爪印，那他们会认为这个爪印更有可能来自常见动物，而不是稀有动物。这正是贝叶斯分析法的运作原理。

现代生活中，大部分人也能出色地进行贝叶斯分析。为了得到"人类是极其不理性的生物"的结论，很多实验者还会设下另一种思维陷阱——他们会向受试者播放同一段演讲，然后告诉一部分人演讲者是他们喜欢的政客，告诉另一部分人演讲者是他们讨厌的政客，两部分人的反应会呈现出巨大区别。

延斯·科德·马德森表示，这完全就是频率学派的思维方式——

---

① 布须曼人的叫法来自英文单词 Bushmen，意为"丛林人"，含有一定贬义。——译者注

假定人们在做决策时只能利用当前的信息。事实上，在评估某位政客的言论时，我们完全可以将自己对该政客的诚实程度的先验判断考虑在内，这是一种很理性的做法。延斯·科德·马德森和几位同事在 2016 年发表了一篇论文，该论文调查了大量美国选民，向他们展示了某项政策，然后告诉他们这项政策得到了某位政客的支持或反对，最后问他们这项政策是好是坏。[12] 实验涉及的 5 位政客是总统候选人中关注度最高的 5 位——民主党的希拉里·克林顿、伯尼·桑德斯，共和党的杰布·布什、马尔科·鲁比奥、唐纳德·特朗普。

论文作者让 252 名受试者对这些候选人的可信度和政治能力进行打分（我简单说一下结果：伯尼·桑德斯在可信度方面的平均分最高，希拉里·克林顿在政治能力方面的平均分最高，唐纳德·特朗普在可信度和政治能力方面都得到了最低分）。然后论文作者向受试者展现了一项虚构的、不明确的政治政策，告诉他们某位政客支持或反对这项政策，最后让受试者谈谈自己对这项政策的看法。不出所料，受试者对政客在可信度方面的先验判断，会影响他们对该政策是好是坏的判断。更有意思的是，论文作者发现大家的表现非常符合贝叶斯分析法——先验判断对后验判断的影响程度，非常符合贝叶斯模型的数值。

延斯·科德·马德森表示："这意味着，受访者实际上是在说'我不信任他，所以他支持的政策肯定也不是什么好政策'。这怎么会是非理性行为呢！这只能说明不同的人对同一位政客有不同的看法。"

通常来说，我们最好把认知偏差当作启发法的副产物——启发法可以让我们跳过复杂的数学计算，以抄近路的方式直奔结论。前文提到的"可得性启发法"其实在大多数情况下都很有效。虽然在分析"校园枪击"这种高危事件时，它可能没什么用，但分析"骑自行车闯红灯会有多大概率让我惹上麻烦"这种日常事件时，跟调查数据、展开计算相比，它就是一种便捷、高效的方法（甚至很可能和计算一样准确）。我们还可以用抛接球来举例。如果你想用数学解决抛接球问题，那你就得计算抛物线轨迹、计算你的速度和球的速度、计算接球的具体时间和位置，复杂程度远超想象。用道格拉斯·亚当斯的话来说就是：

> 影响球体飞行轨迹的因素有重力、初始位置和速度、空气阻力、球体周边的湍流现象、球体的旋转速度、旋转方向等。然而，就算某个人连 3×4×5 都不会算，他也能瞬间完成一次抛接球，表现得好像他可以在瞬间完成前面那一系列涉及大量微积分计算的难题似的。[13]

实际上我们并不会做类似的复杂计算。板球运动中，外野手看到球飞向边界、准备跑去接球时，他并不会真的当场做一套微积分运算，而是会采用一种被称为"凝视启发"的便捷方式。心理学家格尔德·吉仁泽表示："凝视启发指的是将视线锁定在球上，然后开始奔跑，一边跑一边调整速度，确保自己一直以同一视角盯着那个球。"[14] 这一过程不涉及任何数学计算。实验表明，动物中也存在类似的现象——狗在接飞盘的路上，会让飞盘在视野中保持同一位置[15],就像外野手的方式一样。

实验发现,棒球运动中的接球手用的也是这种方式。因为如果他们真的可以立即算出棒球的运动轨迹,得出棒球最终的落点,那他们就会全速、笔直地跑向落点,然后站在那儿等待棒球落下来。然而事实是,为了保持棒球在眼中的视角不变,他们会在行进过程中不断调整自己的速度,路线也并非直线,而是略微弯曲的曲线。

凝视启发几乎与轨迹计算一样精确,但操作难度要低得多。二战期间,英国皇家空军也使用了凝视启发的方法去引导战斗机拦截轰炸机,因为他们发现这种方法比轨迹计算快得多。AIM-9 空空导弹等制导导弹在攻击敌机时也用到了凝视启发的方法。[16]

人类在不确定的情况下做决策时,也会用到类似的方法:跟复杂的条件概率计算相比,启发法既省时又省力。只不过在有的情况下,尤其是人为的、实验室的条件下,启发法没那么好用,有时还会误导我们产生所谓的认知偏差。

延斯·科德·马德森表示："这种例子比比皆是。那些论文作者每观察到一种新的现象，就会说他们发现了一种新的认知偏差。但总的来说他们并没有一个完整的理论框架，就像达尔文之前的生物学一样。很多所谓的偏差甚至彼此矛盾。"比如，现在有三种认知偏差，其一是近因偏差，即我们会过于看重近期的证据；其二是锚定效应，即我们会过于看重第一印象；其三是频率偏差，即我们会过于看重最常出现的东西。延斯·科德·马德森表示："我们在做决策时，怎么可能同时看重最先看到的东西、最近看到的东西、最常看到的东西？"

延斯·科德·马德森认为："我不是说，人类总是理性的——有时我们也会翻车掉进沟里。可是，谁能说得清证真偏差和认知偏差哪个对人类的影响更大、哪个对日常行为的影响更深。难道人类真的是一种超级不理性的生物，每时每刻、每件事都在犯错？我可不这么认为。"

不过，人类做出非理性的决策时，确实会遵循特定的方式。一个经典的例子是，"9·11"恐怖袭击后的几个月内，美国人在长途出行时会更倾向于自己开车，因为他们害怕坐飞机。2009年的一篇论文指出[17]，这种现象导致车祸死亡人数增加了2300——约为恐怖袭击死亡人数的2/3——事实上，坐飞机比开车安全得多。虽然这可能只是我的个人政治偏见，但我还是想说，美国政府"为了降低本来就很低的恐怖袭击风险，宁愿花费几万亿美元去入侵伊拉克和阿富汗，也不愿意为了降低全球性流行病的风险去花费一分钱"的决策，在当时的环境下是一种非常不理性的行为，后来的事实也能证明这一点。

不过在不确定的情况下做决策确实不是一件容易的事。我们无法获取所有相关信息，更不可能用贝叶斯公式把所有信息整合到一起，算出具体概率。我们能做的，就是想办法找到一些捷径，比如启发法。从贝叶斯方法的角度来看，我们靠直觉、本能做出来的决策并没有那么糟糕。

即便是疫苗有害论的支持者，做出来的决策也符合理性——如果你不怎么信任公共卫生医疗体系，那你就会先验地认为疫苗也不值得信任，所以医疗专家提供的新证据也很难改变你的看法。从先验概率的角度来看，你的做法可以说是相当理性。如果有人想说服你，让你相信疫苗的安全性，那他最好的办法并不是向你罗列一堆医疗专家的证词，而是尽全力帮你建立起对公共卫生医疗体系的信任。延斯·科德·马德森表示："或许是因为你的先验概率太烂了。即便如此，也没什么关系，贝叶斯方法也可以让你意识到这一点。"

延斯·科德·马德森还表示："不管怎么说，站在贝叶斯方法的角度来看，虽然人们有时会出现一点认知偏差，但基本上还是很理性的，大部分情况下的表现都挺好。然而这一结论有点太平凡了，候机厅里的那些畅销书不可能写这些东西。可我觉得，平凡恰恰体现了其不平凡之处——这不是说明我们所有人都是理性的人吗？如果人们真像那些论文所说的一样，一天到晚全是认知偏差，那人类怎么可能取得这么多成就呢？各种复杂的学说是哪儿来的？那些高楼大厦又是哪儿来的？我们有时确实会犯错，也的确不擅长做某些事情，但整体而言，我们还是挺理性的。"

不过话又说回来，在评估概率这件事上，人类并非总是表现得那么好。下一节我们就来讨论一下这个问题，之后我们再分析一下如何才能做得更好。

人们对"三门问题"的误解

正如前面所说，人类通常可以下意识地做出理性分析，而且分析得还不错。不过在更正式的情况下，面对更严谨的概率问题时，启发法常常会将我们引入歧途——最严重的时候，某些人（甚至有很多专业人士）根本无法接受正确答案，哪怕正确答案是如此清晰明了。

美国有个很火的电视节目，叫《交易大挑战》，参赛者需要与主持人完成一系列交易。在最初的版本中，主持人是一个叫蒙提·霍尔的人，节目内容都是"你愿意接受已知金额的现金，还是藏在盒子里的未知礼物"这种类型的交易。所有内容本质上都是不确定情况下的贝叶斯决策。

受到电视节目的启发，加州大学伯克利分校的统计学家史蒂夫·塞尔文于1975年给《美国统计学家》杂志写了一封信。[18]他在信中设想了这样一个场景：主持人蒙提·霍尔向参赛者提供了A、B、C三个盒子，其中一个盒子中装的是"林肯大陆"轿车的钥匙，也就是说，如果你选中了这个盒子，你就可以把轿车开回家。另外两个盒子是空的。

参赛者选择了B盒子之后，蒙提·霍尔问他，是坚持自己的选择，赌一把，还是放弃游戏，但能拿到100美元的现金。如果你认真读完了本书前面的内容，你就会意识到，"1/3 的概率赢得一辆价值超过 1 万美元的轿车"的期望值，比"100% 赢得 100 美元"的期望值高得多。参赛者也意识到了这一点，所以他没有接受这 100 美元。之后蒙提·霍尔又把金额提高到了 500 美元，但参赛者仍旧不为所动。

接下来就有意思了。蒙提·霍尔打开了剩下两个盒子中的一个，即 A 盒子，里面空空如也。然后蒙提·霍尔问参赛者："现在钥匙要么在 C 盒子里，要么在你选择的 B 盒子里。换句话说，你有 1/2 的概率把轿车开回家。如果你放弃游戏，我会给你 1000 美元的现金。请问你是否还要继续赌轿车？"

参赛者的反应出乎蒙提·霍尔的意料——他不接受 1000 美元的现金，且提出了另一个交易："我愿意用这个 B 盒子去换那个 C 盒子。"因为他已经意识到，B 盒子有轿车钥匙的概率并不是 1/2，而是 1/3。如果他换了盒子，那他赢得轿车的概率就会变成 2/3。

1990 年，这道趣题被专栏作家玛丽莲·沃斯·莎凡特以来信投稿的形式发表在了《大观》杂志上（据说莎凡特是世界上"最聪慧的女性"，其智商高达 230），之后该题便逐渐为人所知。虽然这次的内容有所删改，但基本结构没有变：

> 假定你正在参加一个游戏节目，你需要在三扇门之中选择一扇。其中某扇门后面是一辆轿车，其他两扇门后面各有一只山羊。起初你选择了一扇门，比如 1 号门。主持人知道每扇门后面都是什么，他打开了剩余两扇门中的一扇，比如 3 号门，后面是一只山羊。然后主持人问你："你想不想把自己的选择改

第四章　生活中的贝叶斯思想

成 2 号门？"请你思考，换成 2 号门对自己有好处吗？ [19]

莎凡特同意史蒂夫·塞尔文的观点，她坚信换门才是正确的做法。如果坚持原来的选择，你只有 1/3 的概率赢得轿车；如果换成另一扇门，你就有 1/2 的概率赢得轿车。

你觉得这很荒诞？没关系，大多数人都觉得很荒诞。莎凡特的某些读者为此火冒三丈，其中甚至包括一些数学博士。有人给她写信说："你胡扯！作为一名专业的数学家，我很担心你这样做会迷惑大众，因为大家本来就缺乏数学能力。希望你能承认自己的错误，之后写作时能够更加谨慎。"还有人写信说："我建议你下次再写类似的概率问题时，先去买一本概率论的教科书来学一学，好吗？"

保罗·埃尔德什，20 世纪最伟大的数学家之一，也对这个问题感到困惑不解。刚看到这个问题时，他坚持认为："这绝不可能。换不换门根本没有区别。"[20] 大多数人都认为，不管换不换门，赢得轿车的概率都是 50%。

结果就是大多数人都错了。那位愤怒的数学博士错了，保罗·埃尔德什也错了，莎凡特和史蒂夫·塞尔文才是对的。只要蒙提·霍尔明确知道轿车藏在哪扇门后,且他总是在剩余的两扇门中打开一扇,那你就该换门。

有好几种方式可以帮你直观地理解这一事实。比如你可以想象一下,你原本有100万扇门可以选择,而不是3扇。其中仍然有1扇门背后是轿车(按照常理,你更想要轿车,而不是山羊)。你做出选择之后,蒙提·霍尔打开了剩下的999999扇门中的999998扇,每扇门背后都是山羊。现在只剩下2扇门了,其中1扇是你刚才选的那扇。

你也可以这么想:蒙提·霍尔开门之前,你有1/3的概率选到正确的门,这么看的话,换门或许不是什么好事。但你要知道,你选错的概率高达2/3,这么看的话,你就该换门。

或者你也可以这么想:假定游戏一共进行300次,那么平均来说,其中有100次你选对了门,这些情况下你不该换门。但剩下的200次中,你选错了门,这些情况下换门就意味着赢得了轿车。

最关键的有两点:第一,蒙提·霍尔必须知道轿车藏在哪扇门后;第二,他总是会打开一扇背后有山羊的门。满足这两个条件之后,你可以很容易地用贝叶斯定理算出概率。

一开始,你会先验地认为轿车藏在任何一扇门背后的概率都是1/3,即 $p \approx 0.33$。此时你没有获得任何新信息,所以你没有任何理由去选择某扇特定的门。不过,如果蒙提·霍尔总是知道轿车在哪扇门后面,且总打开一扇藏有山羊的门,那么你就可以从中得到一些新信息,并借此更新自己的先验概率。

如果我们采用"概率之比"的形式,那问题就会变得更加直观。轿车藏在 1 号门、2 号门、3 号门背后的概率之比为 1∶1∶1。当你做出选择之后，比如你选择了 1 号门，它们的概率不会有任何变化。

然后蒙提·霍尔打开了 3 号门，后面是一只山羊。在你猜对了、轿车就在 1 号门后的情况下，他打开 3 号门的概率是 50%，因为他也有同样的可能性去打开 2 号门。在轿车藏于 2 号门后的情况下，他 100% 会打开 3 号门。在轿车藏于 3 号门后的情况下，他打开 3 号门的概率就是 0。所以不同情况下他打开 3 号门的概率之比为 1∶2∶0。这就是前面提到的似然比，或贝叶斯因子。

这种情况下，贝叶斯定理的计算会变得简单很多：把先验概率之比和贝叶斯因子乘在一起，就可以得出后验概率之比。具体来说就是，1∶1∶1 乘以 1∶2∶0，得到 1∶2∶0。这意味着，轿车藏在 3 号门背后的概率是 0；藏在 2 号门背后的概率是藏在 1 号门背后的概率的两倍。

*

现在我们假设情况发生了变化：蒙提·霍尔并不总是打开背后有羊的门，或者说，他不会一直为你打开一扇门。又或者说，你根本不知道蒙提·霍尔的具体策略是什么。比如，蒙提·霍尔会通过抛硬币的方式来决定自己的策略，如果正面朝上，他就打开剩下那两扇门中编号较小的一扇。再比如，蒙提·霍尔可能什么都没干，一场突如其来的地震让现场发生了剧烈震动，剩下两扇门中的一扇恰好被震开了。

如此一来，你就无法得到任何新的有效信息。先验概率之比和刚才一样，仍然是 1∶1∶1。不过 2 号门被打开的概率变了，不管轿车是不是藏在你选的 1 号门背后，2 号门恰好被打开的概率都是 50%，所以此时的似然比变成了 1∶1∶0，二者相乘之后得到的后验概率之比也是 1∶1∶0。这意味着换不换门没什么区别。当然这也意味着，如果你当时运气不好，那抛硬币的蒙提·霍尔或突如其来的地震也有 50% 的概率恰好打开了藏有轿车的门——还好并没有出现这种事。

现在我们假定这个游戏连续进行了 300 次，其中有 100 次你一开始就选对了门，此时蒙提·霍尔以抛硬币的方式，随机打开了剩下两扇门中的一扇，不管具体是哪一扇，门后都是山羊。这种情况下，换门就等于输掉了轿车。另外 200 次中，你一开始就选错了门，这 200 次中会有 100 次，蒙提·霍尔打开了后面藏有山羊的门，这种情况下，换门可以赢得轿车。这 200 次中还会有 100 次，蒙提·霍尔打开了门后藏有轿车的门，这种情况下你就直接输了。由此可见，在第一个 100 次中，你不该换门；在第二个 100 次中，你应该换门；第三个 100 次不存在换门问题，因为你直接输了。

在贝叶斯分析法当中，你必须充分利用所有已知信息。具体来说，你不仅知道蒙提·霍尔打开了一扇门，还知道他为什么会打开这扇门（或者说，你有理由相信他采取了某种特定的算法）。这些信息可以改变你的先验判断，从而改变你对"轿车藏在哪扇门背后"这件事的先验概率。虽然事实的确如此，可我们总觉得这事很奇怪。同样，我们也会觉得"在一项准确度高达 95% 的测试中，得到阳性结果意味着你只有 2% 的概率感染了新冠病毒"很奇怪。

其实还有一个被称为"男孩或女孩悖论"的问题，它比"三门问题"更奇怪。该问题由马丁·加德纳于1959年提出[21]：假定你现在正和一位数学家聊天，她告诉你她有两个孩子。你问她两个孩子中，是否至少有一个是男孩（当然一般人不会这么聊天，但是这个问题非常微妙，稍有不慎便会曲解题意，所以我的措辞必须非常严谨）。她回答说是的，两个孩子中，至少有一个是男孩。请你思考，两个孩子都是男孩的概率有多大？

"这还用问吗？另一个孩子是男是女的概率，当然各占50%，所以两个孩子都是男孩的概率也是50%！毕竟你已经确定其中有一个是男孩了。"然而，事实并非如此。两个孩子都是男孩的概率，实际上是1/3。

很抓狂吗？其实我自己也快被逼疯了，但没办法，这就是真相。就像400多年前费马和帕斯卡总结出来的那样，重要的是可能发生的结果的数量（假定每种结果出现的概率相等）。两个孩子的性别一共有4种组合：女女、女男、男女、男男。一开始，这4种组合出现的概率相等。

知道其中至少有一个男孩，但不知道具体哪个是男孩，所以我们可以把女女的组合先排除掉。剩下的3种组合女男、男女、男男当中，我们可以排除掉1个男孩，那么另一个孩子的性别就剩下了女、女、男这3种可能。这意味着另一个孩子为女孩的概率，是男孩概率的两倍（我也觉得很奇怪，这就好像量子力学中的观察者效应一样，知道某个孩子的性别居然会影响另一个孩子的性别）。

更奇怪的是，该问题极容易受到已知信息的影响。如果你知道的信息不是"至少有一个是男孩"，而是"大一点的孩子是男孩"，那么你就可以排除掉女女、女男这两种组合。剩下的两种组合是男女、男男，这意味着另一个孩子是男孩的后验概率为 50%。

或者我们假设，那位数学家朋友径直朝你走过来，直接跟你说她有两个孩子，其中有一个是男孩。这种情况下，你应当不会这么想："我完全不知道另一个孩子会是男孩还是女孩！"而是会像我一样，认为另一个孩子应当是个女孩。（如果两个孩子都是男孩，那她不会这么拐弯抹角地说话吧？直接告诉我"都是男孩"不就好了吗？）

从数学原理的角度来看，"男孩或女孩悖论"和"三门问题"是一样的。我把它也写出来，是因为我觉得它更反直觉，更能让大家感受到概率的奇妙之处。其实感到反直觉的不只有你和我，很多人在面对这类问题的时候都很纠结：明确的概率分析——用数字、百分比去分析问题，确实不像抛接球那种启发法一样符合思维习惯。下面我们来认识几位超级预测者，他们在类似问题上的表现要更好一些。

超级预测者（第一部分）

我很喜欢下面这个故事，所以一有机会我就会把它讲给别人。如果你以前读过我写的其他作品，那你很可能已经看到过这个故事的其他版本了，对此我表示真挚的歉意。

1984 年正处于冷战的白热化阶段，当时苏联和美国都囤积了大量核武器，双方关系剑拔弩张。我出生于 1980 年，童年时期的大部分时间里，周边都一直有一种"核战即将爆发"的紧张氛围。《火线》(1984)、《当风吹起的时候》(1986)等电影探讨了冷战期间苏联军队对英国群众正常生活造成的影响。用皇后乐队的话来说就是，当时所有的艺术作品都笼罩在蘑菇云的阴影之下。

导致这种紧张局势的部分原因，是各种不确定性。1964年，勃列日涅夫成为苏联最高领导人，他在这个位子上一坐就是十几年，直到1982年去世为止。接替他的是尤里·安德罗波夫，上任时他已经68岁了，而且长期抱恙。1983年年初，也就是仅仅一年之后，安德罗波夫就出现了肾衰竭的迹象。1984年去世之前，他一直躺在医院的病床上，处于一种半昏迷的状态。后来的继任者是康斯坦丁·契尔年科，他上任时身体也不太好，很多人都觉得他干不了几年——据某位历史学家表示[22]，他是"一位已经病入膏肓、行将就木的老人，就连最顶尖的医学专家都无能为力"。另一方面，当时美国和苏联之间的关系十分僵硬。所有人都觉得康斯坦丁·契尔年科之后，苏联还会出现另一位作风强硬的领导人。

当时的国际形势是如此严峻，以至于任何一件小事都有可能酿成悲剧。1983年9月，一架韩国客机（大韩航空007号航班）误入苏联领空，莫斯科方面迅速派出战斗机进行拦截，却因误会将其击落。事故共导致机上269人丧生，其中包括一名美国国会议员。

空难发生之后，局势变得越发紧张，核战争似乎一触即发。当时，北约会在每年秋天举行一场名为"神箭手"的军事演习，目的是让西方各国军队为可能发生的核战争做好准备。1983年11月，演习如期举行。这一年的演习格外全面，甚至模拟了战时各国首脑的沟通和命令。看到这些行动之后，莫斯科方面坚信这根本不是演习,而是真实战争的伪装,于是苏联高层立即命令军队将核弹头装在轰炸机上,准备迎战。要不是因为克格勃伦敦分部有一位"隐藏得很好的间谍"将这一切通过英国情报机构报告给了华盛顿,白宫根本不知道世界差点儿爆发一次惨绝人寰的核灾难。[23]

为了应对紧张的国际局势,美国国家科学研究委员会(美国国家科学院下属机构)得到了一笔拨款,专门成立了一个"防止核战争爆发"的研究小组,其成员包括很多知名学者,比如前文提到的阿莫斯·特沃斯基——他和丹尼尔·卡尼曼一起研究过人类的行为偏差。另外还有三名小组成员在当时已经得过诺贝尔奖。此外,小组成员还包括一些高级军官、政府官员、苏联问题专家。其中最"普通"的一位,应当是30岁出头、刚评上加州大学伯克利分校政治心理学副教授的菲利普·泰洛克——用他自己的话来说,他是"小组成员中最不起眼的一个人"[24]。

当时所有人都认为,康斯坦丁·契尔年科已经行将就木,他的继任者必将会是一位作风强硬的苏联最高苏维埃主席团成员,但大家的理由却有所不同。那些自由派组员认为,里根政府支持强硬的反苏政策,这一事实会促使克里姆林宫的强硬派占据上风,其他派别根本没机会掌握大权;那些保守派组员认为,苏联的政治体系本就是为了培养专制独裁者而设计的,这样的政治体系只能催生出专制的独裁者。据菲利普·泰洛克记载:"双方都对自己的观点充满了信心。"

康斯坦丁·契尔年科的确很快就去世了:他上任后只坚持了一年多。不过之后的事情出乎自由派和保守派的意料——继任者是戈尔巴乔夫，他当时只有 54 岁，算是很年轻的领导人，他精力十足，坚定地支持改革。上任之后，戈尔巴乔夫立即展开了工作——大力推行开放政策和经济改革政策，积极与里根政府接触。尽管里根政府十分警惕，但双方关系还是逐渐缓和了下来。仅仅数月之后，双方领导人就已经开始讨论裁军问题了。

无论是自由派，还是保守派，都没能料到这一点。不过菲利普·泰洛克发现，双方都认为如今的历史走向符合各自当初的观点，都觉得自己可以预测接下来会发生什么事，尽管他们连现在发生的这些事都没能预测到。自由派认为，如今的和平局势和里根政府一点关系都没有，这一切都是苏联新领导人的功劳——新的领导班子不愿眼睁睁地看着苏联经济走向崩溃，他们给苏联政府带来了全新的气象；保守派认为，造成如今局势的原因是里根政府在军备竞赛中的领先幅度太大，以至于苏联不得不放弃军备竞赛。总而言之，双方都认为这些未曾预料到的事件和走向能够证明自己的观点一直都是正确的。菲利普·泰洛克认为，这或许可以说明，不管发生了什么，人们都会认为事实符合自己的预测。

*

几年之后，为了测试这些专家的判断力，菲利普·泰洛克展开了一项新的研究。他并不是怀疑这些专家的智力或诚信，而是认为在面对出乎意料的信息时，或许每个人都会想方设法地使其变成"自己的观点一直都是正确的"的证据。

菲利普·泰洛克找来了 284 名专家进行调研——其中有记者、

高层军官、政治家、学者——让他们做出了3万多份预测，这些预测都是可证伪的，且有一定的时间限制：预测的事物都是"一个月后，日元兑德国马克的汇率会比现在高吗"之类的问题，回答者需要给出具体数字。

菲利普·泰洛克表示，这样做是为了避免"含糊其词"的现象。如果某人认为某件事很可能或有可能发生，那这种表述就很不严谨。"很可能"指的是30%的可能性，还是60%的可能性？"有可能"指的是5%的可能性，还是50%的可能性？研究发现[25]，人们对这些词的理解大相径庭：有人觉得"很可能"指的是20%的可能性，还有人觉得指的是80%的可能性。即便是同一个人，他也会根据不同情况对这个词做出不同解释。比如，某件很可能发生的事真的发生了，他会说"一切尽在预料之中"；如果这件事没发生，他会解释说"我的意思是有可能发生，不是一定会发生"。

菲利普·泰洛克表示："我可以很自信地说，明天外星人可能会袭击地球。就算这件事没发生，也不能说明我错了。每次人们说'可能发生'的时候，其背后都暗含着'也可能不发生'的隐喻。"[26]

因此，他要求受试者在预测时给出具体数字，比如"希腊主权财富基金今年出现债务违约"的可能性是45%，"朝鲜和韩国会在2030年之前爆发冲突，且死亡人数超过100"的可能性是10%。之后菲利普·泰洛克会耐心等待几个月或几年，看看这些预测是否会成真。

最巧妙的地方在于，每位受试者都必须做出100个左右的预测，其中某些预测的可能性是80%，某些预测的可能性是40%，等等

（比如"沃尔特·蒙代尔赢得民主党初选的可能性是65%"）。

研究结束时，菲利普·泰洛克统计了预测成真的频次。如果在可能性为60%的事件中，你预测对了60%，在可能性为30%的事件中，你预测对了30%，诸如此类，那就表明你预测得很准，给出的概率数值很符合现实。如果预测成真的频次高于你给出的概率，那就说明你不够自信。如果预测成真的频次低于你给出的概率，那就说明你过于自信。

当然，预测得好不好，不能只看准确度。如果你每次都给出"50%的可能性"的判断，那面对某些特定问题时，你的准确度就会非常高，但这恰恰说明你毫无预测能力——你无法提供任何有效信息。

因此，菲利普·泰洛克的研究也考虑到了判断力的问题。如果你做出了"可能性为90%"的预测，且它真的发生了，那你的得分就会比那些做出"可能性为60%"的人高。相反，如果这件事没发生，那你扣掉的分数也会更多。

布里尔分数

菲利普·泰洛克评估预测者能力的方法又被称为"布里尔分数"。布里尔分数最早起源于天气预测，用于评估过往天气预报的准确性。布里尔分数越低，代表你的预测越准确。

计算布里尔分数时，我们需要计算预测误差的平方。具体来说，如果一个预测成真了（或没有成真），那它的真实概率就是1（或0）。预测误差指的就是你在预测中给出的概率与真实概率的差值。比如

> 你认为自己准时上班的概率是 80%，后来的事实也确实如此，那你的预测误差就是 1-0.8=0.2，取平方之后就是 0.04。如果你没能准时上班，那你的预测误差就是 0-0.8，即 -0.8，求平方之后就是 0.64。切记，不管预测误差是正是负，你都得将其求平方，因为这样可以保证结果总是正数。
>
> 如果你给出的可能性是 60%，且预测对了，那你的布里尔分数就会更高一些，预测误差的平方是 0.4×0.4=0.16，这意味着你的表现更差一些，因为分数越低表现越好。不过如果你预测错了，那受到的惩罚也会更轻一些：此时预测误差的平方是 0.36，比刚才的 0.64 低很多。
>
> 这就是布里尔分数最简单的形式，通常用于选项只有两个的情况。如果选项多于两个，或预测者需要在一系列的结果中做出选择，比如，2024 年 12 月 14 日英镑兑美元的汇率，那布里尔分数的形式就会更复杂一些，但基本思路是一样的。

几年之后，菲利普·泰洛克对实验结果进行评估时发现，大多数预测者的表现比随机瞎猜好不了多少。事实上，菲利普·泰洛克曾表示这些人的表现"跟黑猩猩用飞镖做预测"没什么区别，只不过后来他对自己说过这种话感到有点后悔。

30 多年后，菲利普·泰洛克在《超预测》一书中表示，他之所以有些后悔，是因为很多人误解了这句话——他们以为这是在暗示专家的预测都是随机猜测。而事实上，菲利普·泰洛克认为预测者可以分为两种：有些人认为世界本身就很简单，所以解释起来、预测起来也很简单，这些人具有所谓的"单一思想"，也就是说，不管遇到什么事，他们都用一个原理去解释；另一些人认为世界本身很复杂，每种情况、每个细节都很重要，所以预测通常是困难的、不确定的。菲利普·泰洛克将前者比作"刺猬"，将后者比作"狐狸"。这一比喻源自古希腊诗人阿尔基洛科斯的一首诗，以赛亚·伯林爵士将其用在了自己的论文中："狐狸知道很多事情，而刺猬只知道一件大事情。"不过，我认为"刺猬"这个比喻和"黑猩猩"那个比喻差不多。

菲利普·泰洛克认为"刺猬"有一个典型的例子，即拉里·库德洛，他是美国消费者新闻与商业频道（CNBC）的专家评论员，曾在小布什政府的经济顾问团中任职。菲利普·泰洛克表示，拉里·库德洛就是一个"思想单一"的人，他总是试图用供给经济学去解释所有问题，比如他认为减税政策可以刺激经济。小布什政府实施减税政策之后，他预测经济会出现大幅增长——尽管后来的GDP和就业率并不景气，他仍旧认为自己的预测是对的。2008年金融危机爆发时，他仍然固执地认为世界经济正在经历"布什繁荣"。菲利普·泰洛克指出，尽管如此，拉里·库德洛的事业并没有受到任何负面影响，甚至还在2009年的某个黄金档节目中得到了一份新工作。

这是因为"刺猬"总是喜欢讲一些漂漂亮亮、直来直去的故事：减税政策总是好的，我们总是应该向亿万富翁征收更多税款，国际冲突的导火索总是敌人憎恨美国的自由主义，所有问题的根源都是万恶的白人殖民史。对于媒体来说，这些观点很容易包装，也很有卖点。最终的结果就是，虽然媒体没有刻意去寻找表现糟糕的预测者，但他们"正在四处寻找的'刺猬们'，恰恰就是糟糕的预测者"[27]。

另一方面，虽然"狐狸们"的表现稍好一些，但也算不上特别好——很多"狐狸"的预测能力还不如一个简单的"一直预测事物不会发生变化"的算法。但不管怎么说，他们的表现比随机猜测强。

个别人在预测方面的表现极为优秀。菲利普·泰洛克将其中表现最好的2%称为"超级预测者"。

超级预测者（第二部分）

从本书的视角来说，菲利普·泰洛克的研究很有意义，因为他发现预测能力最强的那一部分人——超级预测者——采用了贝叶斯式的思考方法。这些人有时会进行明确的贝叶斯计算，但即便是不计算的时候，他们也会建立先验判断，然后利用新信息更新自己的观点。

迈克尔·斯托里就是超级预测者中的一位，他现在是一家名为"斯威夫特中心"（Swift Centre）的预测公司的负责人。几年前，我曾为了一部纪录片到他的公司进行采访，当时他给我举了一个例子："假定你现在正在参加婚礼，有人问你这段婚姻能否长久维持下去。再假定你想要给出一个恰当的回复，而不是敷衍了事。"

"面对婚礼现场这么多杂乱的信息，一个概率思维能力不强的人可能会手足无措。比如，你可能会看到这对新婚夫妇的脸上洋溢着幸福的笑容，听到美妙的音乐，看到出席婚礼的嘉宾全部衣冠楚楚，现场的餐饮也是可口诱人。你会想办法把这些信息转化为概率。"综合考虑之后，你可能会说："两人能够白头偕老的概率是90%。"预测者将这种方式称为"情景内分析法"，也就是根据身旁的具体情况去判断概率。

不过，超级预测者会从另一个角度去思考问题。他们会寻找参考数据，或者背景发生率。也就是说，他们会参考一组类似的事件，然后将其作为分析的出发点。以婚礼为例，参考数据（或背景发生率）指的就是全英国有35%~40%的婚姻以离婚告终。[①]这种方式又被称为"情景外分析法"，即根据类似事件在过往发生的频率去预估概率。之后，超级预测者会继续用情景内分析法来更新自己的判断。再之后，他们还会考虑其他因素对统计数据的影响，比如，年龄、社会阶层、受教育水平；或者直接根据自己的经验去判断这对夫妻是否合拍。

不难看出，情景外分析法的本质就是确定先验概率。如果只知道夫妻是英国人，不知道任何其他信息，那么他们最终会离婚的先验概率大约就是40%。得到新信息之后，比如，参加了婚礼，判断

---

① 这种数据很难精确统计，因为为了保证精确，你还得分析那些夫妻双方至少有一方已经去世的婚姻，研究婚姻的"整体长度"。当然，最近40年内的婚姻很少会出现一方已经离世的情况。英国国家统计局表示，2021年，英国每1000对夫妻中就有9对离婚，即0.9%。如果我们假定大多数夫妻在30岁左右结婚，且人均寿命为80岁，那么婚姻长度就是50年左右。由此一来，考虑到每段婚姻在每一年能够维系下去的概率都是1−0.9%=99.1%，一段婚姻连续维系50年的概率就是99.1%的50次方，约等于63%。如果以2021年的数据为标准，那么37%的婚姻会以离婚告终。数据来源：'Divorces in England and Wales: 2021', Office for National Statistics,https://www.ons.gov.uk/peoplepopulationandcommunity/birthsdeathsandmarriages/divorce/bulletins/divorcesinenglandandwales/2021。

了这对夫妻是否合拍，就可以得出似然比，或贝叶斯因子，利用它更新先验概率，就得到了后验概率。

前文中我们曾提到，戴维·曼海姆也是一位超级预测者。他曾说过："表面来看，我并没有使用贝叶斯定理去分析问题，但实际上我用的就是贝叶斯模型。菲利普·泰洛克的研究结果，实际上就是E. T. 杰恩斯的概率学说的一种直接体现，这一点真的很神奇。综合判断的确很难，但数学就是这样的。背景发生率有多重要？你把它看作先验概率就行。"

"为了分析情景内分析法会对判断产生多大影响，你得建立一个似然函数，而不是凭直觉随口一说。"

大部分人没有办法用好背景发生率，所以我们的观点很容易受到新信息的影响。曼海姆表示："如果每个新信息都能颠覆你的观点，那你就会过于关注现状，预测就会一直变来变去。"

（奥布里·克莱顿可能会说，这就是频率学派的做法。）

当然，除了确认背景发生率，一个优秀的预测者还有很多事情要做。首先，虽然"利用新信息建立似然函数"听起来很简单，但大多数情况下你不能只做计算不看事实——人们还得根据自己的判断去确定新信息会在多大程度上影响到先验概率。另一位超级预测者乔纳森·基特森表示："你必须判断新信息和问题的相关性，并非所有事物都和你的预测相关。这需要你有一定的判断力。其实我并不是数学家，但我会用贝叶斯方法去思考问题，不断地用新信息更新自己的判断。"

一位优秀的预测者还会用到其他技巧，其中之一就是"费米估算法",这个名字来自伟大的物理学家恩里科·费米。最经典的例子莫过于费米给学生出的一道题:估算整个芝加哥市共有多少位钢琴调音师。

大多数人会认为这个问题无从回答,只能瞎编:"我哪儿知道啊?有 1000 位吗?"费米的方法是把一个未知问题拆成很多个更小的、更容易估算的未知问题。下面是菲利普·泰洛克采用费米估算法得到的分析结果:虽然芝加哥是座大城市,但没有洛杉矶大,后者人口大约为 400 万。姑且认为芝加哥总人口为 250 万。在这 250 万人当中,有多少人拥有钢琴呢?菲利普·泰洛克估计,平均来说每 100 人中就有 1 人拥有钢琴,所以总钢琴数大约是 2.5 万架。再加上学校和音乐厅的钢琴,这个数字还得再乘以 2。换句话说,整个芝加哥市大约有 5 万架钢琴。

每架钢琴多久调一次音?姑且认为一年一次吧。每架钢琴每次调音需要多久?不妨认为是 2 小时。平均来说,美国人每周工作 40 个小时,每年工作 50 个星期(数据来自菲利普·泰洛克。美国人的福利有那么差吗?)。由此可以得到,每个美国人每年工作 2000 个小时,假设其中有 20% 的时间花费在路上,那么每年工作时长就是 1600 小时,这意味着每位调音师每年可以给 800 架钢琴调音。

既然整个芝加哥市每年有 5 万架钢琴需要调音,那么需要的调音师人数就是 50000/800=62.5。[28] 费米发现,采用这种估算法所得到的结果,通常与实际数值相差不大。另外菲利普·泰洛克还提到,芝加哥调音师的真实人数大约为 80,估算结果可以说是相当准确了。

你还可以用类似的方法去计算概率。菲利普·泰洛克提到过一个例子——亚西尔·阿拉法特死于中毒的概率有多大？亚西尔·阿拉法特是巴勒斯坦民族解放运动的领袖，死于 2004 年。瑞士的研究人员曾在 2012 年宣布，他们在阿拉法特的随身物品中发现了高浓度的放射性元素钋-210（俄罗斯特工亚历山大·利特维年科曾因公开发表批评性政治言论被迫离开俄罗斯，逃往英国。2006 年他在伦敦被人毒杀，杀手用的就是钋-210）。随后人们挖出了阿拉法特的尸体，检查他体内是否含有钋-210。菲利普·泰洛克当年的那次研究曾问过受试者这样一个问题："你认为这次调查是否能够在阿拉法特的遗体上发现浓度异常的钋-210？"

你觉得这件事的概率有多大？菲利普·泰洛克表示，如果不深思熟虑，就会得出十分草率的结论——"这就是以色列会干出来的事"，或者"以色列怎么可能干出这种事来呢"。菲利普·泰洛克还表示，不管结论如何，受试者都得给出具体概率，比如前者 100%，后者 0，或前者 95%，后者 5%。其中有一位超级预测者是这样分析的：他把问题拆成了很多小问题，比如"钋-210 一共有多少种方式能够进入受害者的身体，每种方式的概率分别是多少""钋-210 的半衰期是多久""如果调查机构认为这件事值得调查，那么他们觉得受害者死于钋-210 的概率是多少"，等等。每个问题都可以单独进行估算和调查。分析之后，这位超级预测者认为调查机构有 65% 的概率可以在阿拉法特的遗体上发现钋-210——事实也确实如他所料。[29] 费米估算法实际上是大数定律的一种应用：对大量小事进行估算，而不是对一件大事进行估算，只要这一过程不存在系统性误差，使得结果总是偏高或偏低，那这些估算所产生的各种误差就会倾向于相互抵消，就像 1755 年托马斯·辛普森在分析行星位置观测结果时所发现的那样。

优秀的预测者还会充分利用群众智慧。也就是说，他们会根据其他人的观点更新自己的预测。好几位预测者的结论的平均值，很可能比任何一位预测者的结论都要准确，其原因和费米估算法的原因一样——每位预测者的误差会倾向于相互抵消。当然我们还可以更进一步。迈克尔·斯托里表示："最简单的办法就是求平均值，因为我们假定各位专家产生分歧的原因是随机噪声。不过另一方面，我们知道每个人的预测能力各不相同，所以我们可以根据线索决定自己该听谁的。如果在过去的20年里，某位预测者每隔半年就有一次极其糟糕的预测表现，那我们对他的信任程度就会低一些。如果某位预测者一直预测得很准确，长期保持着较高的预测水平，那我们对他的信任程度就应当高一些。"用贝叶斯方法的术语来说就是，那些可靠的预测者所做出的预测，可以给我们提供更多有效信息——这些预测就像一个分布十分集中的似然函数，可以更好地改进我们的先验概率。

最重要的是，我们可以给自己的预测评分。记下自己的预测，并将其公之于众，看看哪些预测可以成真，算一下你赋予了60%的概率的那些预测当中，是否真的有60%的预测可以成真。如果不这样做，你就很容易只记住好预测，把所有的坏预测忘得一干二净。迈克尔·斯托里表示："大多数人都希望自己能够做出正确预测。这些人具体可以分为两类，第一类人固执己见，不想听到'你预测错了'之类的话；第二类人勤奋好学，他们希望自己能够摆脱错误的成见。"由此可见，虽然大家的初衷都是成为一名优秀的预测者，但有些人会选择把自己的观点强加给别人，有些人会不断抛弃那些导致自己产生错误观点的思想。

"将自己的预测公之于众,可以给你一种激励,让你想要时刻持有正确的信息。不可能让所有人都同意你的观点。你能做的就是给出具体预测,然后写下来,这个数字就是你的信心。将其公开之后,剩下的就是等待。如果这个预测错了,那你能做的且正确的事情就只剩下了一件——及时改变自己的观点。"

可以看出,这就是贝叶斯思想。你根据先验信念做出了预测;预测没能成真;你调低了信念的强度。

虽然这听上去很简单,但实际上人们的确很少用概率和百分比去思考问题——我们往往会认为,事情要么发生,要么不发生(或者认为事情"有可能会发生")。当你要求人们对自己的信念给出具体概率时,他们通常会表现得过于自信。在某次预测能力研讨会上,迈克尔·斯托里和他的同事问了我们一系列问题,比如,"席琳·迪翁在哪一年凭借《我心永恒》这首歌拿到了冠军","在利物浦对阵利兹联队的英超比赛中,约翰·巴恩斯一共踢进了几个球"等,然后让我们给出一个数字范围,使得"我们有90%的把握"正确答案会落在这个范围当中(比如"1994—2000年","1~8个球")。

迈克尔·斯托里表示:"如果你让人们给出一个90%的置信区间,那他们实际给出的区间的置信度通常只有50%~60%。"也就是说,人们给出的90%的置信区间,在40%的情况下都是错误的。"这已经变成一种常态。每次我让朋友、同事做这项测试时,他们大多数人都会表现得过度自信。"你也可以测试一下,看看自己是否过度自信,很多网站都有相关功能,比如公益机构"80000

第四章　生活中的贝叶斯思想

Hours"（8万小时）就提供了一个免费的网站 https://80000hours.org/calibration-training[1]（这项测试有点费时，因为一共有 100 个问题）。

正如前文所述，想要使用贝叶斯分析法，你必须有一个先验概率。如果在看到证据之前，你不知道某件事发生的概率有多大，那在看到证据后，你仍旧无法知道这件事发生的概率有多大。你当然可以说，新冠病毒检测的准确度（特异度）为 99%，这意味着如果你没感染新冠病毒，那你得到阳性结果的概率只有 1%。你也可以说，在 p 值小于 0.05 的情况下，如果假说不成立，那看到类似结果的概率还不到 5%。但是，如果你心里面没有一个先验概率，那你就完全不知道自己有多大可能感染新冠病毒，完全不知道自己的假说为真的概率是多少。

就像科学领域、统计领域一样，现实生活中也存在类似的问题。跟常人相比，超级预测者的优势之一就是，他们更擅长确定事物的背景发生率，即先验概率。有些情况下，背景发生率很好确定，就像迈克尔·斯托里之前提到的离婚概率一样：你可以调查一下实际的离婚次数，看看这一数字与婚姻数量的比例，然后把它作为先验概率。但大多数情况下，背景发生率非常复杂，比如俄乌之间爆发冲突的先验概率。这一数字从哪儿来呢？是采用欧洲每年爆发战争的频次，还是采用俄乌每年爆发军事冲突的频次？先验概率的确定

---

[1] 我也做了一次测试，结果还不错。我认为有 80% 的可能性会发生的事，在 85% 的情况下都发生了。看来多年的职业生涯让我变得没有那么过度自信了。

堪称一门艺术。当然，确定先验概率之后，你还得知道如何根据新信息更新这一概率。

乔纳森·基特森表示："确定先验概率只是第一步。做出超级预测最难的地方在于如何根据新信息纠正先验概率。1945年之后，欧洲很少爆发战争了，战争的背景发生率还不到5%——但在2021年12月，我有60%的把握俄乌之间会爆发一场冲突。次年1月中旬的时候，我的把握上升到了80%。"（说到这里，你可能会想起第三章中的"超先验"——该在什么时候去更新预测模型呢？）

从直觉的角度来看，人类可以很好地完成贝叶斯分析。不过，如果让人们对预测给出具体概率，那大多数人的表现就会变得很差，只有少数人能够做得很好。就算那些超级预测者没有严格地进行贝叶斯计算，他们也必然采用了贝叶斯思想。

贝叶斯认识论

用贝叶斯思想去认知世界有一个好处：其他认识论存在各种各样的、令人困惑不解的哲学难题，但贝叶斯认识论不存在这些问题。比如，长期以来人们一直在争论什么是"定义"，什么是"同一性"，这一争论最早可以追溯至19世纪德国哲学家叔本华。举个例子，什么是"游戏"？它指的是人们为了娱乐而做的事情吗？按照这个定义，滑雪、看书也是为了娱乐，但它们不能算是游戏。而且有的时候，人们进行游戏也不是为了娱乐，而是出于其他原因，比如锻炼、赚钱。

那么，游戏就是竞争项目吗？答案仍旧是否定的。比如有很多游戏是合作游戏，或单人游戏。反过来说，很多竞争项目也不算是游戏（彩票也具有竞争性，但它不算是游戏吧）。游戏是一种规则确定的活动吗？也不是，毕竟不是所有游戏都有规则，比如我女儿就会玩一些极富想象力的游戏，她会把那些泰迪熊摆成……老实说，我根本不知道她在玩什么，但我可以确定这个游戏没什么规则。

当然，不只"游戏"这个概念是这样，我用"游戏"举例只是因为它很典型。很多年前，美国联邦最高法院也有一个经典例子，当时法官们正在对电影《情人们》（1958）进行评级，以确定它是否属于"硬核色情片"[30]。其中有一位法官做出了如下判决："'硬核'①本身是一个简单且模糊的概念，我今天不打算在这里对它的定义进行拓展和完善。或许，我这辈子都不可能给它一个完美的定义。不过我只要看一眼，就能知道哪些电影属于硬核色情片。在我看来，本案涉及的电影并不是硬核色情片。"可是，如果"硬核"这一概念没有明确的定义、明确的特征，那他如何判定哪些电影属于硬核色情片，哪些电影不属于硬核色情片？

很多公众话题、争议都是定义——事物、群体、人物、概念的定义和分类——引发的。比如，"某个政党"是否属于法西斯政党？"某个群体"是否属于邪教？"某个人物"是否算是种族主义

---

① 实际上"硬核"（hardcore）这个词就是因为色情电影流行开来的，如今逐渐演变成"小众的、困难的、不合潮流的"的意思，比如硬核玩家、硬核观众。在中文语境下，"硬核"很少和色情挂钩。——译者注

者？这些话题、争议涉及的定义和分类都很模糊。有些事物明显符合某个类别（比如，墨索里尼明显是个法西斯分子），但也有很多事物的分类极具争议性。

如果我们用贝叶斯思想去剖析问题，就会发现这些事其实很简单、很明显。路德维希·维特根斯坦认为，没有任何一个单一特征可以定义什么是"游戏"。为了说明什么是"游戏"（以及其他"看一眼就知道是什么，但很难明确定义"的东西），我们可以使用"家族相似性"这一概念。[31] 具体来说，"游戏"这一家族有很多特征：有些游戏具有其中某些特征，有些游戏具有其中另一些特征。虽然他没有明说，但这显然属于贝叶斯思想。

随便拿出哪件事来，它属于"游戏"的先验概率都很低。同样，它属于"非欧几何""无聊之事"的先验概率也很低。不过，如果你知道人们做这件事是出于娱乐，且这件事包含一定的规则，那么这些新信息就可以提高它属于"游戏"的概率。如果你发现这件事不包含任何竞争性，那概率就会降低。你需要多大的把握才能将其称为"游戏"，完全取决于你自己（正如前文所说，你没必要，也不会进行精确计算）。整个过程就是一次贝叶斯分析。

当然，"你知道哪些事属于'游戏'"这件事本身也是一个贝叶斯式的过程。蹒跚学步、牙牙学语的年纪，你第一次听到"游戏"这个词，当时你觉得它可能特指蛇棋，或其他类似的东西。你猜想，"游戏"指的就是在棋盘或类似平面上进行的活动，它会涉及色子、蛇棋，不需要任何技巧就能玩，但你不是很有把握。之后你长大了一些，知道了"抛接球""足球"也是游戏。你发现它们都不是在棋盘上进行的，但《大富翁》《妙探寻凶》等游戏却需要棋

第四章　生活中的贝叶斯思想　　　　　　　　　　　　241

盘。经过估算，你认为 P（游戏会涉及棋盘）=0.57。然后你又发现，抛接球不涉及什么固定规则，但其他大多数游戏都有规则。你了解到的"游戏"种类越来越多，归入"游戏"范畴的各种概念也越来越多。在这一过程中，你对"游戏会涉及某些特征的概率"的估算也变得越来越精准。比如你之前认为"游戏会涉及球"的先验概率很低，但后来你发现曲棍球、橄榄球、网球、板球、乒乓球等游戏都涉及球，于是你更新了自己的先验概率，把它提高了一些。

这一模型的表现比某些模型的表现好得多。苏格拉底曾把"人类"定义为"没有羽毛的两足动物"，结果第欧根尼拿来了一只被拔光羽毛的鸡，跟苏格拉底说："你看！这也是人类。"[32] 如果苏格拉底的观点没有这么肯定，而是认为"如果某个动物没有羽毛，且靠双足行走，那它是人类的概率就会大幅增加"［拜托，苏格拉底，都已经是公元前411年了，你的思想得跟上时代才行啊！用"man"指代人类有歧义，你不知道吗？请在"man"的后面加上"or a woman"（或女人）］，那他的观点就很合理了。我恳求你们牢记这一点：事情是有可能存在反例的。换句话说，你是有可能犯错的。

除此之外，还有一个类似的哲学难题，即"连锁悖论"（又称堆垛悖伦）：假定你面前有一大堆沙子。取走一粒沙子后，剩下的显然还是一堆沙子。之后再取走一粒沙子，剩下的显然仍旧是一堆沙子。如此反复操作，一次又一次地取走沙子，直到最后只剩下一粒沙子——一粒沙子显然不能再被称为一堆沙子了。然而量词的变化具体发生在什么时候？到底是哪一粒沙子让剩下的沙子不再以

"一堆"为量词？

亚里士多德的哲学思想很难回答这一问题。我们总不能说1000000粒沙子算是一堆沙子，999999粒沙子就不算一堆沙子吧？这也太扯了。然而，如果你接受"一堆沙子取走一粒沙子后，剩下的还是一堆沙子"这一前提，那你要么找到一个明确的分界线，要么接受"最终一粒沙子仍旧是一堆沙子"的结论。但贝叶斯推理可以帮你摆脱这种困境。你可以把该问题看作一个主观的概率评估，你对"1000000粒沙子算是一堆沙子"这一说法非常有把握。每取走一粒沙子，你对"剩下的沙子仍旧是一堆沙子"的把握就下降一些。当你面前只剩下5粒沙子时，你就会认为"剩下的沙子仍旧是一堆沙子"这一假说成立的概率非常之小。这种推理不会出现悖论，也没必要设立一个明确的分界线。

这种推理前后一致，简洁优雅。它避免了亚里士多德那种非此即彼的定义问题，也避免了种类X和种类Y之间的明确界限。有些时候——其实是大多时候——事物之间并不存在明确的边界，因为世界并不是由演绎推理和命题陈述构成的，也不是非黑即白的。

另外，贝叶斯推理还可以避开保罗·费耶阿本德、罗伯特·安东–威尔逊提出的难题：所有事物都是不可知的。因为在贝叶斯思想中，黑、白之间还有灰色，而且灰色与灰色之间亦有不同——有些灰色偏白，有些灰色偏黑。比如，我不确定疫苗是否有效，也不确定金字塔是不是外星人建造的，但这不意味着我认为二者为真的概率相等。

将信念、定义概率化，我们就能避开"所有信念都是不确定的，所有观点都是虚无的"这种后现代主义思想，重新把知识、真实且合理的信念掌握在自己手中。当然，只有那些能够帮助我们预测世界、能够恰当处理新信息、能够避免各种预测偏误的信念，才是我们应当坚定持有的信念，即那些最有可能为"真"的信念。

第 五 章

贝叶斯式的大脑

从柏拉图到格雷戈里

上一章我们讲过,在某些情况下,人类的决策非常符合贝叶斯模型。虽然在某些人为的、精心设计的场景中,人们很容易出现一些行为偏差,虽然大多数人不擅长复杂的贝叶斯运算,但在大多数日常场景中,我们的决策非常符合贝叶斯定理的计算结果。

不仅如此,事实上,我们对世界的所有感知都源于贝叶斯定理。换句话说,感知和意识本身就是一个贝叶斯式的过程。

来自萨塞克斯大学、专门研究意识的神经学家阿尼尔·塞思表示:"大脑面对的都是一些模糊不清的感官信息,这些信息用贝叶斯模型处理起来非常方便。"大脑的工作内容就是分析这些信息,然后推测这些信息的起因。"先分析观察结果,再推测结果的起因,这就是逆向推理,用贝叶斯方法分析这种推理再合适不过了。"之前本书已经花了大量篇幅向大家展示,为什么说贝叶斯定理是不确定情况下做出最佳决策的理论基础,为什么说决策越符合贝叶斯模型表现就越好,反之就越差。如此一来,"大脑的工作原理在很大程度上符合贝叶斯思想"简直就成了一件顺理成章的事。

甚至有很多科学家认为,贝叶斯定理可以在数学上解释大脑的大部分工作,大脑的核心任务就是对世界做出合理预测,然后根据各个感官收集到的信息更新预测模型。换句话说,大脑会确立先验概率,然后根据似然函数更新先验概率,得出后验概率。这些贝叶斯式的预测可以分为不同的层级：在非常低的层级上，大脑会做出非常基本的预测，比如哪些神经元的激发可以让特定肌肉运动；在非常高的层级上，大脑也可以做出非常复杂的预测，比如"我预计公司食堂今天会提供汤"。这些预测都会接受现实的检验，看看预测是否和感官输入的新信息相匹配。如果预测有误，我们的大脑就会更新预测模型。

然而这并不符合我们对世界的直接感知——看起来我们好像在隔着一层窗户去观测世界。不过我们很清楚，"我们"其实只是颅骨中的大脑，与外界的联系全靠与感官相连的神经网络。"贝叶斯大脑模型"认为，感知是双向的：信息不仅会通过感官"上行"，也会通过大脑构建的世界模型"下行"。也就是说，感知不仅包含自下而上的过程，也包含自上而下的过程。这两个过程会相互制约——如果自上而下的先验判断很强，那么想要推翻它，来自感官的证据就必须十分精确、十分有力。

几千年来，学者们一直在思考人类是如何感知世界的。柏拉图曾用著名的"洞穴寓言"来解释感知过程：囚徒们被锁链囚禁在洞穴之中，面对着一堵墙壁。囚徒们身后有一团火焰，可以将影子投射到墙壁上。这些囚徒一辈子没见过其他任何事物，只看到过墙壁上的影子，他们认为那些影子就是真实世界，并给那些影子起了名字。[1]柏拉图认为我们对世界的感知也是如此：我们看不到真实世界的本来面目，只能通过感官感受到真实世界的投影。

柏拉图并非第一位研究该问题的学者。在苏格拉底建立相关哲学观之前，即公元前5世纪左右，哲学家德谟克利特就提出，世界中的各种物体会不断散发出自身的微小影像，即"eidôla"①，这些影像由来自该物体本身的原子构成。² 而欧几里得认为，人的眼睛会发射出光线，这些光线可以探索世界中的各种物体，然后携带着和该物体相关的信息返回到观测者的眼中。³ 前一种理论被称为"接收论"——物质散发出的一些东西被眼睛接收；后一种理论被称为"发出论"——眼睛会发射光线探索物质。几千年来，这两种理论主导了人们对感知方式的认知（至少主导了人们对视觉的认知）。

生活于10—11世纪的哲学家海什木——西方一般称其为海桑——是第一个建立起现代视觉感知理论的人。他认为光来自发光的物体，沿着直线向各个方向传播。在传播过程中，光会被其他物体反射，其中有一部分会进入人的眼睛。⁴

到18世纪，伊曼努尔·康德认为真实的宇宙必然是不可知的，我们能知道的只有宇宙通过感官传递给我们的信息：他明确地区分开了什么是现象——我们对事物的感知；什么是本体——事物本身。⁵ 此外，他还预示了大脑的工作模式属于贝叶斯模型：他认为在理解世界时，人类的大脑肯定预先持有某种思想框架，否则通过感官获得的各种数据就会变得毫无意义。用概率学的语言来说就是，我们在分析问题时必须持有先验概率。⁶ 我们不只是被动地感知这个世界，我们还会构建世界观、构建世界模型。

19世纪的德国博学家、眼底镜（一种棍状物，上面有一个光学镜片，眼科医生可以用它来检查患者的视网膜）的发明者赫尔曼·冯·亥姆霍兹进一步拓展了该理论。他的创新之处在于，他认

---

① 古希腊语，意为"幻象"。——译者注

为我们之所以无法感知真实世界，是因为我们的速度不够快。

在亥姆霍兹那个年代，人们已经知道神经系统传递的是电信号。电的传播速度极快——跟光速一样快，所以人们认为在短短的一瞬间，神经信号就可以从感觉器官传递到大脑。亥姆霍兹的教授告诉他不要浪费时间去测量神经信号的速度，亥姆霍兹非但没有听劝，反而想办法测量出了数值——结果出乎了所有人的意料——神经信号的速度非常慢，大约为50米每秒，即180千米每小时。[7]此外，他还测量了人们对感官刺激做出反应所需要的时间，比如他会触摸受试者的手臂，让受试者在感觉到触摸的一瞬间，以最快的速度按下按钮。结果显示，从感觉到刺激，再到做出反应的间隔超过了0.1秒。他认为这可以说明我们对世界的感知不可能是真实的，因为世界中的信息无法迅速传递到大脑中。如果感知可以直接传递给大脑，那我们就可以在事件发生后瞬间感知到世界中的信息（尽管还是有微小的延迟）。也就是说，如果真是这样，那钢笔从桌上掉落之后，我们就能更早地接住它（大约在真实位置上方5厘米处）。

因此，亥姆霍兹认为，"人们可以瞬间感知世界"其实是一种错觉。相反，我们会做出一系列的"无意识推理"，利用视网膜上那些不确切的二维图像，以及其他感官获取的、同样不确切的信息建立一个三维世界模型。

他举了一个例子：假定有个人正握着一支笔，他有三根手指接触到了这支笔，每根手指感触到的、传递的信息都是"光滑的圆柱体"——如果三根手指分别接触到了三根不同的笔，那手指也会传递同样的神经信号。他之所以感知到自己握着一支笔，是因为他知道三根手指挨得非常近。[8] 换句话说，他心中的世界模型会对自己的感知加以修正。

20世纪70年代，英国心理学家理查德·格雷戈里对亥姆霍兹的研究进行了拓展。格雷戈里认为，人类的感知本质上就是一种假说——就像科学家对世界做出假说一样——我们可以用感官去检验这些假说。为了证明自己的观点，他举了一系列视错觉的例子。他认为视错觉本质上不仅是一种感知缺陷，也是大脑构建世界模型所导致的一种结果。为了巧妙地设计出某种视错觉，我们得充分利用大脑所使用的认知捷径。

格雷戈里认为，这是因为大脑有很多工作需要处理。投映在视网膜上的"世界的画面"是混乱的、不确切的。首先，这个图像是上下、前后颠倒的（如果你闭上双眼，按压某只眼睛的左下方，那么由此产生的阴影图像会出现在视野的右上方）。其次，眼球后方的凹陷会让图像失真，血管会让图像变得凹凸不平。最糟的是眼球本身存在结构缺陷：视网膜上的神经朝内而不是朝外，这导致视神经必须穿过视网膜才能把信号传递给大脑，进而导致视觉存在一个很大的盲点。

（给大家介绍个有趣的小游戏。闭上左眼，将两手食指并在一起朝上，手臂笔直伸向前方，与眼睛高度平齐。之后左手食指保持不动，用眼睛一直盯着它，右手食指缓慢向右移动。大约移动20厘米之后，右手食指上方的指关节就会"消失"，这就是右眼的盲点。）

格雷戈里表示："大脑的任务不是看到视网膜上的图像，而是将视网膜上的信号和世界中的物体关联起来。"[9]

但其中有一个问题：世界传递到眼中的信号可以有无数种来源。比如，现在是一个漆黑的夜晚，你在户外看到空中有一个亮点。这个亮点是来自一个又小又近的物体（比如，萤火虫、飞机下降时的着陆灯），还是来自一个又大又远的物体（比如，木星）？抑或某个更大更远的物体？其中涉及的变量有两个，即大小和距离。"小亮点"可以有无数种解释——光源可以又小又近，也可以又大又远，也可以介于二者之间。格雷戈里表示："根据大小、距离、形状等变量，视网膜上的图像可以有无数种解释。但经过大脑处理之后，我们通常只会看到一个稳定的物体。"[10]

格雷戈里认为，大脑的功能就是给出各种假说，然后根据感官获取的证据来比较这些假说。他成功证明，如果两个假说都能很好地解释感官获取的证据，那么大脑就可以在这两种假说之间来回切换。内克尔立方体就是一个非常有名的例子：你应当和我一样，既可以"选择"这是一个朝右的、立方体的仰视图，又可以"选择"这是一个朝左的、立方体的俯视图。

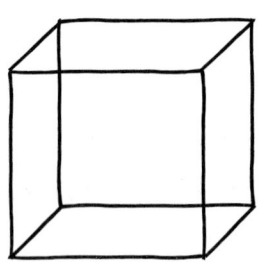

我们很容易看出，这也是一个贝叶斯式的过程。你的假说相当于先验概率，你会通过感官获取的证据去证实、证伪某个假说——

这就是似然函数，这就是数据。将二者结合之后，你就得到了后验概率分布。在内克尔立方体的例子中，我们没有任何理由去偏向两个假说中的任何一个（两个假说分别是"这是一个立方体的仰视图""这是一个立方体的俯视图"），所以两个假说成立的先验概率都是 50%，数据和两个假说的符合程度也都一样。

视错觉

2015 年，我还在新闻平台 BuzzFeed 工作。某一天，大家正在工作的时候，气氛突然热闹了起来。原来，美国总部的一位同事——凯茨·霍尔德内斯，被大家称为"互联网奇闻发现专家"——在网上发现了一些好玩的东西。[11] 那是一张来自 Tumblr（汤博乐）的图片，图片上有一条裙子。

你应当听说过这条裙子。当时 BuzzFeed 的同事们都没想到，这条裙子居然瞬间引爆了互联网，成为一个全球性话题。我还记得那天我和妻子、岳父、岳母一起吃午饭的时候，居然也听到很多陌生人在争论这条裙子到底是蓝黑相间，还是白金相间。同事发表的那篇新闻最终收获了 3700 万的阅读量，包括伦敦分部在内，全公司的人都在撰写和这条裙子相关的延伸报道。

具体来说，那是一条横条纹的连衣裙。这些条纹很明显是白金相间的，但凯茨·霍尔德内斯那篇新闻的网址却是"help-am-i-going-insane-its-definitely-blue"（救命啊！我要疯了！这明明就是条蓝黑条纹的裙子！）。这篇新闻的下方甚至还附有一个在线投票，让读者在"白金相间"和"蓝黑相间"中选择一个。在过去 8 年多的时间里，共有 370 万人参与了投票，其中有 67% 的人认为这是一条白金相间的裙子，有 33% 的人认为这是一条蓝黑相间的裙子。泰勒·斯威夫特在推特上表示"居然有这么多人看不出来它是一条蓝黑相间的裙子，我很不解"。贾斯汀·比伯也认为它是蓝黑相间的。凯蒂·佩里和金·卡戴珊则认为这是一条白金相间的裙子（这些内容都是我从维基百科上摘取的）。大多数人根本不知道其他人是怎么看出另一种颜色来的。

还有一个很有意思的例子可以说明格雷戈里"大脑预设多个假说"的理论，即"色彩感知"。在抵达视网膜的时候，光线可能包含各种不同的波长和振幅，而且感光细胞每秒钟接收到的光子多到数不清。不过我们关心的并不是光的波长或光子的数量，而是反射这些光线的物体具有哪些特征（还记得吗？"大脑的任务不是看到视网膜上的图像，而是将视网膜上的信号和世界中的物体关联起来。"）。

因此，如果视网膜上的光点来自一束振幅相对较小、光子数较少、波长范围很广的光，即暗灰色的光，那这束光就会存在多个假说。它既可以来自暗淡光线下的亮白色物体，也可以来自明亮光线下的深灰色物体，或介于二者之间的任何物体。

"棋盘阴影错觉"就是一个绝佳的例子，这个视错觉的创作者是麻省理工学院的教授爱德华·阿德尔森。该错觉的主体是一个棋盘，棋盘的一角矗立着一根巨大的圆柱体。圆柱体的右侧存在一个光源，使得圆柱体在棋盘上投下了阴影。标记为"A"的格子处于阴影之外，标记为"B"的格子处于阴影之内。

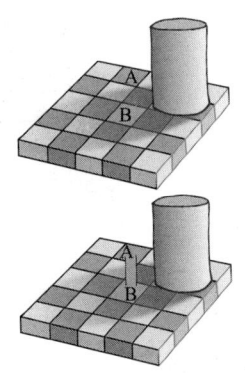

表面上来看，棋盘上的格子可以分为暗格和亮格两种，A是暗格之一，B是亮格之一。但实际上A和B的颜色完全相同——如上图所示，将A、B连在一起后很容易发现这一点。或者你也可以把其余的格子都遮住，只看A、B两个格子。这个错觉可以说明，你的大脑会生成某个假说，然后根据视觉信息检验假说的真实性（本例当中，大脑被一个精妙的设计欺骗了）。正如前文所说，投在视网膜上的暗灰色光线，既可能来自暗淡光线下的亮白色物体，也可能来自明亮光线下的深灰色物体。

接收到视网膜上的图像之后，大脑会根据线索设立最佳假说。它会发现A处在阴影之外，B处在阴影之内，所以它认为最佳假说就是"B处在阴影内，它是暗淡光线下的亮格；A处在阴影外，它的环境更明亮，所以它本身的颜色更暗"。

除此之外，还有一种办法可以让你看清大脑建立假说的过程——先给你展示一张莫名其妙的图片，然后向你介绍一个假说，告诉你这张图片可能是个什么东西，之后你再看图片就只能看出这个东西了。比如下面这张图，你觉得上面画的是些什么？

我先不告诉你答案,你试试能不能看出些什么。

……

……

我是按字数挣稿费的,你懂吧……

好了,差不多了。现在我告诉你,图片上其实是一头牛,它的左侧脸正朝着你。

怎么样?能看出来这是一头牛吗?如果你看出来了,那请你再把这张图看成是随机分布的墨点。做不到也没关系,因为大多数人都做不到,我也是。因为你已经有了一个假说,你用视觉信息去检验这个假说,发现很契合,所以你现在很难改变自己的假说了。

大多数人都会认为,色彩感知是一个层级较低的下意识过程,不会被人们察觉(之后我会解释什么是"高层级"感知,什么是"低层级"感知,现在我们先简单带过)。虽然和"灰色"相比,"牛"确实有可能是一个更高层级的概念,但它仍然相当基础。

那么"阅读"呢?

看看下面这两幅图。

左图中的英文是"THE（这只）CAT（猫）","THE"中的字母 H 和"CAT"中的字母 A 写法一模一样。不管有没有发现这一点，你都能正确读出这两个单词，因为你的大脑知道"THE"这个假说比"TAE"这个假说更有可能成立（或许苏格兰人不这么认为）,"CAT"比"CHT"更有可能成立。

那么，你能从右图中读出些什么来呢？你有没有看出来这句话是"I love Paris in the springtime"（我爱春天的巴黎）？你有没有发现"THE"这个单词多出现了一次？很可能没有。

上面这些都是贝叶斯式的思考过程。你先验地认为"PARIS IN THE SPRINGTIME"比"PARIS IN THE THE SPRINGTIME"的概率更大,"THE CAT"比"TAE CAT""THE CHT"的概率更大。所以即便证据就摆在眼前，也很难让你的后验概率产生很大变化。你需要很强的证据——持续盯着看很久——才能意识到真相。某些极端情况下，证据再强都没有用——如果先验概率极高，那再多的证据也无法改变它们。格雷戈里提到过一个著名的例子，即"凹脸错觉"。请看下图中这些卓别林面具的图片[12]：

左上角这张图片中，面具正对着我们。之后面具不断旋转。右下角这张图中，面具背对着我们，这张脸是凹进去的。但我们的大脑持有一个非常、非常、非常强的先验判断——脸是鼓起来的，不是凹进去的，所以我们会把凹面看成凸面。这种先验概率是如此之高，以至于我们就算仔细观察也看不出它是凹进去的（推荐你们去找找视频，效果更神奇。你的思维似乎会跟着面具的旋转而旋转：即便你眼睁睁地看到凸面刚转过去，你也无法识别出当前的凹面）。

希望这些内容能让你明白前面那条裙子到底是怎么一回事。进入人们眼中的信息其实都一样——特定振幅、特定波长的光波。然而这些信息可以契合两种假说（至少两种）：在明亮、偏黄的灯光下，它是一条蓝黑相间的裙子；在较暗、偏蓝的灯光下，它是一条白金相间的裙子。[13]

裙子颜色的争议表明，大多数人都无法像内克尔立方体的例子一样，自由切换两种假说；也不会像牛的图片的例子一样，给出假说之后立即就能看出裙子的"真实颜色"（顺便说一下，根据裙子主人分享的另一张照片，那条裙子其实是蓝黑相间的）。一种可能的解释是，人们对这条裙子的颜色持有不同的先验判断：研究表明，"习惯早起的人"更有可能会先验地认为"光线偏蓝"（不过这篇论文的证据不是很有说服力[14]）。

"对同一条裙子产生不同的颜色认知"背后的机理尚不明确，但这一过程涉及的思想我们已经很熟悉了：持有先验概率、自上而下的世界模型，会对外界传来的信息做出预解释。裙子颜色的争议其实就是一种贝叶斯现象。

真实只是一种"受控的幻觉"?

理查德·菲茨休做过一个有趣的实验——人们能不能通过猫脑中视网膜传向大脑的神经脉冲,判断猫看到了什么?(我感觉这个实验可能会对猫进行一定程度的解剖。)

传递到人脑(或猫脑)的信息,本质上是一种能量,我们很容易忘记这一点。光子接触到感光细胞后会引发微小的化学反应,这一反应会沿着神经传播,进而引发一系列化学反应。指尖感触到压力也涉及类似的过程。大脑接触到的、神经传输过去的,都是一系列能量。如果感官中的感受器没发现什么异常,那它通常会保持安静,每秒钟随机发射几次信号。如果发生了某些状况,比如面前有灯光闪烁,神经就会将数量更多、更有规律的信号传输给大脑。理查德·菲茨休要做的事就是设定一种统计方法,通过分析猫的视神经所传输的信号,来判断猫是否看到了闪烁的灯光。[15]

将实验结果和现实情况对比之后,他意识到自己成功了。不过大脑的实际工作远比这复杂得多:它不仅要分辨"闪烁""没有闪烁",还得分辨画面是"狗""老鼠""汽车""主人""猫粮",还是"漂亮的异性猫"等无数种可能性(当然,这里的大脑指的是猫脑)。大脑接收到的只是一些不同频率、不同能量的电化学信号。经过某种转换之后,大脑把这些信号变成了真实世界中的物理实体和社会活动。

刚才我们说过,大脑的工作涉及先验概率、预测、假说等概念,现在我们来具体分析一下这件事。神经学家克里斯·弗里思认为，人类对现实世界的感知其实是一种"受控的幻觉"。

假定我现在正盯着桌上的一个咖啡杯（不知为何，我读到过的每一本和该理论相关的书都会以咖啡杯为例，难道这些作者都在互相抄袭？应该不是吧，我觉得真正的原因更有可能是这些作者在桌前奋笔疾书时，为了寻找例子抬头看了一眼，刚好都看到了桌上最常见的物品，即咖啡杯。为了"保持队形"，我决定本书也以咖啡杯为例）。感知的"接收模型"认为，我是通过自下而上的信号来感知咖啡杯的。也就是说，信号会通过眼睛传递给大脑，就像电视信号传给电视机一样：这些信号可以携带现实世界的基本特征，比如颜色、线条、形状。大脑的低层级进程会接收这些特征，然后将其构建成某些更为复杂的想法，之后将这些想法和大脑中的记忆，以及大脑对世界的认知模型进行比较，最后给这些信号贴上"马克杯""咖啡杯"等标签。

多年以来，自下而上的感知模型一直都是认知科学的主流观点，但近些年情况发生了变化。[16]

如今有很多学者认为，我们脑海中的世界的画面并非来自感官，而是来自大脑的持续构建。我们围绕着身边的世界建立了一个三维模型，然后根据模型去预测世界，根据信息构建"幻觉"。这一过程不仅涉及自下而上的信息传递，也涉及自上而下的信息传递，后者同样重要。大脑的高层级进程会向下发送信号，将其传递给感觉接收器，从而让它们对未来的信号有一个预估。

如此一来，当我环顾办公桌，视线逐渐集中到某一点时，我大脑中的高层级进程就会向低层级进程发送信号，告诉它们"预计键盘旁边会有一个粉色的咖啡杯"。之后低层级进程会将这些概念拆

第五章 贝叶斯式的大脑

解成"视野 30 度的范围内存在一个矮矮的、浅色的、类似于圆柱体的东西"之类的内容。之后这些概念还会再被拆解成更基础的概念，比如"这儿有某个颜色""这儿有一条垂线"等。最终，这些概念会被转化成最基本的、类似于底层代码的形式，即理查德·菲茨休的实验中的那些形式：视神经中的某些轴突每秒钟大约发射多少次信号。总之，这些预测和假说会从更复杂、更高层级的进程开始逐级下传，最终变成最简约的神经信号。

与此同时，这些神经也会逐级上传一些信号，比如"目前的信号频率是这个数"。咖啡杯就在我预想中的位置，所以实际信号频率和预测的频率一致。由于预测完全符合现实，所以大脑中的世界模型不会有什么变化。由于咖啡杯就在它应该待的地方，所以神经不需要再往上发送任何信号。如此一来，大脑针对周边场景构建出来的"幻觉"也不必发生任何变化。

现在我伸手去拿那个咖啡杯，我相信杯子里装满了热咖啡。我把手放到咖啡杯在预想中的位置，握住了它（高层级预估是"杯子里装满热咖啡"，低层级预估是"面前有某个特定重量、特定温度的圆柱体"，底层代码级别的、最基础的预估是"肌肉运动知觉、温感神经信号"之类的东西）。然而握住咖啡杯、准备将其端起来的一刹那，神经信号和大脑预期发生了不一致。

大脑预期和实际接收到的信号不一致时，低层级进程就会将问题反馈给略高一级的进程。如果略高一级的进程可以解释该现象，那它就会把相关解释以信号的形式逐级传递下去；如果它也无法解释该现象，那它就会把信号发给更高一级的进程，如此反复下去，直到某个层级的进程可以解释该现象为止。最终，某个高层级的进程会用复杂的概念来解释这一问题——一刻钟之前我把咖啡喝完了，杯子早就凉了，如果还想来一杯，我就得去重新烧水。

由此可见，重要的不是神经向大脑传递了什么信号，也不是大脑中的高层级进程向下传递了什么样的预测，而是二者之间存在何种区别，即预期情况和实际结果存在何种偏误。在产生预测偏误的情况下，大脑会根据新信号不断更新预测，努力降低偏误程度，尽量让预测模型符合现实。

统计学家和机器学习专家可能会觉得这很像"卡尔曼滤波"。卡尔曼滤波是一种算法，它可以利用大量测量值去预估某些未知量，然后根据这些预估量做出新的预测。比如，你手机上的GPS（全球定位系统）会接收到来自不同卫星的信号，然后根据这些信号去估测你所在的位置，最后根据估测出来的位置去预测下次接收信号的时间，如此反复下去。换句话说，这就是先验概率—数据—后验概率的模式，后验概率又会成为新的先验概率。

当然，大脑要做的远不止这些。除了预测会接收到什么信号，大脑还得预测它发给肌肉的信号会产生何种效果，以及这种效果会对感官发出来的信号产生何种影响。这是一个错综复杂的过程，上行和下行的信号会来回传递（甚至会交错在一起），相互"握手"。各区域的大脑进程会检查预测是否符合现实，仔细判断、权衡预测的可靠程度和准确程度，以及上行信号的精准程度。此外，大脑要处理的信息也是多种多样的，不仅包括听觉、视觉、触觉、嗅觉、味觉等信息，还包括所处位置、优先级别、是否饥饿、是否口渴、是否兴奋等一系列信息，之后大脑还要将这些信息综合到一起。

虽然你可能已经听烦了，但我还是得说，这仍然是一个贝叶斯式的过程。预测就是先验概率，感官数据就是似然函数，更新后的预测就是后验概率。而且至关重要的是，虽然你的预测会不断根据感官信息进行更新，但本质上来说你是生活在自己的预测里，而不是数据中——你体验到的不是感官数据，而是脑内预测。神经学家阿尼尔·赛斯表示："根本上来说，我们的'体验'就是建立在感官数据上的一种贝叶斯模型。"

所以我认为，意识体验基本上就等同于贝叶斯理论中的先验判断，这一观点并不夸张，因为阿尼尔·赛斯、克里斯·弗里思也是这么想的。克里斯·弗里思认为："意识只是我们用来分析世界的模型，它并不是世界本身。"阿尼尔·赛斯认为："我们能够感知到的内容，其实就是这些自上而下的预测。"由此可见，意识本身就是一个贝叶斯式的分析模型。

多巴胺与"复杂的计算装置"

现在我说话得小心一些了。在不涉及数学计算的情况下，似乎所有事物都可以归纳为贝叶斯理论。"先做一个猜测，然后得到了新信息，最后改变自己的猜测！完美，这就是一个贝叶斯式的分析过程！"真是这样吗？这恐怕不够有说服力。

首先，正如前文所说，大脑可以把各种感官信息综合在一起，但我们并没有明说大脑如何做到这一点。假定我现在正和某人聊天，那么我不仅能利用耳朵听到的信息（对方说的话），也可以利用眼睛看到的信息（对方说话时的口型）。

对一个优秀的贝叶斯主义者来说，不管是哪种感官提供了更精确的信息，他都会赋予它更多的权重。阿尼尔·赛斯、克里斯·弗里思都提到过一个实验，该实验可以证明这一点。[17] 克里斯·弗里思表示："虽然这个实验不是我做的，但它的确是一个精妙的实验。他可以证明人们会把视觉和触觉综合在一起。"

该实验要求受试者用眼睛和手估算木板上的一个凸起的宽度。精妙之处在于，木板和凸起并不是真实的，它们只是上方屏幕投在镜子中的影像。受试者的双手只能放在镜子下面，且连接着某个装置（克里斯·弗里思将其称为"复杂的计算装置"，论文原作者将其称为"力反馈装置"）。该实验中，研究人员既可以向图片中加入一些干扰元素，调整画面精度，也可以控制"复杂的计算装置"的反馈精度。

正常情况下，视觉会比触觉更精确，所以受试者的估算通常是基于视觉，而非触觉。然而，随着图片中干扰因素的增多，依靠触觉进行估算的受试者人数也会随之增多。

有意思的地方在于，实验人员还模拟了一个优秀的贝叶斯主义者如何利用"最大似然函数"（就是费希尔、皮尔逊当初争来争去的那套理论）将充满干扰因素的两种感官信息综合到一起。随着两种感官信息的标准差的增加——这意味着图像越来越扁、越来越宽——它们对我们的观点的影响程度会越来越小，正如贝叶斯模型所预测的那样。

该实验发现，人们整合信息的方式非常接近于一个理想的贝叶斯主义者会采取的方式。我们的大脑接收干扰数据、利用干扰数据的方式几乎就是贝叶斯模型的最优解。

网上有很多"视听幻觉"的视频，这些视频可以让你明白，人们整合信息的方式的确如上所述。最有名的视听幻觉莫过于"麦格克效应"。[18]在那些麦格克效应的视频中，你可以看到一个人的面部特写，听到他在不断地说"bar…bar…bar"（发音为"巴儿"），之后他的口型会发生变化，你听到的声音也会变成"far…far…far"（发音为"发儿"）。可问题在于，这两个视频中的音频没有产生任何变化，唯一的变化就是，前一段音频的画面中，人物发音时上下嘴唇会短暂贴在一起；后一段音频的画面中，人物发音时会用上牙咬住下唇。也就是说，你的大脑会更加看重来自视觉的、十分精确的信息，而不是来自听觉的、没那么精确的信息。

类似的视听幻觉还有很多，其中最令我难以理解的是，人们会把同一段较为模糊的音频听成"green needle"或"brainstorm"，具体会听成哪个，取决于当时屏幕上显示的是哪个词或词组[①]。[19]

之所以存在这么多视听幻觉，是因为当我们对某件事做出预估之后，我们的大脑会倾向于对这种预估做出反应，而不是这件事本身。克里斯·弗里思还向我推荐了神经学家沃尔弗拉姆·舒尔茨于2001年发表的一篇论文。在该论文背后的实验当中，沃尔弗拉姆·舒尔茨在猴脑中植入了电极（我也觉得这有点不太人道），然后观

---

① 该视听幻觉来自美国动画《少年骇客》的某个玩具周边，该玩具可以发声，但清晰度较低，使得有人将其听成"green needle"（意为"绿色的针"），有人将其听成"brainstorm"（意为"灵感、头脑风暴"）。这一现象和本书前面提到的启动效应有关。——译者注

察那些可以释放多巴胺的细胞在什么情况下会被激活。[20]（有人认为多巴胺是一种"用来构建奖惩机制的化学物质"，也有人认为多巴胺是一种"能够带来快乐的化学物质"，我不打算详细描述这一争论，只想向大家简单介绍一下——多巴胺是一种神经递质，具有多种作用，并不像人们常说的"它能给人带来快乐"那样简单，它的确和大脑的奖惩机制有关。）

实验当中，实验人员会让猴子产生一种预期——看到强光闪烁之后，装置就会喷出美味的果汁。为了做到这一点，实验人员会先让猴子看到闪光，一秒钟后启动装置，让果汁直接喷射到猴子的嘴里。

这个实验很容易让人联想起"巴甫洛夫的狗"，那些狗对"铃声与食物"产生了条件反射。多次实验之后，巴甫洛夫发现，狗在铃声之后、食物出现之前就会开始流口水。沃尔弗拉姆·舒尔茨也发现了类似的现象：果汁刚刚到达猴嘴的时候，多巴胺细胞的活跃程度会达到一个峰值——它们对奖励做出了反应。不过随着时间的推移，这一峰值会逐渐提前到果汁喷射之前，因为"奖励"会伴随着闪光而出现。果汁真正到达猴嘴时，多巴胺水平反而不会再有什么变化。

更有意思的是，如果果汁喷射之前灯光没有闪烁，那么多巴胺细胞的活跃水平仍旧会在意外奖励抵达时出现峰值，就像之前一样。不过，如果灯光闪烁了，但果汁没有喷射，那多巴胺细胞的活跃水平就会下降至基准值以下——预期的奖励没有出现，猴子感到失望了（至少可以说，"猴子分泌多巴胺的细胞"感到失望了）。

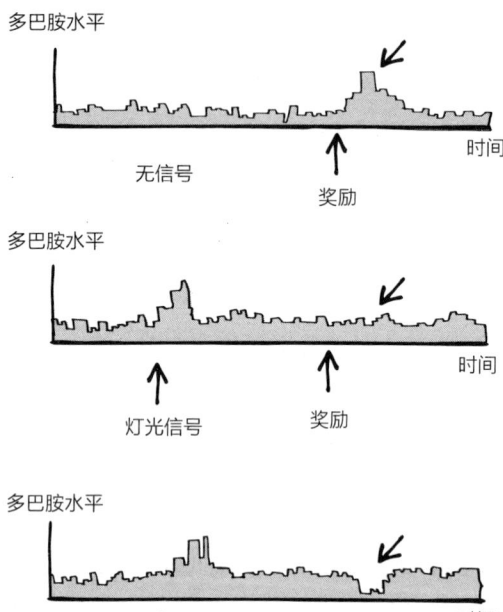

这就是"大脑本质上是一台预测机器"的最简模型。在最基础的层面上,你的感官会对世界进行预测:如果世界符合预测,那它们就会停止发送信号;如果预测有偏误,那它们就会向更高层级的进程发送信号。

这一点很重要。无论在哪一个层级上,我们的体验都是一种预测。这些预测会和现实进行比对,如果符合得很好,就没什么问题;如果符合得不好,就说明预测有偏误,信号就会向上传递。

还有研究表明[21],驱动神经信号的不是符合现实的预测,而是产生偏误的预测。例如,在视网膜神经节(眼睛中一束特殊的神经)当中,细胞传递的"是预测偏误的信号,而不是原始视觉图像的信号"[22]。即便在这种层级非常低的进程中，似乎也存在着贝叶斯式的处理过程——这些进程处理新信息、利用新信息进行新预测的方式，非常类似于贝叶斯模型的最优解。[23]

现在上一节的内容就变得更加具体了。问题的关键在于，预测越精准、感官数据越精确，大脑对它们的关注度就越高。高层级进程总是会向下传递信号，告诉低层级进程未来应该会发生哪些事，之后低层级进程会将"翻译"后的预测再传递给更低层级进程，同时将这些预测与感官层层传递上来的数据进行核对。在每个层级当中，上级传来的信息都是"预测"，下级传来的信息都是"数据"。

这些本质上都是概率问题。"高精度"的感知和预测比其他感知和预测更有把握。比如某个晴朗的日子，你看到一头牛站在3米外的田野里，这种感知就是高精度的。潜水时，透过浑浊的海水隐隐约约地看到一个黑黢黢的东西，这种感知的精度就相当低。扔一把锤子，它会掉到地上，这就是高精度预测；明年的通胀率会低于5%，就是一个精度极低的预测。

每个层级都在发生类似的事情。每个层级都会接收来自上级的预测，以及来自下级的感官数据，然后通过贝叶斯定理将二者综合到一起。如果二者大致吻合，那预测就基本正确（用贝叶斯术语来说就是，如果似然数据和先验概率非常接近，那后验概率也不会相差多少）。这种情况下，该层级不会向上或向下发送太多信号，它只会表达一些类似于"很好，7点钟方向一切正常"的信息。

不过，如果二者有很大出入，那情况就复杂多了。第一种情形是，感官数据精度极低，预测精度极高，且二者不相符。比如一个薄雾弥漫的日子里，你正在伦敦西北的汉普特斯西斯公园徒步，用余光看到90多米外有一个大小、形状和非洲水牛差不多的东西。你的大脑非常有把握地认为，伦敦北部不可能有非洲水牛，再加上视觉数据是模糊的、不精确的，所以预测的地位会比感官数据要高。这意味着数据均值和先验判断相去甚远，且标准差很大——数据呈现一条又扁又宽的曲线，而先验概率呈现一条又高又窄的曲线，前者无法对后者产生太多影响。这种情况下，该层级仍旧会保持安静，几乎不会向高层级发送什么信号。

第二种情形是，感官数据精度极高，且与预测不符。此时新信息会改变你的判断，因为根据贝叶斯模型，这个预测很可能是错的。这种情况下，该层级产生了预测偏误，或者说产生了很大的"惊异度"，所以它会通过神经元向高层级发送信号，提醒高层级事情不对劲。不相符的程度越大，这些信号的强度就越高。如果是极高精度的预测和极高精度的感官数据产生了矛盾，比如浓雾散去，天气变晴朗，你仔细一看，发现"我的天啊！那真的是一头非洲水牛"，那该层级就会向高层级发送极其强烈的警报信号。

高层级接收到警报信号的同时也会接收到数据，然后整个过程会重新开始。它会试图用高层级的世界模型去解释这一切。如果解释通了，它就会向低层级发送新预测，让预测和数据相符，同时停止向更高层级发送警报信号；如果它也没法解释，那它就会向更高层级发送警报信号。每个层级的进程都会试图协调自下而上的数据和自上而下的预测，之后要么生成新的预测，并将其沿着层级向下传递；要么继续沿着层级向上发送警报信号，因为它也无法解释这一切。数据和预测不相符的程度越高——和先验概率的偏差越大——信号向上传递的强度，或者说"音量"就越大。

另外很重要的一点是，大脑非常讨厌预测偏误，非常希望自己能够做出正确预测，所以它总是想要将预测和感官数据之间的偏差降到最低。换句话说，大脑之所以很关注预测偏误，是因为大脑想解决这一矛盾。没错，就是"关注"——如果高精度预测和高精度数据不相符，如果自下而上的感官数据和自上而下的大脑预测不相符，这件事就会引起你的关注——一个紧急的、强烈的警报信号就会沿着层级上传。

网球、猜词游戏、"眼跳"

目前为止，我们一直在谈论感知，搞得好像我们就如同一块海绵一样，总是被动地吸收外界的信息。虽然这样做有助于我们讨论问题，有助于我们建立一个基本模型，但实际上这并不是真实情况。

我们不仅会吸收信息，还会搜寻信息。我们会走来走去，贴近事物仔细观察，或放在嘴里尝一尝。我们甚至会利用望远镜去分辨夜空中的光点是行星还是恒星。

这给大脑的预测模型带来了两个新问题：首先，它得预测自己的动作会产生何种影响；其次，它得预测怎样做才能尽可能地获取更多信息。

这种贝叶斯模型又被称为"预测加工理论"，其提出者是一位叫卡尔·弗里斯顿的神经学家，目前正在伦敦市皇后广场附近的国立神经内科和神经外科医院工作。

他告诉我："早在 1990 年左右，人们就已经开始讨论大脑的贝叶斯模型了。不过相关学说的发展一直很缓慢，因为人们总是过度关注感官体验和感知信息，而忽略了运动控制、行为决策等执行方面的问题，也忽略了在收集信息、实际行动之前，大脑得先做出一个规划。这些固有观念产生了很大影响。"

的确，人们往往会认为感知和行动是两码事——我们用感官看世界，然后决定该怎么做，最后采取行动。然而，正如前文所说，我们无法看到真实的世界。我们能做的只是预测世界，然后根据新信息，以贝叶斯的方式更新这些预测。

问题在于，我们从世界中接收到的信号——神经细胞发射信号的模式、细胞分泌多巴胺的模式等——不仅取决于世界的变化，还取决于身体的变化。如果一条水平线上的视网膜细胞依次发出了信号，那这既可能是因为一道亮光在我们面前从右到左划了过去，也可能是因为我自己刚刚转了一下头，导致一束静止的光在视野中产生了位移。因此，我们的大脑不仅需要预测世界传来的信号，也要预测我们身体的动作会对这些信号产生何种影响，然后把后者从预测中排除出去，让信号变得清晰稳定。

不仅如此，我们已经知道，大脑想要尽量降低预测偏误，为此它可以改变自己的信念，使之与世界相符。比如我有很大的把握认为咖啡杯中有热咖啡，但我拿起杯子时却发现它是凉的，于是我不再相信之前的判断了。另一方面，大脑也可以改变世界信息，使之与自己的信念相符。比如我可以去烧一壶热水，重新冲一杯热咖啡。总之，卡尔·弗里斯顿认为，所有心理活动，包括欲望和决策，都可以用预测的形式来描述。

之后我们再讲这些。下面，我们先来看一些简单的东西。

首先我们要知道，行动需要预测。如果你想移动手臂，那你的大脑就必须先预测哪些神经信号的组合可以实现这一行动。或者可以换个角度来看——大脑在发出特定信号时，它必须得预测这些信号可以让身体做出什么样的动作。

这是两件不同的事情，而且某个行动模型理论（类似的理论不止一种）认为，你的大脑会同时做这两件事，前者属于逆向模型，后者属于正向模型。克里斯·弗里思表示："逆向模型指的是，大脑该向肌肉发送什么样的信号。之所以会存在这个问题，是因为虽然目标只有一个，比如我想伸手抓住什么东西，但是实现这一目标的方式有无数种。"

"不过正向模型是一一对应的。决定了发送什么样的信号之后，你就能精确地知道会发生什么事。"克里斯·弗里思还表示，这两种模型会并行工作，即大脑会同时思考这两件事，并用彼此检验对方。因此，如果你的目标是"端起咖啡杯"，那你的大脑既会预测哪些神经信号最符合这一目标，又会预测这样做会发生些什么，然后检查两种模型的结果是否彼此相符："这个逆向模型是否真的可以实现我的目标？"

这意味着我们可以通过想象来练习一些技巧。具体来说，我们可以想象自己想要实现某个目标——比如我现在正在想象自己用脚的侧边来踢足球——先预测哪些特定的神经信号可以实现这一目标，再预测发出这样的神经信号会发生什么，你就可以在不采取任何实际行动的情况下，在踢球上有所进步。

另外，大脑也会预测做出某些动作之后，我们会体验到什么样的感觉，这一点也很重要。如果你正在为了赶上公交车而全力奔跑，那理论上来说公交车就会在你的视野中逐渐变大，且上下晃动。但你对公交车的实际感知却是一个稳定的、大小不变的物体，这是因为你的大脑已经预测到了它发送给肌肉的信号会对眼睛接收到的信号产生哪些影响。

之后，你的大脑会排除掉肌肉运动对世界运动的干扰（如果你奔跑的同时，公交车正向你驶来，那你当然想要发现这一点）。

此外，你的大脑还会执行一些额外动作，这些动作不是为了完成某项特定任务，而是为了获取世界中的信息。

举个例子，不知道你有没有玩过猜词游戏 Wordle，几年前这款游戏曾火爆全球。没玩过也不要紧，我可以简单介绍一下。在 Wordle 当中，你的目标是猜对一个五字母的单词。你一共有 6 次机会，每次你都可以输入一个符合语法的美式英语单词。如果这个单词中有某个字母是谜底中的一个字母，且恰好出现在正确的位置上，那它就会变成绿色。如果这个单词中有某个字母是谜底中的一个字母，但位置不对，那它就会变成黄色。

Wordle 的数据库中一共有 2000 多个单词，所以你第一次就猜对的概率大约为 1/2000，即 $p=0.0005$。如果 6 次机会全是随机猜测，那你最终猜对的概率只有 0.3%。

我的策略是尽量多获取一些信息。比如我可能会输入一个具有多个常见字母的单词——"ARISE"。假定系统给出了两个提示，"A"是黄色，"E"是绿色。

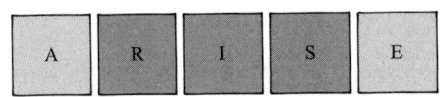

在 Wordle 的数据库中，有多少个单词包含字母 A，且以字母 E 结尾？我不太清楚，有几十个吧。但我可以确定的是，不同单词的概率出现了巨大变化。现在我不再对所有单词一视同仁，认为每个单词的概率都是 p=0.0005，而是对"PLACE""LEAVE"之类的词赋予更高的似然概率，比如 2%；对"BRACE""GLEAM"之类的词赋予的概率为 0。

接下来怎么办呢？如果范围内还剩下 50 个单词，那我猜对的概率仍旧不高，只有 10%（猜 5 次，一共 50 个选项）。所以我应当继续缩小范围。

某些词比其他词更容易缩小范围。如果我继续输入"RAISE"，那我只能得到"字母 A 是否排在第二位"这一个信息，因为这些字母我已经用"ARISE"试过一次了（而且字母 A 很可能并不在第二位：我敢打赌，在剩下的范围内，字母 A 排在第三位的单词，比如 GLAZE 或 FLAKE，比字母 A 排在第二位的单词要多，比如 LANCE 或 MANGE）。

英语中最常见的字母为 E、T、A、O、I、N、S、H、R、D、L、U，所以我最好用这些字母构成的某个单词去猜第二次。我最常用的单词是 DONUT（甜甜圈），当然你也可以用某个只含有一

第五章　贝叶斯式的大脑　　275

个元音的单词，毕竟之前已经猜出两个元音。

（我应该不用再提醒大家"这也属于贝叶斯理论"了：每个单词为谜底的先验概率都是1/2000；之后你根据新数据，用贝叶斯定理得到了后验概率。）

最精彩的地方在于，虽然你明知道某些举措不可能完成任务——比如你可以肯定谜底不是DONUT，因为它不包含字母A和E——但这些举措却可以给你带来很多有效信息，从而帮助你完成任务。某些举措会比其他举措更好，而且其中至少有一个是贝叶斯最优解——本例中的最优解就是可以最大程度上缩小答案范围的单词。

之后我猜了BOTHY（茅屋），最后又猜了CHAFE（擦伤），得到了正确答案。我确实还挺厉害的，但我得承认，这其中有点运气成分。

卡尔·弗里斯顿表示："'贝叶斯最优解'的理念最早可以追溯至丹尼斯·林德利。如果我现在需要决定下一步该收集哪些数据，去哪里收集数据，那最契合的问题是什么？"

卡尔·弗里斯顿、阿尼尔·赛斯等人认为，对于感知理论来说，这一思想已经变成核心问题。大脑不只会被动地感知，也会主动地搜寻信息，以减少世界中的不确定性。阿尼尔·赛斯表示："你可以把它看成某种用来规划行动的工具。这些行动的目标，是立即达成预期目标，或者是最大化信息接收量。"

"眼跳"就是一个很好的例子。正如前文所述，虽然表面上看，你似乎可以看到视野中的所有事物、所有细节，但事实并非如此。因为只有视网膜的中心，即"中央凹"，才能清晰地分辨图像或颜色，其余部分则由大脑来填充（预测）。（假定你从一副扑克牌中随机抽取了一张牌,一开始你不去看它,使其保持在视野之外,之后慢慢将其移动到视野中。这张牌刚到视野中的时候,你无法分辨出它是红牌还是黑牌。)

为了做到这一点,你的大脑会控制中央凹左右快速移动,这种快速移动的方式就是所谓的"眼跳",它的英文是"saccade",发音为"sack-ARD"。这种移动的速度是如此之快,以至于在其他人看来,你的瞳孔就像在瞬间移动一样——根本看不到眼球的运动,只能看到瞳孔位置的变化。

那么,眼跳具体会跳向何方呢?一种可能是,它们会跳向视野中事物最突出、最亮的方向,比如大量绿点中的一个红点,或大量水平线中的一条垂线。那么,这是一种自下而上的感知模型吗?场景中的细节会引导我们看向何方,引导我们建立对世界的理解吗?

不是的。研究人员通过实验证明,事实恰恰相反——我们预计动作会发生在哪个方向,眼跳就会跳向哪个方向。比如,你在打网球,那你的瞳孔不会随便被什么事物吸引,而是会跳向你预估的网球的运动方向。某篇论文[24]表明:"眼跳现象中,视线会落在网球即将抵达的地方。而且最关键的是,落点被锁定之后,没有任何东西可以在视觉上将落点和周围的背景区分开。"

换句话说,视线会落在即将出现的某个重要的地方,这样做可以让大脑尽量减少不确定性。比如在网球比赛中,由于球的速度实在太快,我们的眼睛无法实时追踪。此时大脑会预测网球轨迹中最重要的信息最密集的点,比如,对手发球时,最重要的点就是对手球拍与球的接触点、球的落地反弹点,以及球与你的球拍的接触

第五章　贝叶斯式的大脑

点。网球运动科普网站"Fault Tolerant Tennis"（在失败中提高网球技术）这样描述该过程："网球来回穿梭的时候，你会反复使用同一种视觉模式——预测网球的位置。眼跳现象会将视线锁定在某个位置，直至网球抵达该点，此时你会短暂地追踪到网球的运动轨迹。之后继续重复这一过程。"[25]

在这些关键时刻，网球会经过视野中的中央凹区域，所以你的大脑可以尽可能多地获取网球的飞行信息。也就是说，如果你预测错了，那错误会显而易见。如果你预测对了，那你就能获取大量有效信息，从而推测出下一个关键点在哪里（相当于预测出下次眼跳的方向）。

当然，这也意味着感知需要丰富的经验。比如，虽然我是个足球迷，但我并不擅长踢球。我小时候从来没踢过球，所以我现在踢球时的动作就像树胡①一样僵硬，这导致我看球时也不像其他人那样顺畅。例如，我的朋友们可以完美地预测出球员身体该出现的位置，以及球与脚的接触部位，但我做不到——他们似乎比我更能分辨出球员什么时候可以用脚背接球，什么时候勉强可以用脚尖接球。这大概是因为多年的踢球经验，让他们掌握了用脚背、脚尖接球的细微区别，知道了不同的身姿、不同的接球方式会产生哪些不同的后果。

很多研究都可以表明这一点。比如新手司机的眼睛往往只会盯着前方的道路，而老司机则会关注更多细节，比如前方是否有路口，附近是否存在事故多发地段。[26] 板球运动员和网球运动员更擅长预

---

① 树胡（Treebeard），《指环王》中的角色，是最古老的树人。——译者注

测球的落点。新手们很难预测动作在哪里发生，他们做出的预测也很不精确；老手们已经建立了完备的模型，所以他们可以从世界中获取更高精度的信息。就像一个优秀的 Wordle 玩家必须合理判断哪些单词能够让自己更接近谜底一样，人脑也必须合理判断去哪里搜寻信息，才能更好地构建一个世界模型。

为什么精神分裂症患者可以自己挠自己的痒痒？

人们为什么不能挠自己的痒痒？

或者换个问题，你可以挠自己的痒痒肉，让自己发痒吗？之所以换个问法，是因为我怕你真的可以——虽然大多数人都做不到，但有一小部分人的确能做到。

2000 年，神经学家克里斯·弗里思、莎拉-杰恩·布莱克莫尔、丹尼尔·沃尔珀特[27]共同在《神经报告》上发表了一篇论文。① 这篇论文的论点很新奇——精神分裂症患者可以挠自己的痒痒。

他们提出这个论点的原因和贝叶斯定理相关。

前文提到，我们对世界的个人体验，实际上就是我们对世界的

---

① 虽然可能有些一厢情愿，但我的确感觉其中有些贝叶斯式的东西。克里斯·弗里思的妻子乌塔、莎拉-杰恩·布莱克莫尔的父亲科林、丹尼尔·沃尔珀特的父亲刘易斯都是或曾是自己研究领域内的顶尖人物，他们的研究领域分别是心理学、神经生物学、发育生物学。一篇论文的三位作者的亲属都是著名科学家的概率有多大？如果用著名科学家在全体人口中的比例来计算，那这一概率简直小到难以想象。不过，如果我们考虑到子承父业的问题，那这个概率会高一些，但我觉得它也不会高到哪儿去。

预测——脑海中贝叶斯式的先验判断——而不是感官获取的内容，尽管预测会受到感官数据的影响。其中的关键在于，我们会更少地关注那些可以精准预测的感官数据。切记，对于一个在世界中不断运动的生命来说，你的感官数据的变化有时会来自外部世界的变化，有时也会来自自身运动的变化。你需要将二者区分开来，然后排除后者对前者的影响，只有这样，你才能感受到一个稳定的世界，并感受其中的运动（比如跑步或走路时，你不会感受到世界在晃动，尽管所有感官数据都表明世界的确在晃动）。

那些高度可预测的信号，会被大脑从来自世界的感官信息中排除出去。克里斯·弗里思表示："身体运动时，这些动作所产生的影响会被排除掉，只留下非自身因素的运动，因为后者通常更重要。"

这既是我们可以忽略背景中嗡嗡响的噪声的原因，也是这些声音停止时我们会突然注意到它们的原因。另外，如果有段音乐一直在以每小节四拍的节奏重复播放，20分钟后突然漏掉了一拍，那你就会立即注意到这一点，因为你可以把音乐看成一种"令人愉悦的噪声"——它们具有极高的可预测性，大脑一般会将其忽略，但突然停止是无法预测的，所以此时大脑会注意到它们。

我们所有的感官都是如此。比如某个巧妙的实验表明[28]，触觉也有这一特点。在该实验中，受试者被分成两人一组，每组当中，一名受试者需要将左手食指放到一块木板上，另一名受试者负责控制木板上的某个按钮，按下按钮之后，某个特殊装置会向下按压前者的食指。两名受试者会来回交换角色。按下按钮时的力度越大，装置压在对方手指上的力度就越大。他们的目标是按下的力度与对方一样大。

每轮实验中，受试者都会高估对方的力度，从而导致双方按压的力度越来越大。实验还研究了把其中一名受试者替换成机器的情况，机器也会按压剩下的那位受试者的手指，而这位受试者的任务是用和机器一样的力度去按压自己的手指。这种情况下，受试者仍旧会高估按压的力度（论文作者据此推测，这一机制可以解释为什么孩童间的打闹往往会逐渐升级——每个孩子都发自内心地认为，他们打人的力度与自己被打的力度一样大）。

不过，当实验中的按钮被替换成摇杆，以至于力度更难预测之后，人们在判断自己用了多大力度时会变得更加准确。这种现象符合"高度可预测的感觉会被打个折扣"的理论：我们的感觉没那么强了。

挠痒痒也会出现类似现象。挠自己的痒痒时，你的大脑可以非常精准地预测到身体即将出现的感觉。如果你轻抚我的手掌，同时记录我的大脑信号，那你会发现我大脑皮质相关区域的神经元会突然活跃起来。[29]如果我自己轻抚自己的手掌，那神经元的活跃程度就会低很多。克里斯·弗里思在自己的书中故作严肃地写道："自己挠自己的痒痒时，大脑会抑制身体的反应。"[30]

另外，有意思的是，相较于普通人，精神分裂症患者很难受到视错觉的影响。"凹脸错觉"甚至可以成为一种诊断工具——某项研究发现，30%的精神分裂症患者可以看穿这一错觉，但只有10%的普通人可以做到这一点。[31]如果你是一名医生，正在诊断某例和精神分裂相关的疑难杂症，那你不妨试试"凹脸错觉"，看看这位

第五章　贝叶斯式的大脑　　281

患者能否分清面具的凸面与凹面。

这或许是因为精神分裂症患者持有的先验概率比我们更弱。他们对世界的预测不够精准,所以,当感官数据和假说相符时,他们可以正确地看出面具的背面是凹进去的。

当然,精神分裂症也有很多坏处。比如患者经常会表示,他们的身体受到了某种外力的影响——自己的手臂移动时,他们会以为这是外力的作用。克里斯·弗里思在自己的书中提到了一个名为"PH"的患者,这名患者表示:"我的手指拿起了一支笔,但这并不是我控制它们这样做的。手指做的这件事和我一点关系都没有。"[32]

贝叶斯模型对此的解释是,PH女士对手臂运动的预测不够精确,所以手臂移动时,她无法像正常人一样,将其从个人体验中"排除"出去。换句话说,她体验到了本不应该体验到的运动,从而让她以为手臂是被别人举起来的。

视听幻觉也是这个原因。精神分裂症患者经常表示他们的脑海中有某种声音,这种现象在心理学中被称为"思维插入"。但实际上,他们只是听到了所有人(至少是大多数人)都会听到的声音,即思考时所产生的"内心独白"。① 问题在于,对于大多数人来说,这些独白是高度可预测的,相关感受会被大脑抹去;但对于精神分裂症患者来说,这种感受是切实存在的,就像有人能够在他们的脑海中大声讲话一样。

面对凹脸错觉,正常人会持有很强的先验判断,认为"脸绝不可能是凹进去的",所以就算低层级进程发现自己预测有误,和实

---

① 据说不是所有人在思考时都会产生"内心独白",这也太奇怪了吧。

际视觉不符，也会被高层级进程强行解释通顺："别管了，人脸就是外凸的。"正常人会预测出头部转动带来的视觉变化，也可以预测到视网膜接收到的"噪声数据"，并将它们从体验中排除出去。

不过精神分裂症患者的先验判断较弱，他们无法如此精准地预测世界，所以同样的数据会引发预测偏误，并以警报的方式影响预测模型。由于这些预测偏误是随机的——它们不是真实事物导致的，而是感官数据中的干扰元素，或意料之外的运动导致的——大脑不得不提出一些奇怪的假说来解释它们。比如视网膜血管的脉搏跳动会让视觉数据出现有规律的节奏，正常人会排除掉这种节奏对个人体验的影响，但精神分裂患者无法做到这一点，他们可能会将其解释为"面前那堵墙壁正在呼吸"。

我举的例子是较低层级的预测，高层级预测也存在着类似现象——精神分裂症患者可能会因为在报纸上看到了和自己同名的人、看到了车牌号包含数字"13"之类的事而感到格外惊讶，因为这些事会引发预测偏误，进而迫使大脑提出额外的假说来进行解释，这就是妄想症的起因，比如他们可能会认为电视或新闻正在用这种方式向他们传递秘密信息。

挠痒痒也一样。大多数人都没法挠自己的痒痒，因为我们可以非常精准地预测到我们即将接收到的感官数据——某根手指会在这里挠痒痒，另一根手指会在那里挠痒痒——这些预测会从个人体验中排除掉。但精神分裂症患者无法如此精准地预测这些感官数据。因此，克里斯·弗里思、莎拉-杰恩·布莱克莫尔、丹尼尔·沃尔珀特提出了一个假说，即精神分裂症患者可以挠自己的痒痒——那些有幻听等精神分裂症状的人在轻抚自己手掌的时候，更有可能产生一种别人在轻抚自己手掌的感觉，进而感到"发痒，想笑"。

实验结果正如他们所料，精神分裂症患者挠自己的痒痒的效果，跟别人挠他们的痒痒的效果一样。

阿尼尔·赛斯表示："这个实验的论题也太有意思了，谁会想到精神分裂症会具有这种特征呢？弗洛伊德学派的人是不可能想到这种假说的，只有贝叶斯学派的人或者那些认为大脑按照贝叶斯模型工作的人，才能想到这样有趣的假说。我认为一个好理论就应当具有这样的优点，即它能预测到其他理论预测不到的事物。相对论就是一个很好的例子。我不太喜欢那种大一统式的理论，搞得好像所有事物都可以被预测出来似的。好在研究表明，精神分裂症患者有某些预测不到的事。"

你有没有认认真真、仔仔细细地看过自己的手？

虽然尚未有定论，但越来越多的人认为，抑郁症可以用贝叶斯模型来解释。不仅如此，有些科学家甚至认为人们可以用致幻剂（致幻蘑菇也可以）来治疗抑郁症等精神疾病，其原理仍然来自贝叶斯思想。

我不想过分强调这些事实。很多证据表明，大脑的确会按照贝叶斯模型来工作，就算人们最终证明致幻剂无法治疗抑郁症，那也无法影响前者。总而言之，"致幻剂治疗抑郁症"是一个不错的研究方向，而且已经取得了初步进展。下面我就给大家简单介绍一下。

首先，有证据表明，致幻蘑菇中的有效成分，即赛洛西宾（又称裸盖菇素），可以减轻抑郁症。2021年的一篇论文发现[33]，艾司西酞普兰是目前最有效的抗抑郁药物，而赛洛西宾的治疗效果和它一样。不过我们也不能夸大其词：这只是一个小规模的实验，而且出于某些众所周知的原因，对致幻药物进行"盲法实验"是极为困难的。"盲法实验"分为单盲、双盲、三盲等，其中双盲实验指的是患者和实验人员都不知道哪些人是对照组，哪些人是实验组，双盲的目的是降低安慰剂效应对实验的影响。不过，如果你突然产生了某种幻觉，那你很可能会发觉自己被"下药"了。为此，研究人员设计了一个巧妙的方案，他们会让对照组也服用一些赛洛西宾，但剂量足够小，不足以产生幻觉。他们希望这可以给实验对象留下一些不确定性，但事实上，这种做法很难迷惑实验对象。①

类似的实验至少还有4个。[34] 不过，第一，它们都受到了同一个问题的困扰（"我说医生，我很确定自己吃的不是安慰剂，毕竟你都变成骆驼了"）；第二，所有这类研究都会像顺势疗法的研究一样，存在一个小麻烦，即那些想要研究致幻剂的人，大多都是想要证明致幻剂是好东西的人。科学界中存在着一种被称为"研究者效应"的现象——研究人员会非常倾向于（哪怕是下意识地）发现他们想要发现的事物。

---

① 我必须强调，这是实验环境，会受到医务人员的监督，而且实验对象都是长期遭受抑郁症折磨、治疗一直没有效果的重度患者。请不要误解这个实验，也不要去卡姆登市场随便找个人买赛洛西宾来治疗精神疾病。

第五章 贝叶斯式的大脑

总而言之，根据贝叶斯模型，抑郁情绪的起因是人们对某些负面信念持有过强的先验概率。这些信念可能是"我是一个非常糟糕的人"，或"我很无能"，或"所有事都糟透了"等（抑郁有多种形式）。研究人员把这些负面信念比喻为"风景"：风景中不仅有起起伏伏的丘陵和洼地，也有高耸入云的山峰和深不见底的深渊。"你"是这片风景中的一辆小车，正在逐渐下行。位置越低，你的那些负面信念就"越真实"（负面信念和个人体验的相符程度就越高，预测偏误的程度就越低）。你会很自然地沿着低坡一直滑行下去。不过如果有人用证据"推"你一把，那你也可以走得更高一些。

非常坚定的信念，比如"人脸不可能是凹进去的""太阳明天会照常升起"等，就相当于非常深的深渊，想要爬上去异常困难，只有足够强力的证据，才能把你从深渊中拉出来。而"我的咖啡杯里是否还有咖啡"这种很弱的信念就很好解决了，只要很少的证据就能改变它们。

如果某些证据把你困在了坑洞里，且坑洞更深处还有更强力的证据，那麻烦就大了。这种情况下你会持有一个"不真实的"信念，或者说"待优化"信念，它无法像最优信念那样预测外界数据。

如果信念强度和证据强度相当，那这就不是什么大问题。但如果你的先验概率过强，那风景中的低谷就会变成深渊，哪怕正面证据再强，那辆小车也无法向上攀爬了。

抑郁症就是这样。患者会对某些不真实的信念——"我就是个垃圾，所有人都讨厌我"——持有过高的先验概率。他们心中的那辆小车被困在了深渊中，无法向上驶入属于正常人的那片领域。

那些可以驳斥患者信念的证据——人们告诉他，其实他是一个很不错的人，爱他的人有很多——会被患者忽略掉，因为患者的先验概率太强了，以至于"我确实挺不错的"这种解释可以轻而易举地被"那些人只是为了安慰我，故意说一些违心的好话"之类的解释击溃（第三章介绍"只有两个假说"与"存在多个假说"的区别时，曾提到过类似的原理）。他们被牢牢地困在了深渊里。

加州大学旧金山分校的神经学家罗宾·卡哈特-哈里斯是上述论文的作者之一，几年前他曾告诉我："这些人的先验概率的精度权重过高。说白了，这些人过于相信某些不理智的信念，过于相信某些偏见。"

现在话题继续回到致幻剂上来。我们都知道，致幻剂不是普通药物，它们不一定会让你快乐起来，也不一定会让你精力充沛，只是会让你对某些事物产生非同寻常的新奇感。它们会让这个世界变得陌生起来，让你产生"朋友，你有没有认认真真、仔仔细细地观察过这棵树？"之类的想法。

根据前面的模型，致幻剂的作用就是让先验概率的分布变得又扁又宽，让你感觉自己从未认真看过一棵树，从未认真看过自己的手掌。没吃药的时候，你的大脑对树长什么样子持有非常强的先验信念，这些信念可以完美地预测看到一棵树时感官会接收到什么样的信息，所以一般情况下大脑不会对树产生兴趣："都是非常熟悉的东西，跟预测中的一模一样，没什么好看的。"

不过，如果这种先验信念没那么精确、没那么强，那来自感官的数据就会被重视起来。突然之间，你的双手变得迷人起来。数据中的那些干扰元素——通常可以被大脑解释，然后忽略掉——也变成某些重要的事物，引起了大脑的关注。你开始感觉到地板在呼吸，墙壁上出现了一张脸在盯着你。

本章前面在介绍精神分裂症时也提到过类似的内容，二者的基本思想其实是一样的。不过，理论上来讲，如果给抑郁症患者服用赛洛西宾，那他们心中的"风景"就会变得扁平。换句话说，患者心中"我是个烂人"之类的信念的先验概率就会变得没那么强了。因此，如果让患者服下赛洛西宾，同时不断地鼓励他们、支持他们，那他们心中的那辆小车就可以离开深渊，驶向更真实的山坡——那里没有"我很糟"之类的负面信念。药效过去之后，他们有希望留在那里。

（理论上来说，你也可以反着来——先让先验概率扁平化，然后离开那片美好的、真实的山坡，滑向不那么真实的谷底，从而让自己产生各种妄想。罗宾·卡哈特-哈里斯告诉我，这种情况很少见，但并非不可能。所以请患者务必在专家指导下服药。）

正如我前面说过的那样，这种治疗方案尚未有定论。相关理论可能是对的，也可能是错的——我还看到过其他理论，认为抑郁症可以理解为"患者对神经预测的信心不足"——致幻剂是否真的可以改善抑郁心理还有待观察。即便致幻剂真的有效，实际治疗时也要面临巨大的社会争议和监管难题——就连研究许可都很难获得，而且根据英国和美国的现行法律，开具含有致幻剂的处方是非法行为。不过，不管怎么说，这的确是"大脑按照贝叶斯模型工作"假说的一个美好的临床应用。

上帝保佑！

精神病学家、狂热的贝叶斯主义者、聪慧绝伦的斯科特·亚历山大曾发表过一篇题为《上帝保佑！希望我们能够理解卡尔·弗里斯顿的自由能原理》(God help us, let's try to understand Friston on free energy) 的文章。[35]

前面我们曾提到过卡尔·弗里斯顿这个人，他很有可能会成为预测编码理论、贝叶斯大脑模型领域中最伟大的先驱。只要读过相关领域的论文，你就会发现，想要避开他的名字去写一篇论文简直是一件不可能的事。另一方面，卡尔·弗里斯顿的研究成果极为晦涩难懂。推特上面甚至有一个名为 @FarlKriston（弗尔·卡里斯顿）的恶搞账号，专门用来调侃卡尔·弗里斯顿的理论到底有多晦涩。

卡尔·弗里斯顿对大脑的贝叶斯模型进行了拓展。前面我们曾把预测编码理论解释为"大脑解释世界、预测世界的方式"，比如大脑该如何解释那些模棱两可的神经信号？如何移动眼球才能以最佳方式收集信息？等等。但实际上，卡尔·弗里斯顿的理论远比本书所采用的这种解释复杂得多，"最小化预测偏误"并不是"解释世界、预测世界"那么简单。在卡尔·弗里斯顿构建的模型中，它就是我们所有行为的"基本动机"。饥饿、性欲、无聊——所有的需求和意愿——都可以理解为"大脑正在努力缩小自上而下的预测与自下而上的感官数据之间的差异，即先验概率分布和后验概率分布之间的差异"。

没错，按照这种理论，"饥饿"完全等同于"很有把握地预测自己正在吃三明治,但预测与事实之间存在偏误"。

不仅如此,卡尔·弗里斯顿认为所有生命的基本驱动力皆是如此。无论是细菌、老鼠,还是鲸类,从数学的角度来看,它们都在努力缩小预测和实际体验之间的差异。

卡尔·弗里斯顿还提出了"自由能原理"。"自由能"这个词最初来自物理学,常见于热力学或量子力学。热力学中,自由能指的是可以用来做功的能量,比如蒸汽机中的蒸汽能量。

卡尔·弗里斯顿认为,这些数学形式同样也可以用于信息论当中。这种情况下,自由能就变成本章一直在讨论的预测偏误。人们的大脑非常厌恶预测偏误,总是希望将其最小化。

但很显然,大脑想干的事不止这一件,你也不是只关心认知问题。当迎面开来一辆公交车,你赶紧从马路上躲开时,如果说你是在预测自己如何才能不被公交车撞到,这似乎有点说不通,你只是不想被撞而已。但卡尔·弗里斯顿不这么想。

我们先来看看原始的单细胞生物的情形。它们最基本的目标,就是让体内的东西与体外的东西保持不同。

某种意义上来说,这就是生命的全部内容。任何任其自由发展的系统,最终都会倾向于变得与环境一致。一杯热饮最终会降至室温,同时稍微提高一下房间的温度。一杯冷饮最终也会提升至室温。一个气球最终会慢慢瘪下去,直到压力与大气压一致。这就是熵增原理。系统越有序,熵值越低;系统越无序,熵值越高。自然状态下,宇宙的熵值会越来越高。也就是说,一个有序的系统,比如温暖房间中的一杯冷饮,最终会变得无序、与环境一致。

对于生命来说，变得与环境一致就意味着死亡。如果我的体温和环境保持一致，如果我体内的化学物质的浓度和外界保持一致，那我的生命就会消亡。任何生命皆是如此。所以，所有生命、所有自组织形成的事物，都必须保持自己和宇宙之间的边界，必须让内部的温度、压力、化学物浓度保持在恰当的水平。也就是说，它们必须尽力让熵值最小化。

一个最基本的单细胞生物不会做出"脸不可能是凹进去的"这样的复杂预测，但它会想办法让体内化学物质的浓度、流体压力、温度之类的指标保持在特定水平，从而让体内的各种进程可以正常工作。它无法直接读取这些信息，但它会像卡尔曼滤波（本章前面曾提到过）一样使用间接证据。比如，如果想要估算体内的盐分浓度，那它可能会预测一下每秒钟穿过细胞膜的钠离子数量（显然，这只是某种算法，而不是意识）。

问题在于，只有在预测正确的情况下，这些生命才能生存下去。它们不可能根据信息更新预测模型，然后感慨"不好，体内的钠离子浓度太低了。我最好重新预测一下，我到底需要让多少钠离子穿过细胞膜"，因为这种情况下它们早就死了。

减少预测偏误的方式可以分为两种：一是改变自己的预测，二是改变世界，使之与预测相符。因此，为了提高体内的钠离子浓度，细菌可能会代谢掉一些食物，或甩动它们小小的鞭毛，爬到钠离子浓度更高的环境中。

该模型当中，"欲望"和"预测"是一回事。细菌总是想要减少自己的预测偏误（或者说"自由能"），无论它预测的是什么。如果它预测的是当天的天气，且预测出现了偏误，那它就可以更

第五章　贝叶斯式的大脑　　　　　　　　　　　　　　291

新自己的预测模型。下次再遇到类似情形时，它就会做出不同的预测。

不过那些关乎生死的预测是不会变的。你几乎无法改变体温的预测模型或血糖水平的预测模型，因为它们的变化幅度极小。这种情况下想要降低预测偏误，唯一的方法就是改变世界，或者改变自身在世界中的位置，从而让预测和现实相符。

卡尔·弗里斯顿认为，所有自组织系统都是这样。虽然我们一直在谈论细菌，但人类其实也存在着同样的问题，我们也得想办法维持身体的稳态——"我们"和"宇宙"之间存在着明显的边界，"自我"只能存在于特定的热力学极限和化学极限之内。不过人类等复杂生物在某些方面确实可以比细菌做得更好——我们可以根据未来的走向去管理周边的环境，从而保持"氧气足够""身体没有燃烧起来"等预测一直为真。用数学语言来说就是，我们希望将预测偏误的期望值、惊异度的期望值降至最低水平。

卡尔·弗里斯顿表示："与'稳态'相对应的是'应变稳态'。"前面我们提到过，稳态指的是通过调整周边环境和身体，将内部环境维持在稳定水平。比如，如果你的血糖升高了，那大脑就会命令胰腺释放更多胰岛素。卡尔·弗里斯顿表示："应变稳态则是一种经过深思熟虑的、非常有计划的行为，它可以尽量避免稳态修正。"

卡尔·弗里斯顿表示："举个例子。现在我饿了，但还没有出现低血糖的症状。不过我推算了一下，假如我按照计划继续工作，那根据身体的预测模型，半小时后我就会低血糖。于是我又评估了另一个计划：离开座位，去喝一杯香浓的、甜甜的奶油咖啡。"这个计划降低了未来的"惊异度"，因为这样未来就不太可能出现"身体因血糖过低陷入休克状态"的情况。

再强调一下，根据自由能原理，你的大脑会以同样的方式对待"我出门不会被淋湿"和"我不会因低血糖而休克"这两种预测。它总是想让因预测偏误而产生的惊异度最小化。不过这两种预测还是有区别的：如果新信息表明前一个预测有误——你看到外面正在下雨——那它会有两种解决方案。第一种是改变世界，让现实和预测相符，比如拿一把伞再出门。第二种是改变自己的预测，让预测和现实相符，比如接受自己会被淋湿的事实。这种情况下你可以根据新信息更新先验判断。

但"我不会因低血糖而休克"这一预测不能这样做。你对世界持有某种非常强、非常确定的先验判断，它不会发生变化。尽管从数学的角度来说，它仍旧可以按照一般的预测偏误来处理。

卡尔·弗里斯顿表示，这些非常基本的先验判断已经在进化过程中植入我们的大脑。虽然我们知道血糖水平、体温、氧气含量、身体完整性显然都属于硬植入先验判断，但我们不知道硬植入先验判断具体都包含哪些内容（社交欲望和性欲应当也算是其中之一，尽管它们出现的时间比前面几种晚一些）。婴幼儿时期，我们只有这些硬植入先验判断——我们会预测自己不会饥饿，不会寒冷，不会受伤。"从刚出生开始，你就会根据信号学习预测。比如你很快就可以弄明白，你一哭妈妈就会出现。这些事都是需要学习的。你可以把某些事设定为优先级最高的目标，然后用先验概率去约束它们，努力去实现它们。这样做可以让你活下去。"

自由能最小化不仅意味着你需要改变自身状态来避免预测偏误，还意味着你需要尽可能多地搜寻与世界相关的信息，以便做出更好的预测：确定搜寻信息的最佳策略，其实就像 Wordle 猜词游戏一样——你得先排除掉一些错误的字母，而不是一上来就猜测谜底。构建更完善的世界模型，可以让你在最大程度上减少预测偏误。

婴儿会通过"蹒跚学步"来掌握肢体动作。大体上来说，这种学习方法就是随机尝试神经信号，看看不同的信号会引发什么样的结果：是腿动了一下，是眼睛眨了一下，还是打了一个嗝？卡尔·弗里斯顿表示："这是一个很不错的例子，它可以说明人们如何让接收到的信息最大化，如何掌握世界的本质。我能干什么事？我不能干什么事？谁引发了这些结果，是我还是你？通过这种方式，婴儿可以逐渐掌控自己的身体，逐渐明白有些事自己可以控制，有些事自己无法控制。"

一开始，婴儿掌握的信息十分有限，所以他们的行动都是随机的。他们可以在"咿咿呀呀"中学习发声，通过四肢乱摆学习运动。之后他们的行动会变得越来越复杂，他们会利用每一份新数据更新自己的先验判断。我有一个刚出生的小侄女，我写这段话的时候她已经10周大了，她的学习模式就是这样的，她逐渐学会了盯着人看，并逐渐学会了用手抓东西，几乎每周都有新进展。当她发现某些事情可以最小化自由能之后，比如伸手去拿食物，吃不同的食物，选择购买哪个牌子的比萨，她的个人偏好就会变得越来越复杂。

卡尔·弗里斯顿表示:"随着年龄的增长,偏好的增加,你驱使身体在这个世界中进行各种活动的熟练程度也会不断增加。达到一定熟练程度之后,你就有了'花费几个月的时间,提前筹划与某人在另一个城市的某个餐厅见面'的能力。"

在卡尔·弗里斯顿的理论当中,这些事情和"细菌预测了高钠离子浓度,发现预测偏误,于是采取行动,寻找更多盐分"在数学上没有任何区别。只不过人类对世界的预测模型更深入、更复杂,看得也更长远。

"病毒之类的生命和你我之间的区别就在于,我们可以看到更远的未来,因为我们拥有多层级的深度预测模型。"

卡尔·弗里斯顿认为,每个人都可以把自己看成一名优秀的科学家。我们希望了解这个世界,不断构建更完善的世界模型,想办法找到信息最大化的搜寻方式,尽可能地降低"我们预计会从世界中接收到何种信号"与"我们实际从世界中接收到了何种信号"之间的偏误。不过在某些特定情况下,我们并不想知道某些体验是什么样的。如果我们纯粹只是想要探寻真理,只想满足好奇心,那我们就会以和"想要尝尝蓝纹奶酪是什么滋味"一样的心态,去了解手掌被火焰灼烧的感觉、两天之内不吸入任何氧气的感觉。如果我们预测,从世界中获取信息的最佳方式是用鱼叉戳自己的眼睛,那我们就真的会这样做。不过由于硬植入先验判断的存在,这样做会产生巨大的预测偏误,所以我们并不会这样做。卡尔·弗里斯顿表示:"某种程度上而言,我们每个人都是科学家,每个人都是贝叶斯式的预测机器。不过某些先验判断是固定不变的,因为一旦它们发生了变化,我们就会死去。人死之后还怎么继续预测世界、获取信息呢？所以在这种情况下，我们必须改变周边环境，使其和先验预测相符。"

这里我的措辞应当尽量谨慎一些。我很喜欢自由能的理念，我希望自己讲的没什么问题，毕竟相关理论太难了。不过，我觉得卡尔·弗里斯顿会说，目前这只是一个数学框架，还算不上一个完善的科学理论。另外，大家也不必用预测、自由能、信息获取这些术语去描述所有事物——我们可以直接理解为，我们有各种各样的欲望，这些欲望通常可以保证我们存活下去。自由能的概念可以简化理论模型，将各种情况囊括为一个词语，这很符合奥卡姆剃刀原则，但这并不能证明它是正确的。而且"饥饿就相当于你错误地预测自己已经吃过饭了"这种说法会让很多人感到非常怪异。但不管怎么说，它的确是一个很优雅的理论。

接下来，我准备对全书内容——从科学中的贝叶斯，到贝叶斯式的大脑——进行简明的总结。对贝叶斯定理有了一定了解之后，你会发现这条定理简直无处不在。

结语　贝叶斯式的生命

正如本书引言中的那句名言一样，"如果你认为自己找到了可以解释万物的终极理论，那你应该是患上了妄想症"（然而妄想症本身也可以用贝叶斯理论来解释：有研究表明，妄想症的病因可能是大脑对预测过度自信[1]）。

那么，我该去精神科看病吗？我希望不用吧……但问题是，我确实感觉贝叶斯定理无处不在，大大小小的事物中都能看到它的影子。

我先举个小事的例子：电子邮件的识别功能也用到了贝叶斯思想。若非如此，你的邮箱中就会多出大量垃圾邮件。调查发现，全世界所有的邮件当中，有35%~70%是垃圾邮件，或者说垃圾广告（我刚看了一眼我的Gmail邮箱，发现其中有10封正常邮件，7封垃圾邮件，垃圾邮件的比例大约为41%，确实在该范围之内）。为了方便计算，我们假定这一比例为50%。

垃圾邮件过滤器会将这一比例视作先验概率，并根据新信息不断更新。比如有20%的垃圾邮件都包含"性功能提升"这样的字眼，但只有5%的正常邮件会包含这样的字眼。

假定过滤器接收到了100万封邮件，那么按照期望来说，其中会有50万封正常邮件，50万封垃圾邮件。在垃圾邮件中，约有

10万封会出现"性功能提升";在正常邮件中,只会有2.5万封出现"性功能提升"。因此,过滤器会认为出现"性功能提升"字样的邮件有80%的概率为垃圾邮件。如果这封邮件还出现了"立即行动""色情电影""低息贷款"等词组,那过滤器还会继续提高这一概率。如果这一概率已经突破了过滤器所设定的上限,它就会被转到垃圾邮件文件夹中。这就是垃圾邮件过滤器的工作原理。大家感兴趣的话,可以去网上搜一下"朴素贝叶斯垃圾邮件过滤算法"。

我再举个大事的例子:进化。天文学家弗雷德·霍伊尔曾经说过,成功进化出生命的概率,和龙卷风用垃圾场中的垃圾拼凑起一架波音747的概率差不多。[2] 不过他似乎对进化有一些误解,因为进化并不是完全随机的。不过可以肯定的是,波音747的各个零件几乎有无数种排列组合方式,如果把它们随机拼凑在一起,那么能够造出某个会飞的东西的概率就会小到难以想象。同样,如果你把一只狐蝠的身体拆解成一堆细胞,然后把这些细胞随机拼凑在一起,那最终拼凑出某个会飞(还会进食、繁殖)的东西的概率也会小到难以想象。

问题在于,进化并不等同于把事物随机拼凑在一起。进化是一个非随机的自然选择过程,它会在某些可能的方向中选择一个方向。如果某个可以自我复制的简单事物,在复制过程中偶尔会出现一些随机的错误,产生一些变体,那么那些复制能力强的变体就会复制出更多变体,那些复制能力差的变体就只能慢慢被淘汰。

你也可以把这看成一个贝叶斯式的过程(毕竟几乎所有事物都和贝叶斯理论有关)。还记得前几章提到的那个能预测(无法完美预测)彩票中奖号码的作弊盒子吗?它的原理有些类似,因为它也存在一个特定的选择范围。一开始，号码组合一共有131115985个，每个组合中奖的概率都一样。用作弊盒子把这些号码都筛查一遍之后，选择范围就变成了之前的四分之一。这是一个不断优化的过程，你会在备选答案中不断地"东奔西走"，直到最终找到你所需要的那个答案。

进化也是如此，只不过它的效率要低很多。遗传学中有一个著名的普赖斯公式，该公式表明，某个种群的某些特征的频率，会根据该特征和"相对适合度"（可以理解为"繁衍能力"）的相关程度而发生变化。举个简单的例子：瞪羚跑得越快，被狮子吃掉的可能性就越小，存活下来的可能性就越大。如此一来，平均而言，会有更多跑得快的瞪羚存活至下一代。

你可以把生物体内的基因组看作对世界的一种"预测"。如果你的基因造就了善于奔跑的双腿，那就相当于它在预测"你之后的生长环境中到处都会是擅长奔跑的猎食者（或猎物）"。如果你的基因造就了一个短小的、坚硬的、可以轻易敲碎坚果的喙，那就相当于它在预测"你之后的生长环境会遍布坚果"。如果你的基因造就了能够死死咬住角马脖颈的长长的犬齿，那就相当于它在预测"你之后的生长环境中会有很多角马"。这也意味着，这些基因在预测"体内其他基因所造就的其他部位，也会具有类似的特性"：具有穿刺性的犬齿无益于捕食蚯蚓，也无益于啃食树皮。

在某个种群中，某个基因出现的频次形成了先验概率。这些基因造就的生物有可能生存能力更强，更容易繁衍下去；也有可能会逐渐灭绝。这些结果就是新数据，就是似然函数。如果某基因在下一代中的比例更高，就说明它更适合环境，反之同理。不过这些证

结语　贝叶斯式的生命

据并不够强劲，因为哪怕某个基因不利于物种生存，它也不见得会造成实际影响，比如其他有利于生存的基因太强大了。另一方面，它也有可能非常有利于物种生存，但不幸的是，携带该基因的生物被雪崩害死了。但不管怎么说，它们都是证据的一部分。进化是一个缓慢的、盲目的、低效的过程，它可能要花费几百代人的时间去解决一个站在人类设计师的视角来看，只需要 1 小时就能解决的问题，但它的确是贝叶斯模型的一个应用：它的作用就是最小化预测偏误。

所有和决策相关的事情都会涉及贝叶斯模型，因为它可以将新信息和先验判断以最佳方式整合在一起。用贝叶斯思想去认知世界，你就会发现很多现象变得更好解释了。前文提到的证真偏差就是一个很好的例子。证真偏差指的是，人们更愿意相信那些能够支持已有观点的证据。虽然这种现象有时的确会导致一些不好的后果，但大多数情况下，它都是一种很不错的贝叶斯分析。如果我的朋友告诉我，他在伦敦北部看到了一只狐狸，那我很可能会相信他，因为狐狸在伦敦北部很常见。不过，如果他告诉我他在伦敦北部看到了一头非洲水牛，那我会觉得他要么是在开玩笑，要么是发烧出现幻觉了，除非他能够提供一些强有力的证据。两种情况唯一的区别在于，我对"伦敦存在非洲水牛"这件事持有很低的先验概率。

这种情况下，大多数人都会同意，我根据先验概率做出的判断非常合理。但证真偏误涉及的大多都是存在严重分歧的事情。如果你先验地认为疫苗会导致自闭症，且这种信念非常强，那跟其他人相比，你就更难以相信那些疫苗不会导致自闭症的证据。我相信大多数读者都会同意，这种先验观点并不合理，但如果你真的持有这种观点，那你可能需要大量有力的证据才能改变它。如果这种先验观点十分强力，那很可能没有任何证据可以改变它，因为在你心里，"主流科学媒体在骗人"的概率更高。

这也可以解释，为什么跟其他人相比，我们更愿意相信某几个特定的人。有研究表明，对于同一篇演讲稿，受试者会根据作者是共和党成员还是民主党成员而做出不同的评价，尽管作者的党派都是实验人员虚构的。类似的研究时不时地就会见诸各种期刊，因为大家都想证明人类是一种极其不理性的生物。然而，考虑到人们会对不同党派的可信度持有不同的先验判断，这其实是一种相当理性的行为。对于一名共和党人士来说，拜登、皮特·布蒂吉格等民主党人士的言论，本质上很可能只是一条低精度的、又扁又宽的似然曲线，很难对他们的先验判断产生多大影响，甚至可能会起到反作用：如果某个观点本来就存在争议，然后那些你极度不信任的人又公开支持这种观点，那你就很难信任这种观点了。

另外，2022年年底的一项研究发现[3]，在科学论文同行评议的过程中，同那些新手撰写的论文相比，诺贝尔奖得主的论文更容易博得审稿人的青睐，也更容易被发表。虽然这种现象可能存在争议——至少从理论上来说，科学不应当依赖个人声誉——但它非常符合理性：如果你面前有两篇论文，你只知道第一篇论文的作者是爱因斯坦，另一篇论文的作者是某个无名小辈，除此之外一无所知，那你肯定会先验地认为，第一篇论文质量较高的概率更大。读完两篇论文之后，如果你感觉写得都不错，那你就会更新自己的判断，将两篇论文全部发表。然而，除非你坚信自己的学术眼光完美无缺，坚信自己可以完美地分析出所有论文的每一个优点和缺点，否则新数据无法彻底取代你心中的先验概率，这意味着你仍然会认为爱因斯坦的论文质量较高的概率更大。

统计学家乔治·博克斯，就是之前在第一届巴伦西亚会议上高唱《贝叶斯定理至上》的那个人，曾说过这样一句话："其实所有模型都是错的，只不过某些模型很有应用价值。"[4]这里的模型指的是包括统计模型、经济模型、气候变化模型在内的所有类别的模型。他还表示，你确实可以用理想状态下的气体去模拟现实生活中的气体，但这个模型肯定是错的，因为它不可能完美地契合现实——不过，如果模拟结果与现实情况差距不大，那这个模型仍然具有应用价值。

不仅如此。事实上，我们每个人的大脑中都有一个世界模型，该模型不仅包含了大门、配偶、咖啡厅等日常事物，也包含了行星轨道、国际关系、病毒传播途径等更为深奥的事物。

所有模型都可以做出预测。比如我大脑中的世界模型可以预测，大门就在我身后，我转动门把手之后大门就会被打开；孩子们上床睡觉之后，我的妻子更愿意打开电视观看《月光男孩》而不是《沙丘》；新冠病毒的变体奥密克戎（我写下这段话时，它是美国传播力最强的一个变体）会逐渐传播到英国，然后迅速成为主要变种，但它无法在已接种疫苗的人群中导致大规模死亡，或使医疗系统瘫痪。

所有预测模型都是不完美的。比如我无法得知大门的精准重量；每个圣诞节我都会发现，我根本不知道我妻子喜欢什么。另外，我对病毒传播方式和人体免疫系统的理解也很浅薄。总的来说，这些模型有多好，取决于预测结果和真实世界有多相符。每次有新信息出现，我都会更新自己的预测模型。比如，如果奥密克戎真的引发了大规模死亡，那我就得马上调整自己的预测模型了。

比预测更重要的是预测偏误。如果一个精度极高的先验判断和一个精度极高的世界信息产生了矛盾，那后验概率就会发生很大变化。贝叶斯定理可以告诉你这种变化的幅度有多大。

我希望读完本书后大家可以意识到，贝叶斯定理适用于所有形式的预测，不管是球队是否能够获胜这种有意识的、十分明确的预测，还是足球落地反弹路径这种下意识的、不那么明确的预测。

更深层次上也是如此。我们对世界的感知方式，其实就是连续不断地做出预测，然后根据感官数据进行检验。比如我们的大脑会预测，某个小光点来自一个非常小、非常近的物体；视网膜上的中灰色影像来自亮光下的黑暗物体。之后我们会四处张望、仔细观察物体，从而获得新信息，以便检验自己的假说。即便是最低层级的进程，也存在着类似的现象——大脑会预测神经信号的强度和规律，如果预测和现实相符，大脑就会用多巴胺来奖励自己；如果预测和现实不符，大脑就会惩罚自己，即分泌更少的多巴胺。

有时假说的细节会发生调整，比如当预测模型出现严重偏误时。可以肯定的是，大脑的工作模式就是做出预测，然后根据新信息更新预测。这种理论可以解释视听幻觉、致幻剂、做梦、精神疾病等多种现象。

心理学中有一个名为"心流"的概念。比如在专注演奏乐器、参加运动项目、玩电子游戏、画画时，你就可能处于心流状态。这些活动有一个共同之处，那就是大脑预测的精度极高，且每次都

结语 贝叶斯式的生命

能和事实相符。黑夜在街上行走，误把邮筒看成一个人，本质上就是你的大脑根据"噪声数据"提出了一个模糊的假说。目光突然被一个面部畸形的人吸引，并不意味着你很没有礼貌——本质上这只是因为你的大脑对人脸长什么样子持有一个很强的先验判断，在接收到感官数据，发现预测有偏误之后，你的大脑会积极寻求更多信息。

这也可以解释，为什么年龄越大，我们越容易固执己见。年轻的时候，我们不太了解这个世界，心中的那些先验判断都很弱，所以新信息可以轻易改变我们的想法。我们心中构建的预测模型并不完善，无法做出较好的预测，所以我们可以快速学习新东西。不过随着年龄的增长，我们获得的信息会越来越多，预测模型也越来越完善，越来越精准，所以理论上来说，新信息对先验判断的影响也会越来越小。用卡尔·弗里斯顿的话来说就是，老年人"充满智慧，但思想固执"。如果这个世界一成不变，那老年人的确可以做出更精准的预测。然而世界是变化的，老年人需要更多的信息才能改变既有观点。这就是上一代人在面对录像机等新奇事物的时候，通常会让孩子们帮忙调试的原因。

某种程度上来说，贝叶斯模型甚至可以解释人们的意识。我们可以将个人对世界的体验视为大脑的预测，即先验判断。虽然这无法彻底解决意识的根本难题，但它的确可以提供一个有趣的思路。

*

这种预测-检验的模式明显也符合人类最高级的思维活动，即科学，毕竟科学就是先提出假说——相当于预测——然后用实验检验假说。赫尔曼·冯·亥姆霍兹、格雷戈里曾用科学来比喻人类的感知方式，这一比喻的问题在于，我们通常会认为科学是客观的，而贝叶斯感知模型本质上是主观的。概率估计本身并不是世界中切实存在的某个事实，而是我根据自己掌握的信息对世界做出的最佳预测。

在面对"根据当前这些新数据，假说为真的概率是多少"这类问题的时候，我们必须使用先验概率，必须采用贝叶斯学派的思想，而先验概率的确定必然会涉及主观估计。不过，这并不意味着我们可以凭空捏造先验概率，因为先验概率也存在合理与不合理的区别。为了评估先验概率的合理性，我们可以用同一数据来比较不同的先验概率，看看哪些先验概率支持结论，哪些不支持结论。但不管怎么说，先验概率都只是我们对真实世界的不完美的猜测。

不过这并不意味着科学无法得出任何有效结论，而是意味着科学就是构建一个世界模型，然后尽量用真实世界对其进行检验：做出预测，然后用新信息更新预测，尽量降低预测偏误。这相当于我们心中存在一份地图，但它不一定与现实中的地形相符。如果这份地图出错了，那它就会把我们带到错误的地方。

用贝叶斯模型来解释科学，可以规避很多哲学难题。很多科学哲学家都会纠结于认识论的问题，比如有人认为我们无法确切地知道任何事物；有人认为我们只是缸中之脑，所有表象都是恶魔制造的幻象。还有人认为，就算我们可以看到千万只白天鹅，也无法确定以后不会出现一只黑天鹅，所以我们不能说所有天鹅都是白色的。如果思考太过深入，我们就很容易陷入逻辑怪圈。卡尔·波普尔认为我们不能证实某个理论，只能证伪某个理论。可是，我们显然可以掌握某些知识，至少可以做出靠谱的预测。比如我十分相信空气动力学的真实性，也可以根据它做出非常自信的预测，坚信飞机可以平稳起飞，安全降落。

站在贝叶斯理论的角度来看，这些事其实很容易解释。我可以提出一个假说，认为白天鹅在全部天鹅中占据某个特定的比例，然后利用证据检验假说。比如，我一开始认为有50%的天鹅是白色的，随着我看到的白天鹅越来越多，我心中的这一比值也会不断提高，不断逼近100%。不过，该数字永远无法达到100%，就像托马斯·贝叶斯在台球比喻中永远无法100%确定白球的初始位置一样。

如果我看到了反例，那"所有天鹅都是白色的"成立的可能性就会大幅降低（但这并不意味着该假说不可能成立，毕竟反例可能只是我的幻觉），后验概率分布也会发生变化。因此，我们完全没必要认为每个假说为真的可能性都相同。比如我们可以根据过往经验，认为日心说比地心说更符合现实，做出的预测也更精准；认为"大多数天鹅是白色的"成立的概率大于"所有天鹅都是白色的"成立的概率。需要强调的是，我们要时刻在心中保持一份不确定性，永远不要认为某个假说绝对正确。

那么，这是否意味着我们应当把贝叶斯方法作为科学统计的标准？我的观点是，贝叶斯方法无法解决所有问题，而且也不是所有情况都适用。正如丹尼尔·拉肯斯所言，如果你通过大型强子对撞机得到了5σ（5标准差）的数据，那此时先验概率就没有那么重要。不过贝叶斯方法确实可以解决频率学派方法所存在的一些问题，而且它可以告诉我们某个假说为真的具体概率，而不是简单地拒绝原假设，或接受原假设。另外，贝叶斯方法更优雅，更符合美学标准。

虽然就算没有贝叶斯模型，你的大脑也可以正常工作，贝叶斯方法也不一定适用于所有科学研究，但是我觉得我们每个人都可以从贝叶斯模型中学到一点东西：将贝叶斯思想应用到生活中，会给我们带来很多益处。当然，我并不是说每件事都要用贝叶斯方法去分析，但我认为你至少应当记住下面几点。

首先，你没必要过于关注某个假说的对错、真假，因为你可以将信念用概率表示出来，然后不断调整它的数值，而不是人为设定某个阈值，然后拒绝或接受某个假说。

然而现实情况是，大多数人都只会选择相信或不相信。这样做会导致当证据和信念相悖时，我们要么抛弃证据，要么改变信念。不过，如果站在概率的角度来思考问题，我们就可以从容地接纳新证据，并根据它调整概率分布。

反之亦然。面对"红酒致癌"这样的研究结论时，我们没必要彻底否定或彻底接纳。我们可以先想一想，我们认为这件事的先验概率有多大。这一数字没必要特别精确，重要的是，这样做可以充分利用自己对世界的认知。如此一来，出现新信息时我们就可以对自己的判断进行修正，而不是人云亦云。

其次，我们要记住，信念就是预测，这样做可以让你避开很多令人无语的争论。举个例子，目前很多人都在讨论"取消文化"（Cancel culture）的现象，虽然其中大多数人都同意一个事实——确实有一些人因为在网上发表了某些观点而丢了工作——但他们却不愿承认这就是"取消文化"。你是否先验地认为，"取消文化"切实存在，或不存在？你根据先验判断做出过哪些预测？你是否会根据预测偏误调整自己的信念？如果你没考虑过这些问题，那你或许只

结语　贝叶斯式的生命

是在争论"取消文化"这个词的定义,而不是某个真实的观点。在这种情况下,建议你不要再在这些争论上浪费时间了,去分析某些更具体的问题吧。

你会发现,生活中很多令人面红耳赤的争论——无论是朋友之间,还是网络之上——本质上都是在争论某个词是否可以用来形容某一现象:该现象是否属于"觉醒文化"[①]?是否属于种族歧视?是否带有优生偏见色彩?然而大多数情况下,人们并不关注事件本身,只关注它到底被贴上了什么样的标签。这样做或许可以帮助你赢得争论,赢得某些政治支持(比如立法禁止某些行为),但它不会对你对这个世界做出的预测产生什么影响。

正如本书一开始所说的那样:你可以预测未来。事实上,你每时每刻都在预测未来。从基础层面来说,你只有不断地预测未来,才能在这个世界上自由活动,而不是每走一步就摔一跤。从高级层面来说,安排明年假期去兰萨罗特岛游玩也是一种预测——你在预测兰萨罗特岛明年不会消失,飞往那里的航班可以照常运行。所有大大小小的事件,你都会做出预测——去商店买东西时,你会预测IPA啤酒(印度淡色艾尔啤酒)和巧克力小饼干尚未售罄;和朋友聊天时,你会尽量避免提及他最近离婚的事,因为你预测这件事会唤起他痛苦的回忆。这些预测并不是什么迷信的事,而是我们的基本生存方式。其实人类本质上就是一台预测机器,托马斯·贝叶斯只是帮助我们在数学上更清晰地认识到了这一点而已。

---

① 起源于美国,由有色人种、同性恋等群体发起的政治运动。——译者注

致　谢

在各位专业人士的帮助下，本书终于迎来了结尾。没有他们的帮助，我绝无可能坚持到现在。老实说，就贝叶斯定理及其应用而言，这些人的理解比我要深刻得多。按照姓氏首字母顺序，这些人分别是：

戴维·贝尔豪斯、苏菲·卡尔、科里·奇弗斯（跟我没有亲缘关系，只是刚好同姓）、戴维·奇弗斯（我的一位亲戚）、尼基塔斯·克里塞提斯、奥布里·克莱顿、保罗·克劳利、彼得·埃切尔斯、亚历山德拉·弗里曼、克里斯·弗里思、安迪·格里夫、乔纳森·基特森、丹尼尔·拉肯斯、延斯·科德、马德森、戴维·曼海姆、马库斯·穆纳福、佩姬·塞列斯、阿尼尔·塞思、默里·沙纳汉、迈克尔·斯托里、海伦·托纳、朱莉娅·怀斯和威廉·伍夫。

（接下来出现的各个姓名不再按照姓氏首字母排序。）

另外，我还要特别感谢英国开放大学的统计学荣誉教授凯文·麦康威，我写上一本书的时候他就帮了我很多忙，这次他又通读了全稿，细致耐心地帮我纠正了好几处严重有误的地方。没有他的帮助，本书一定会漏洞百出。尽管如此，由于我的个人失误，本书仍可能存在一些纰漏。为了表示感谢，我给他寄了一瓶雅柏威士忌，但我觉得这远远不够，希望这段致谢能够让他感受到我真挚的谢意。

来自韦登菲尔德和尼科尔森出版社的珍妮·洛德、卢辛达·麦克尼尔等人，以及来自出版代理商詹克洛和内斯比特的威尔·弗朗西斯，为本书的出版工作提供了大量帮助，希望本书的质量没有辜负他们的期望。

我那才华横溢的妹妹再一次成为我的画手，为本书奉献了大量精美的插图，谢谢你。

征得克莱尔·特朗布尔、马库斯·麦吉利卡迪的同意之后，我决定以此书来纪念逝去的路易斯。

最后，我当然还要感谢我的妻子埃玛，以及我的孩子比利、埃达。我爱你们。

注 释

引言 一个近乎"万物理论"的理论

1. Scott Alexander, 'Book Review: Surfing Uncertainty', *Slate Star Codex* (2017), https://slatestarcodex.com/2017/09/05/book-review-surfing-uncertainty
2. Nick Collins, 'Stephen Hawking: Ten pearls of wisdom', *Daily Telegraph* (2010), https://www.telegraph.co.uk/news/science/science-news/7978898/Stephen-Hawking-ten-pearls-of-wisdom.html
3. H. P. Beck-Bornholdt & H. H. Dubben, 'Is the Pope an alien?', *Nature* 381, 730 (1996), https://doi.org/10.1038/381730d0
4. S. J. Evans, I. Douglas, M. D. Rawlins et al., 'Prevalence of adult Huntington's disease in the UK based on diagnoses recorded in general practice records', *Journal of Neurology, Neurosurgery & Psychiatry* (2013), 84:1156–60.
5. M. Alexander Otto, 'FDA Grants Emergency Authorization for First Rapid Antibody Test for COVID-19', *Medscape* (2020), https://www.medscape.com/viewarticle/928150
6. John Redwood, Twitter (2020), https://twitter.com/johnredwood/status/1307921384883073024
7. 'What should I advise about screening for prostate cancer?', NICE (2022), https://cks.nice.org.uk/topics/prostate-cancer/diagnosis/screening-for-prostate-cancer
8. P. Rawla, 'Epidemiology of Prostate Cancer', *World J. Oncol.* (2019), Apr., 10(2):63–89, doi: 10.14740/wjon1191
9. H. D. Nelson, M. Pappas, A. Cantor, J. Griffin, M. Daeges & L. Humphrey, 'Harms of Breast Cancer Screening: Systematic Review to Update the 2009 U.S. Preventive Services Task Force Recommendation', *Ann. Intern. Med.* (2016), Feb. 16, 164(4):256–67, doi: 10.7326/M15-0970

10 'Breast screening', NICE (2022), https://cks.nice.org.uk/topics/breast-screening/
11 S. Taylor-Phillips, K. Freeman, J. Geppert et al., 'Accuracy of non-invasive prenatal testing using cell-free DNA for detection of Down, Edwards and Patau syndromes: a systematic review and meta-analysis', *BMJ Open* (2016), 6:e010002, doi: 10.1136/bmjopen-2015-010002
12 C. Jowett, 'Lies, damned lies, and DNA statistics: DNA match testing, Bayes' theorem, and the Criminal Courts', *Medicine, Science and the Law*, 41(3) (2001), pp. 194–205, doi: 10.1177/002580240104100302
13 Steven Strogatz, 'Chances Are', *New York Times* (2010), https://archive.nytimes.com/opinionator.blogs.nytimes.com/2010/04/25/chances-are/
14 Gerd Gigerenzer, *Reckoning with Risk: Learning to Live with Uncertainty*, Penguin (2003), p. 141.

第一章 从《公祷书》到《蒙特卡罗六壮士》

1 T. Bayes & R. Price, 'An Essay towards Solving a Problem in the Doctrine of Chances. By the Late Rev. Mr. Bayes, F. R. S. Communicated by Mr. Price, in a Letter to John Canton, A. M. F. R. S.', *Philosophical Transactions* (1683-1775), vol. 53, 1763, pp. 370–418. JSTOR, http://www.jstor.org/stable/105741
2 D. R. Bellhouse, 'The Reverend Thomas Bayes, FRS: A Biography to Celebrate the Tercentenary of His Birth', *Statistical Science*, 19(1), 3–43 (2004), https://doi.org/10.1214/088342304000000189
3 Much of this history is taken from Bellhouse's short biography of Bayes, and from conversations with Bellhouse himself. I am grateful to him for his scholarship and commend the work, which is available for free online.
4 J. Landers, *Death and the Metropolis: Studies in the demographic history of London, 1670–1830* (Cambridge: Cambridge University Press, 1993), p. 136.
5 Stephen Stigler, 'Richard Price, the First Bayesian', *Statistical Science*, 33(1), 117–25 (Feb. 2018).
6 T. Birch (1766), *An Account of the Life of John Ward, LL.D., Professor of Rhetoric in Gresham College; F.R.S. and F.S.A.*, P. Vaillant, London. Quoted in Bellhouse (2004).
7 G. A. Barnard & T. Bayes, 'Studies in the History of Probability and

Statistics: IX. Thomas Bayes's Essay Towards Solving a Problem in the Doctrine of Chances', *Biometrika* 45, no. 3/4 (1958), 293–315, https://doi.org/10.2307/2333180

8 Alexander Gordon, 'Peirce, James', *Dictionary of National Biography* (1885–1900), https://en.wikisource.org/wiki/Dictionary_of_National_Biography,_1885-1900/Peirce,_James

9 T. Bayes (1731), *Divine benevolence: Or, an attempt to prove that the principal end of the divine providence and government is the happiness of his creatures: being an answer to a Pamphlet, entitled, Divine rectitude; or, An Inquiry concerning the Moral Perfections of the Deity. With a refutation of the notions therein advanced concerning beauty and order, the Reason of Punishment, and the Necessity of a State of Trial antecedent to perfect Happiness*, London, printed for John Noon, at the White-Hart in Cheapside, near Mercers-Chapel.

10 David Hume, *Dialogues Concerning Natural Religion*, p. 187. Via the Gutenberg Project, https://www.gutenberg.org/files/4583/4583-h/4583-h.htm

11 John Balguy, *Divine rectitude: or, a brief inquiry concerning the moral perfections of the deity; particularly in respect of creation and providence*, printed for John Pemberton, at the Buck, over-against St. Dunstan's Church, Fleetstreet (1730).

12 Bellhouse (2004), p. 10.

13 James Foster, 'An Essay on Fundamentals in Religion' (1720). Taken from *Unitarian Tracts in Nine Volumes*, British and Foreign Unitarian Association, 1836.

14 D. Coomer (1946), *English Dissent under the Early Hanoverians*, Epworth Press, London. Quoted in Bellhouse, 2004.

15 Bellhouse (2004), p. 12.

16 Bellhouse (2004), p. 13.

17 E. Montague (1809–13), *The Letters of Mrs. Elizabeth Montagu, with Some of the Letters of her Correspondents 1–4*, T. Cadell and W. Davies, London. (Reprinted 1974 by AMS Press, New York.) Quoted in Bellhouse, 2004.

18 Thomas Bayes (1736), *An introduction to the doctrine of fluxions, and defence of the mathematicians against the objections of the author of the Analyst, so far as they are designed to affect their general Methods of Reasoning.*

19 J. Lagrange (1869–70), *Œurvres de Lagrange, Publiées par les Soins de*

20   *M. J.-A.*, Serret 3 (1869), 441–76; 5 (1870), 663–84, Gauthier-Villars, Paris. Cited in Bellhouse, 2004.

20   P. Gorroochurn (2012), 'The Chevalier de Méré Problem I: The Problem of Dice (1654)', in *Classic Problems of Probability*, P. Gorroochurn (ed.), https://doi.org/10.1002/9781118314340.ch3, p. 14.

21   The letters between Pascal and Fermat are available in full at https://www.york.ac.uk/depts/maths/histstat/pascal.pdf

22   The text of Pacioli's work, and that of Cardano and Tartaglia, is quoted in *The Problem of the Points: Core Texts in Probability*, Jim Sauerberg, Saint Mary's College (2012), http://math.stmarys-ca.edu/wp-content/uploads/2015/08/prob-talk.pdf

23   Prakash Gorroochurn (2012), 'Some Laws and Problems of Classical Probability and How Cardano Anticipated Them', *Chance*, 25:4, 13–20, doi: 10.1080/09332480.2012.752279

24   Example taken from Aubrey Clayton, *Bernoulli's Fallacy: Statistical Illogic and the Crisis of Modern Science*, Columbia (2021), p. 7.

25   Jakob Bernoulli (1713), *Ars conjectandi, opus posthumum. Accedit Tractatus de seriebus infinitis, et epistola gallicé scripta de ludo pilae reticularis*, Basel: Thurneysen Brothers. Translated into English by Oscar Sheynin, Berlin (2005), Part Four, p. 19, http://www.sheynin.de/download/bernoulli.pdf

26   Quoted in G. Gigerenzer, Z. Swijtink, T. Porter, L. Daston, J. Beatty & L. Krueger, *The Empire of Chance: How probability changed science and everyday life*, Cambridge: Cambridge University Press (1989).

27   J. Piaget & B. Inhelder, *The Origin of the Idea of Chance in Children* (L. Leake, Jr, P. Burrel and H. D. Fishbein, trans.), New York: Norton (1975) (original work published 1951).

28   S. Raper (2018), 'Turning points: Bernoulli's golden theorem', *Significance*, 15:26–9, https://doi.org/10.1111/j.1740-9713.2018.01171.x

29   Aubrey Clayton, *Bernoulli's Fallacy: Statistical Illogic and the Crisis of Modern Science*, Columbia (2021), p. 74.

30   Stephen Stigler, *The History of Statistics: The Measurement of Uncertainty before 1900*, Harvard University Press (1986), p. 117.

31   Plato, *The Republic*, Book 7, translated by Benjamin Jowett, p. 198, http://www.filepedia.org/files/Plato%20-%20The%20Republic.pdf

32   Bernoulli, *Ars Conjectandi*, book 4, chapter 1.

33   Stigler (1986), p. 107.

34   Abraham de Moivre, *The Doctrine of Chances: Or, A Method of Cal-

	culating the Probability of Events in Play, London: W. Pearson (1718).
35	Taken from Stigler (1986), p. 124.
36	Biography by Niccolò Guicciardini, in *Dictionary of National Biography* (Oxford, 2004). Cited at https://mathshistory.st-andrews.ac.uk/Biographies/Simpson/
37	Guicciardini, ibid.
38	Guicciardini, ibid.
39	T. Simpson, 'A letter to the Right Honorable George Earl of Macclesfield, President of the Royal Society, on the advantage of taking the mean of a number of observations in practical astronomy', *Philos. Trans. Roy. Soc. Lond.*, 49, 82–93 (1755).
40	Stigler (1986), p. 138.
41	Letter from Thomas Bayes to John Canton, undated but likely from 1755. Cited in Bellhouse (2004), p. 20.
42	Thomas Simpson, *Miscellaneous tracts on some curious, and very interesting subjects in mechanics, physical-astronomy, and speculative mathematics*, London: John Nourse (1757), p. 64.
43	David Spiegelhalter, *The Art of Statistics: Learning from Data*, Penguin Random House (2019), p. 306.
44	Stigler (1986), p. 180.
45	Spiegelhalter (2019), p. 324.
46	Bayes & Price (1763).
47	Example taken from Spiegelhalter (2019).
48	Spiegelhalter (2019), p. 325.
49	Stigler (1986), p. 179.
50	From the will of Thomas Bayes. Cited in Barnard (1958).
51	Letter to Thomas Jefferson from Richard Price, 2 July 1785, https://founders.archives.gov/documents/Jefferson/01-08-02-0197; letter from Thomas Jefferson to Richard Price, 7 August 1785, https://founders.archives.gov/documents/Jefferson/01-08-02-0280; and letter from Thomas Jefferson to Richard Price, 8 January 1789, https://founders.archives.gov/documents/Jefferson/01-14-02-0196; all in the Library of Congress.
52	Letter from Benjamin Franklin to Richard Price, 9 October 1780, https://founders.archives.gov/documents/Franklin/01-33-02-0330; and letter from Benjamin Franklin to Richard Price, 9 October 1780, https://founders.archives.gov/documents/Franklin/01-41-02-0002; all stored in the Library of Congress.
53	Thomas Fowler & Richard Price (1723–91), *Dictionary of National*

	Biography, vol. 46, 1896, p. 335.
54	David Bellhouse, personal conversation.
55	David Bellhouse (2002), 'On some recently discovered manuscripts of Thomas Bayes', *Historia Math.*, 29, 383–94.
56	Stephen M. Stigler, 'Richard Price, the First Bayesian', *Statistical Science*, 33(1), 117–25 (Feb. 2018).
57	Bayes & Price (1763).
58	David Hume (1748), 'Of Miracles', in *Philosophical Essays Concerning Human Understanding*, Millar, London, p. 83.
59	R. Price (1767), *Four Dissertations*, Millar and Cadell, London, 2nd edn 1768, 3rd edn 1772, 4th edn 1777.
60	R. Price (1767), cited in Stigler (2018).
61	Hume to Price, 18 March 1767. In D. O. Thomas & B. Peach (1983), *The Correspondence of Richard Price*, Volume I: July 1748–March 1778, Duke Univ. Press, Durham, NC, pp. 45–7; cited in Stigler (2018).
62	David Bellhouse & Marcio Diniz, 'Bayes and Price: when did it start?', *Significance*, vol. 17, issue 6, December 2020, pp. 6–7, https://doi.org/10.1111/1740-9713.01460
63	Bernoulli (1713), p. 19. Cited in Clayton (2021).
64	Laplace (1786), pp. 317–18. Cited in Stigler (1986).
65	Clayton (2021), p. 120.
66	Stigler (1986), p. 242.
67	Francis Edgeworth, 'The philosophy of chance', *Mind* 31 (1922), 257–83.
68	Louis-Adolphe Bertillon, 1876: *Dictionnaire encyclopédique des sciences medicales*, 2nd series, 10: 296–324, Paris: Masson & Asselin. Cited in Stigler, 1986.
69	George Boole, *An investigation of the laws of thought on which are founded the mathematical theory of logic and probabilities*, London: Walton and Maberly (1854), p. 370.
70	Stigler (1986), p. 362.
71	Francis Galton, *Natural Inheritance*, Macmillan (1894), p. 64.
72	Francis Galton, 'Regression Towards Mediocrity in Hereditary Stature', *The Journal of the Anthropological Institute of Great Britain and Ireland*, vol. 15 (1886), pp. 246–63. JSTOR, https://doi.org/10.2307/2841583
73	R. Plomin & I. J. Deary, 'Genetics and intelligence differences: five special findings', *Mol. Psychiatry* (Feb. 2015), 20(1):98–108, doi: 10.1038/mp.2014.105
74	Francis Galton (1865), 'Hereditary Talent and Character', *Macmillan's*

Magazine 12: 157–66, 318–27.
75 Clayton (2021), p. 133.
76 Francis Galton, letter to the Editor of *The Times*, 5 June 1873.
77 Bradley Efron, 'R. A. Fisher in the 21st Century', *Statistical Science*, vol. 13, no. 2 (1998), pp. 95–114. JSTOR, http://www.jstor.org/stable/2676745
78 H. E. Soper, A. W. Young, B. M. Cave, A. Lee & K. Pearson (1917), 'On the distribution of the correlation coefficient in small samples; Appendix II to the papers of "Student" and R. A. Fisher. A cooperative study', *Biometrika*, 11, 328–413, https://doi.org/10.1093/biomet/11.4.328
79 Ronald A. Fisher, 'Some Hopes of a Eugenicist', *Eugenics Review*, 5, no. 4 (1914), 309.
80 Karl Pearson & Margaret Moul, 'The Problem of Alien Immigration into Great Britain, Illustrated by an Examination of Russian and Polish Jewish Children: Part II', *Annals of Eugenics* 2, no. 1–2 (1927), 125.
81 John Stuart Mill, *A System of Logic, Ratiocinative and Inductive* (1843), Vol. II, p. 71.
82 Joseph Bertrand (1889), 'Calcul des probabilités', Gauthier-Villars, pp. 5–6.
83 John Venn, *The Logic of Chance*, London: Macmillan (1876), p. 22.
84 Ronald A. Fisher, 'On the Mathematical Foundations of Theoretical Statistics', *Philosophical Transactions of the Royal Society of London, Series A, Containing Papers of a Mathematical or Physical Character* 222 (1922), 312.
85 Ronald Aylmer Fisher, 'Uncertain Inference', *Proceedings of the American Academy of Arts and Sciences*, vol. 71, no. 4 (1936), pp. 245–58. JSTOR, https://doi.org/10.2307/20023225
86 This section draws on Zabell & Sandy, 'R. A. Fisher on the History of Inverse Probability', *Statistical Science*, vol. 4, no. 3 (1989), pp. 247–56. JSTOR, http://www.jstor.org/stable/2245634
87 George Boole, 'On the Theory of Probabilities', *Philosophical Transactions of the Royal Society of London*, vol. 152 (1862), pp. 225–52. JSTOR, http://www.jstor.org/stable/108830
88 R. A. Fisher (1930), 'Inverse Probability', *Mathematical Proceedings of the Cambridge Philosophical Society*, 26, pp. 528–35, doi: 10.1017/S0305004100016297
89 R. A. Fisher (1921), 'On the Mathematical Foundations of Theoretical Statistics', *Phil. Trans. R. Soc. Lond.*, Ser. A 222, 309–68.
90 R. A. Fisher, *Statistical Methods for Research Workers*, Oliver and Boyd,

(1925), p. 10.
91　R. A. Fisher (1926), 'The arrangement of field experiments', *Journal of the Ministry of Agriculture*, 33, p. 504, https://doi.org/10.23637/rothamsted.8v61q
92　Much of what follows is drawn from Sharon Bertsch McGrayne, *The Theory That Would Not Die: How Bayes' Rule Cracked the Enigma Code, Hunted Down Russian Submarines, and Emerged Triumphant from Two Centuries of Controversy*, Yale University Press (2011).
93　H. Jeffreys, *Scientific Inference*, Cambridge: Cambridge University Press (1931). Reprinted with Addenda 1937, 2nd modified edition 1957, 1973.
94　H. Jeffreys (1926), 'The Rigidity of the Earth's Central Core', *Geophysical Journal International*, 1: 371–83, https://doi.org/10.1111/j.1365-246X.1926.tb05385.x
95　David Howie (2002), *Interpreting Probability: Controversies and Developments in the Early Twentieth Century*, Cambridge University Press, p. 126.
96　Cited in Howie (2002).
97　D. V. Lindley (1991), 'Sir Harold Jeffreys', *Chance*, 4:2, 10–21, doi: 10.1080/09332480.1991.11882423
98　Lindley (1991).
99　F. P. Ramsey, 'Truth and Probability', *Studies in Subjective Probability*, H. E. Kyburg, H. E. Smokler & E. Robert (eds), Krieger Publishing Company: Huntington, New York, NY (1926), p. 183.
100　Ramsey (1926), p. 65.
101　Cheryl Misak, *Frank Ramsey: A Sheer Excess of Powers*, Oxford University Press (2020), p. 271.
102　The following examples are taken from McGrayne (2011).
103　José M. Bernardo, 'The Valencia Story: Some details on the origin and development of the Valencia International Meetings on Bayesian Statistics', *ISBA Newsletter*, December 1999, https://www.uv.es/bernardo/ValenciaStory.pdf
104　Bernardo (1999).
105　P. R. Freeman & A. O'Hagan, 'Thomas Bayes's Army [The Battle Hymn of Las Fuentes]', *The Bayesian Songbook*, ed. Carlin & Bradley (2006), p. 37, https://www.yumpu.com/en/document/read/11717939/the-bayesian-songbook-university-of-minnesota
106　Professor Sir David Spiegelhalter, Twitter (2022), https://twitter.

107 com/d_spiegel/status/1555822628996259840
107 Professor Sir David Spiegelhalter, Twitter (2022), https://twitter.com/d_spiegel/status/1556029674970644481
108 Maurice Kendall & Alan Stuart, *The Advanced Theory of Statistics*, Charles Griffin & Company (1960).
109 M. G. Kendall, 'On the Future of Statistics – A Second Look', *Journal of the Royal Statistical Society*, Series A (General), Vol. 131, No. 2 (1968), pp. 182–204.
110 D. V. Lindley, 'The Future of Statistics: A Bayesian 21st Century', *Advances in Applied Probability*, vol. 7 (1975), pp. 106–15, JSTOR, https://doi.org/10.2307/1426315
111 Larry Wasserman, 'Is Bayesian inference a religion?', *Normal Deviate* (2013), https://normaldeviate.wordpress.com/2013/09/01/is-bayesian-inference-a-religion/
112 'Breathing some fresh air outside of the Bayesian church', *The Bayesian Kitchen* (2013), http://bayesiancook.blogspot.com/2013/12/breathing-some-fresh-air-outside-of.html
113 G. E. P. Box, 'An Apology for Ecumenism in Statistics', in G. E. P. Box, T. Leonard & C. F. J. Wu (eds), *Scientific Inference, Data Analysis, and Robustness*, pp. 51–84, Academic Press (1983).

第二章 科学中的贝叶斯思想

1 Diederik Stapel, *Onderzoek de psychologie van vlees*, Marcel Zeelenberg & Roos Vonk (2011).
2 D. A. Stapel & S. Lindenberg (2011), 'Coping with Chaos: How Disordered Contexts Promote Stereotyping and Discrimination', *Science*, New York, 332(6026): 251–3.
3 Yudhijit Bhattacharjee, 'The Mind of a Con Man', *New York Times* (2013), https://www.nytimes.com/2013/04/28/magazine/diederik-stapels-audacious-academic-fraud.html
4 D. J. Bem, 'Feeling the future: experimental evidence for anomalous retroactive influences on cognition and affect', *J. Pers. Soc. Psychol.* (March 2011), 100(3):407–25, doi: 10.1037/a0021524, PMID: 21280961
5 J. A. Bargh, M. Chen & L. Burrows, 'Automaticity of social behavior: direct effects of trait construct and stereotype-activation on action', *J. Pers. Soc. Psychol.* (Aug. 1996), 71(2):230–44, doi: 10.1037//0022-3514.71.2.230, PMID: 8765481

6   K. D. Vohs, N. L. Mead & M. R. Goode, 'The psychological consequences of money', *Science* (17 Nov. 2006), 314(5802): 1154–6, doi: 10.1126/science.1132491, erratum in *Science* (24 Jul. 2015), 349(6246):aac9679, PMID: 17110581

7   S. W. Lee & N. Schwarz, 'Bidirectionality, mediation, and moderation of metaphorical effects: the embodiment of social suspicion and fishy smells', *J. Pers. Soc. Psychol.* (Nov. 2012), 103(5): 737–49, doi: 10.1037/a0029708, epub 20 Aug. 2012, PMID: 22905770

8   Daniel Kahneman, *Thinking, Fast and Slow*, Penguin (2011), pp. 56–7.

9   J. P. Simmons, L. D. Nelson & U. Simonsohn, 'False Positive Psychology: Undisclosed Flexibility in Data Collection and Analysis Allows Presenting Anything as Significant', *Psychological Science* (2011), 22(11): 1359–66, doi:10.1177/0956797611417632

10 J. P. Ioannidis, 'Why most published research findings are false', *PloS. Med.* (Aug. 2005), 2(8):e124, doi: 10.1371/journal.pmed.0020124

11 Malte Elson, 'FlexibleMeasures.com: Competitive Reaction Time Task', http://www.flexiblemeasures.com/crtt/ https://doi.org/10.17605/OSF.IO/4G7FV

12 K. M. Kniffin, O. Sigirci & B. Wansink, 'Eating Heavily: Men Eat More in the Company of Women', *Evolutionary Psychological Science* 2, 38–46 (2016), https://doi.org/10.1007/s40806-015-0035-3

13 B. Wansink, D. R. Just, C. R. Payne & M. Z. Klinger, 'Attractive names sustain increased vegetable intake in schools', *Prev. Med.* (Oct. 2012), 55(4): 330–32, doi: 10.1016/j.ypmed.2012.07.012

14 Brian Wansink, 'The grad student who never said "No"' (2016), archived at https://archive.ph/cPxmm

15 Stephanie M. Lee, 'Here's how Cornell scientist Brian Wansink turned shoddy data into viral studies about how we eat', *BuzzFeed News* (2018), https://www.buzzfeednews.com/article/stephaniemlee/brian-wansinkcornell-p-hacking

16 Retraction Watch database: http://retractiondatabase.org/Retraction-Search.aspx?AspxAutoDetectCookieSupport=1#?AspxAutoDetect-CookieSupport%3d1%26auth%3dWansink%252c%2bBrian

17 Stephanie M. Lee, 'Cornell Just Found Brian Wansink Guilty Of Scientific Misconduct And He Has Resigned', *BuzzFeed News* (2019), https://www.buzzfeednews.com/article/stephaniemlee/brian-wansink-retired-cornell

18 D. J. Bem (1987), 'Writing the empirical journal article', in M. Zanna

& J. Darley (eds), *The Compleat Academic: A practical guide for the beginning social scientist* (pp. 171–201), New York: Random House.

19 Open Science Collaboration, 'Estimating the reproducibility of psychological science', *Science* (28 Aug. 2015), 349(6251): aac4716, doi: 10.1126/science.aac4716, PMID: 26315443

20 H. Haller & S. Kraus, 'Misinterpretations of significance: A problem students share with their teachers?', *Methods of Psychological Research*, 7(1) (2002), pp. 1–20.

21 S. A. Cassidy, R. Dimova, B. Giguère, J. R. Spence & D. J. Stanley, 'Failing grade: 89% of introduction-to-psychology textbooks that define or explain statistical significance do so incorrectly', *Advances in Methods and Practices in Psychological Science*, 2(3) (2019), pp. 233–9, https://doi. org/10.1177/2515245919858072

22 Giulia Brunetti, 'Neutrino velocity measurement with the OPERA experiment in the CNGS beam', *Journal of High Energy Physics* (2012), doi: 10.1007/JHEP10(2012)093

23 Matt Strassler, 'OPERA: What went wrong' (2 April 2012), *Of Particular Significance*, https://profmattstrassler.com/articles-and-posts/particle-physics-basics/neutrinos/neutrinos-faster-than-light/opera-what-went-wrong/

24 David Hume, *An Enquiry Concerning Human Understanding*, Section IV, Part II.28, reprinted from The Posthumous Edition of 1777, and edited with Introduction, Comparative Tables of Contents, and Analytical Index by L. A. Selby-Bigge, M.A., Late Fellow of University College, Oxford. Second Edition, 1902.

25 Hume (1777), Section V, Part I.36.

26 Paul Feyerabend, 'From Incompetent Professionalism to Professionalized Incompetence – The Rise of a New Breed of Intellectuals', *Philosophy of Social Science*, 8 (1978), 37–53.

27 Karl Popper, *Realism and the Aim of Science: From the Postscript to the Logic of Scientific Discovery,* Routledge (1985), Chapter I, Section 3, I.

28 Karl Popper (1959), *The Logic of Scientific Discovery* (2002 pbk; 2005 ebook edn), Routledge, ISBN 978-0-415-27844-7, p. 91.

29 Karl Popper, *Realism and the Aim of Science,* Routledge (1985).

30 Michael Evans, *Measuring Statistical Evidence Using Relative Belief,* CRC Press (2015), p. 107.

31 Johnny van Doorn et al., 'Strong Public Claims May Not Reflect

Researchers' Private Convictions', *PsyArXiv* (7 Oct. 2020).

32　Einstein, letter cited in C. Howson & P. Urbach, *Scientific Reasoning: The Bayesian approach*, Open Court Publishing Co. (1989), p. 7.

33　Einstein quoted in Abraham Pais, *Subtle is the Lord: The Science and the Life of Albert Einstein*, Oxford University Press (1982), p. 159, cited in Howson & Urbach (1989), p. 7.

34　Daniël Lakens, 'Improving your statistical inferences', Coursera, 3.2: Optional Stopping, https://www.coursera.org/learn/statistical-inferences/supplement/SES3h/assignment-3-2-optional-stopping

35　D. V. Lindley (1957), 'A statistical paradox', *Biometrika*, 44: 187–92.

36　W. Edwards, H. Lindman & L. J. Savage (1963), 'Bayesian statistical inference for psychological research', *Psychological Review*, 70: 193–242.

37　E. J. Wagenmakers, R. Wetzels, D. Borsboom, H. L. J. van der Maas & R. A. Kievit (2012), 'An agenda for purely confirmatory research', *Perspectives on Psychological Science*, 7: 627–33.

38　J. N. Rouder, 'Optional stopping: No problem for Bayesians', *Psychon. Bull. Rev.*, 21: 301–8 (2014), https://doi.org/10.3758/s13423-014-0595-4

39　D. Bakan (1966), 'The test of significance in psychological research', *Psychological Bulletin*, 66(6): 423–37, doi: 10.1037/h0020412

40　P. E. Meehl (1990), 'Why summaries of research on psychological theories are often uninterpretable', *Psychological Reports*, 66(1): 195–244, https://doi.org/10.2466/PR0.66.1.195-244

41　D. V. Lindley (1957), 'A statistical paradox', *Biometrika*, 44: 187–92.

42　D. J. Benjamin, J. O. Berger, M. Johannesson et al., 'Redefine statistical significance', *Nat. Hum. Behav.*, 2: 6–10 (2018), https://doi.org/10.1038/s41562-017-0189-z

43　Cassie Kozyrkov, 'Statistics: Are you Bayesian or Frequentist?', *Towards Data Science* (4 Jun. 2021), https://towardsdatascience.com/statistics-are-you-bayesian-or-frequentist-4943f953f21b

44　Suetonius, *De vita Caesarum*, lib. I, xxxii.

45　Population on 1 Jan. 2022, Eurostat Data Browser, https://ec.europa.eu/eurostat/databrowser/view/tps00001/default/table?lang=en

46　Cited by Andrew Gelman, 'If you're not using a proper, informative prior, you're leaving money on the table', *Statistical Modeling, Causal Inference, and Social Science* (21 Nov. 2014), https://statmodeling.stat.columbia.edu/2014/11/21/youre-using-proper-informative-prior-youre-leaving-money-table/

47　Kozyrkov (2021).

第三章　决策论中的贝叶斯思想

1. Aristotle (4th century BC), *Physics*; translation with commentary by H. G. Apostle, Bloomington: Indiana University Press (1969).
2. E. Jaynes (2003), *Probability Theory: The Logic of Science* (G. Bretthorst, ed.), Cambridge: Cambridge University Press, p. 4, doi: 10.1017/CBO9780511790423
3. G. Boole, *An Investigation of the Laws of Thought, on which are Founded the Mathematical Theories of Logic and Probabilities*, London: Walton and Maberly (1854). Reprinted as *George Boole's Collected Works*, vol. 2, Chicago & New York: Open Court (1916). Reprinted New York: Dover (1951).
4. Jaynes (2003), p. 3.
5. Eliezer Yudkowsky, *Rationality: From AI to Zombies* (2015), loc. ebook, p. 104.
6. Yudkowsky (2015), loc. ebook p. 104.
7. Yudkowsky (2015), pp. 792, 202.
8. Jaynes (2003), p. 35.
9. Oliver Cromwell (1650): Letter 129, http://www.olivercromwell.org/Letters_and_speeches/letters/Letter_129.pdf
10. Dennis Lindley (1991), *Making Decisions* (2nd edn), Wiley, ISBN 0-471-90808-8, p. 104.
11. Eliezer Yudkowsky, *Rationality: From AI to Zombies* (2015), p. 245.
12. 'How NICE measures value for money in relation to public health interventions', 1 Sep. 2013, https://www.nice.org.uk/media/default/guidance/lgb10-briefing-20150126.pdf
13. 'List of things named after John von Neumann', https://en.wikipedia.org/wiki/List_of_things_named_after_John_von_Neumann
14. Much of the following is drawn from Ananyo Bhattacharya, *The Man from the Future: the visionary life of John von Neumann*, WW Norton & Co. (2022), p. 160.
15. J. von Neumann & O. Morgenstern, *Theory of Games and Economic Behavior*, 6th printing (1955), Princeton University Press, p. 10.
16. Eliezer Yudkowsky, 'Occam's Razor', *Read The Sequences* (2015), p. 115 https://www.readthesequences.com/Occams-Razor
17. Michal Koucký (2006), 'A Brief Introduction to Kolmogorov Complexity', http://iuuk.mff.cuni.cz/~koucky/vyuka/ZS2013/kolmcomp.pdf

18   This example is taken from E. Jaynes (2003), *Probability Theory: The Logic of Science* (G. Bretthorst, ed.), Cambridge: Cambridge University Press, p. 4, doi: 10.1017/CBO9780511790423
19   S. G. Soal (1940), 'Fresh light on card guessing: Some new effects', *Proceedings of the Society for Psychical Research*, 46: 152–98.
20   Stuart Russell & Peter Norvig, *Artificial Intelligence: A Modern Approach*, 3rd edn, Pearson (2010), p. 9.
21   Most of this chapter is taken from a conversation I had with Dr William Woof of UCL, who uses AI and machine learning techniques to improve diagnosis of retinal diseases.

第四章　生活中的贝叶斯思想

1   S. Lichtenstein, P. Slovic, B. Fischhoff, M. Layman & B. Combs (1978), 'Judged frequency of lethal events', *Journal of Experimental Psychology: Human Learning and Memory*, 4(6): 551–78, https://doi.org/10.1037/0278-7393.4.6.551
2   Amos Tversky & Daniel Kahneman, 'Judgments of and by Representativeness', in *Judgment Under Uncertainty: Heuristics and Biases*, ed. Daniel Kahneman, Paul Slovic & Amos Tversky (New York: Cambridge University Press, 1982), p. 96.
3   Amos Tversky & Daniel Kahneman, 'The framing of decisions and the psychology of choice', *Science* (30 Jan. 1981), 211(4481): 453–8, doi: 10.1126/science.7455683. PMID: 7455683
4   Retraction for Shu et al., 'Signing at the beginning makes ethics salient and decreases dishonest self-reports in comparison to signing at the end', *Proceedings of the National Academy of Sciences USA* (21 Sep. 2021), doi: 10.1073/pnas.1209746109
5   Cathleen O'Grady, 'Fraudulent data raise questions about superstar honesty researcher', *Science* (24 Aug. 2021), https://www.science.org/content/article/fraudulent-data-set-raise-questions-about-superstar-honesty-researcher
6   W. Casscells, A. Schoenberger & T. B. Graboys, 'Interpretation by physicians of clinical laboratory results', *N. Engl. J. Med.* (1978), 299(18): 999–1001.
7   B. L. Anderson, S. Williams & J. Schulkin, 'Statistical literacy of obstetrics-gynecology residents', *J. Grad. Med. Educ.* (Jun. 2013), 5(2): 272–5, doi: 10.4300/JGME-D-12-00161.1

8   P. C. Wason (1968), 'Reasoning about a rule', *Quarterly Journal of Experimental Psychology*, 20(3): 273–81, doi: 10.1080/14640746808400161
9   Jonathan St. B. T. Evans, Stephen E. Newstead & Ruth M. J. Byrne (1993), *Human Reasoning: The Psychology of Deduction*, Psychology Press, ISBN 978-0-86377-313-6.
10 L. Cosmides & J. Tooby (1992), 'Cognitive Adaptions for Social Exchange', in J. Barkow, L. Cosmides & J. Tooby (eds), *The Adapted Mind: Evolutionary psychology and the generation of culture*, New York: Oxford University Press, pp. 163–228.
11 Louis Liebenberg, personal communication; cited in Pinker & Steven, *Rationality: What it is, why it seems scarce, why it matters*, Penguin Random House (2021), p. 4.
12 J. K. Madsen (2016), 'Trump supported it?! A Bayesian source credibility model applied to appeals to specific American presidential candidates' opinions', in A. Papafragou, D. Grodner, D. Mirman & J. C. Trueswell (eds), *Proceedings of the 38th Annual Conference of the Cognitive Science Society*, Cognitive Science Society, pp. 165–70.
13 Douglas Adams, *Dirk Gently's Holistic Detective Agency*, Simon & Schuster (1987), p. 153.
14 Gerd Gigerenzer & Henry Brighton (2009), 'Homo Heuristicus: Why Biased Minds Make Better Inferences', *Topics in Cognitive Science*, 1(1): 107–43, doi: 10.1111/j.1756-8765.2008.01006.x, hdl: 11858/00-001M-0000-0024-F678-0
15 Dennis Shaffer, Scott Krauchunas, Marianna Eddy & Michael McBeath (2004), 'How Dogs Navigate to Catch Frisbees', *Psychological Science*, 15: 437–41, doi: 10.1111/j.0956-7976.2004.00698.x
16 R. P. Hamlin (2017), '"The gaze heuristic:" biography of an adaptively rational decision process', *Top. Cogn. Sci.*, 9: 264–288, doi: 10.1111/tops.12253
17 Garrick Blalock, Vrinda Kadiyali & Daniel Simon (2009), 'Driving Fatalities After 9/11: A Hidden Cost of Terrorism', *Applied Economics*, 41: 1717–29, doi: 10.1080/00036840601069757
18 'Letters to the Editor', *The American Statistician* (1975), 29:1, 67–71, doi: 10.1080/00031305.1975.10479121
19 Marilyn vos Savant (2012) [1990–1991], 'Game Show Problem', *Parade*.
20 Andrew Vazsonyi, *Which Door Has the Cadillac: Adventures of a Real-Life Mathematician*, iUniverse (2002), p. 5.
21 Martin Gardner (1959), *The Second Scientific American Book of*

Mathematical Puzzles and Diversions, Simon & Schuster, ISBN 978-0-226-28253-4.
22 John Lewis Gaddis (2005), *The Cold War: A New History*, Penguin Press, ISBN 978-1594200625, p. 228.
23 Gaddis (2005), p. 228.
24 Philip Tetlock & Dan Gardner, *Superforecasting*, Penguin Random House (2015), p. 50.
25 Andrew Mauboussin & Michael J. Mauboussin, 'If You Say Something Is "Likely," How Likely Do People Think It Is?', *Harvard Business Review* (3 Jul. 2018), https://hbr.org/2018/07/if-you-say-something-is-likely-how-likely-do-people-think-it-is
26 Tetlock & Gardner (2015), p. 59.
27 Tetlock & Gardner (2015), p. 73.
28 Tetlock & Gardner (2015), p. 113.
29 Tetlock & Gardner (2015), p. 157.
30 *Jacobellis*, 378 U.S. at 197 (Stewart, J., concurring).
31 Ludwig Wittgenstein (1953), *Philosophical Investigations*, Wiley-Blackwell, p. 7.
32 Diogenes Laërtius, 'The Cynics: Diogenes', *Lives of the Eminent Philosophers*, Vol. 2:6 (1925), translated by Hicks, Robert Drew (2-vol. edn), Loeb Classical Library.

第五章　贝叶斯式的大脑

1 Plato, *The Republic*, Book VII, W. H. D. Rouse (ed.), Penguin Group Inc., pp. 365–401.
2 Sylvia Berryman, 'Democritus', *The Stanford Encyclopedia of Philosophy* (Winter 2016 edn), Edward N. Zalta (ed.), https://plato.stanford.edu/archives/win2016/entries/democritus/
3 Vasco Ronchi, *Nature of Light: An Historical Survey*, Heinemann (1970), p. 16.
4 Ibn al-Haytham, *Book of Optics*, trans. A. I. Sabra (1989), Book I, Chapter 3.22, https://monoskop.org/images/f/ff/The_Optics_of_Ibn_Al-Haytham_Books_I-III_On_Direct_Vision_Sabra_1989.pdf
5 Immanuel Kant, W. S. Pluhar & P. Kitcher (1996), *Critique of Pure Reason*, Indianapolis, IN: Hackett Publishing Co. (original work published 1787).
6 L. R. Swanson, 'The Predictive Processing Paradigm Has Roots

in Kant', *Front. Syst. Neurosci.* (10 Oct. 2016), 10:79, doi: 10.3389/fnsys.2016.00079. PMID: 27777555; PMCID: PMC5056171

7 Hermann von Helmholtz (1850), 'Vorläufiger Bericht über die Fortpflanzungs-Geschwindigkeit der Nervenreizung', *Archiv für Anatomie, Physiologie und wissenschaftliche Medicin*, 71–3.

8 Hermann von Helmholtz (1868), 'The Recent Progress of the Theory of Vision', in *Science and Culture: Popular and Philosophical Essays*, ed. David Cahan, Chicago: University of Chicago Press (1995), pp. 127–203.

9 R. L. Gregory, *Eye and Brain*, 5th edn, Oxford University Press [Google Scholar] (1998).

10 Gregory (1998).

11 Cates Holderness, 'What Colors Are This Dress?', *BuzzFeed* (26 Feb. 2015), https://www.buzzfeed.com/catesish/help-am-i-going-insane-its-definitely-blue

12 *Phil. Trans. R. Soc. Lond. B* (1997), 352: 1121–8.

13 Figure design by Kasuga-jawiki; vectorization by Editor at Large; 'The dress' modification by Jahobr. Creative Commons licence.

14 S. Aston & A. Hurlbert, 'What #theDress reveals about the role of illumination priors in color perception and color constancy', *J. Vis.* (1 Aug. 2017), 17(9): 4, doi: 10.1167/17.9.4, PMID: 28793353, PMCID: PMC5812438

15 Richard FitzHugh, 'A statistical analyzer for optic nerve messages', *J. Gen. Physiol.* (20 Mar. 1958), 41(4): 675–92, doi: 10.1085/jgp.41.4.675, PMID: 13514004, PMCID: PMC2194875

16 This account is largely taken from Andy Clark's *Surfing Uncertainty: Prediction, Action, and the Embodied Mind* (OUP, 2015), and from *Being You: A New Science of Consciousness* (Faber & Faber, 2021) by Anil Seth.

17 Marc Ernst & Martin Banks (2002), 'Humans integrate visual and haptic information in a statistically optimal fashion', *Nature*, 415: 429–33, doi: 10.1038/415429a

18 See: McGurk effect – Auditory Illusion – BBC *Horizon*, https://www.youtube.com/watch?v=2k8fHR9jKVM

19 'Green Needle or Brainstorm?', Illinois Vision Lab, https://publish.illinois.edu/visionlab/2021/01/27/green-needle-brainstorm/

20 W. Schultz, 'Reward signaling by dopamine neurons', *Neuroscientist* (Aug. 2001), 7(4): 293–302, doi: 10.1177/107385840100700406, PMID: 11488395

21 For instance: R. P. N. Rao & T. J. Sejnowski, 'Predictive coding, cortical feedback, and spike-timing dependent plasticity', in R. P. N. Rao, B. A. Olshausen & M. S. Lewicki (eds), *Probabilistic Models of the Brain: Perception and neural function* (2002), Cambridge, MA: MIT Press, pp. 297–315.

22 T. Hosoya, S. Baccus & M. Meister, 'Dynamic predictive coding by the retina', *Nature* (2005), 436: 71–7, https://doi.org/10.1038/nature03689

23 A. Kolossa, B. Kopp & T. Fingscheidt, 'A computational analysis of the neural bases of Bayesian inference', *Neuroimage* (1 Feb. 2015), 106: 222–37, doi: 10.1016/j.neuroimage.2014.11.007, epub 8 Nov. 2014, PMID: 25462794

24 Benjamin W. Tatler, Mary M. Hayhoe, Michael F. Land, Dana H. Ballard, 'Eye guidance in natural vision: Reinterpreting salience', *Journal of Vision* 2011;11(5):5. doi: https://doi.org/10.1167/11.5.5. Is this correct? TURNS OUT NO. GOOD CATCH>> Cited in Andy Clark, *Surfing Uncertainty*, p. 67.

25 'The Saccadic Tracking Loop', *Fault Tolerant Tennis* (2022), https://faulttoleranttennis.com/the-saccadic-tracking-loop/

26 M. F. Land & B. W. Tatler (2009), *Looking and Acting: Vision and eye movements in natural behaviour*, Oxford University Press, https://doi.org/10.1093/acprof:oso/9780198570943.001.0001

27 Sarah-Jayne Blakemore, Daniel Wolpert & Chris Frith (2000), 'Why can't you tickle yourself?', *Neuroreport*, 11, doi: 10.1097/00001756-200008030-00002

28 S. S. Shergill, P. M. Bays, C. D. Frith & D. M. Wolpert, 'Two eyes for an eye: the neuroscience of force escalation', *Science* (11 Jul. 2003), 301(5630): 187, doi: 10.1126/science.1085327, PMID: 12855800

29 S. J. Blakemore, D. M. Wolpert & C. D. Frith, 'Central cancellation of self-produced tickle sensation', *Nat. Neurosci.* (Nov. 1998), 1(7): 635–40, doi: 10.1038/2870, PMID: 10196573

30 Chris Frith, *Making Up the Mind: How the Brain Creates Our Mental World* (2007), Blackwell, p. 102.

31 H. M. Wichowicz, S. Ciszewski, K. Żuk & A. Rybak-Korneluk, 'Hollow mask illusion – is it really a test for schizophrenia?', *Psychiatr. Pol.* (2016), 50(4): 741–5, doi: 10.12740/PP/60150, PMID: 27847925

32 Frith (2007), p. 108.

33 R. Carhart-Harris, B. Giribaldi, R. Watts, M. Baker-Jones, A. Murphy-Beiner, R. Murphy, J. Martell, A. Blemings, D. Erritzoe & D. J. Nutt,

'Trial of Psilocybin versus Escitalopram for Depression', *N. Engl. J. Med.* (15 Apr. 2021), 384(15): 1402–11, doi: 10.1056/NEJMoa2032994, PMID: 33852780

34　A. K. Davis, F. S. Barrett, D. G. May et al., 'Effects of Psilocybin-Assisted Therapy on Major Depressive Disorder: A Randomized Clinical Trial', *JAMA Psychiatry* (2021), 78(5): 481–9, doi: 10.1001/jamapsychiatry.2020.3285; C. S. Grob, A. L. Danforth, G. S. Chopra et al., 'Pilot Study of Psilocybin Treatment for Anxiety in Patients With Advanced-Stage Cancer', *Arch. Gen. Psychiatry* (2011), 68(1): 71–8, doi: 10.1001/archgenpsychiatry.2010.116; S. Ross, A. Bossis, J. Guss et al., 'Rapid and sustained symptom reduction following psilocybin treatment for anxiety and depression in patients with life-threatening cancer: a randomized controlled trial', *Journal of Psychopharmacology* (2016), 30(12): 1165–80, doi: 10.1177/0269881116675512; R. R. Griffiths, M. W. Johnson, M. A. Carducci et al., 'Psilocybin produces substantial and sustained decreases in depression and anxiety in patients with life-threatening cancer: A randomized double-blind trial', *Journal of Psychopharmacology* (2016), 30(12): 1181–97, doi: 10.1177/0269881116675513

35　Scott Alexander, 'God help us, let's try to understand Friston on free energy', *Slate Star Codex* (4 Mar. 2018), https://slatestarcodex.com/2018/03/04/god-help-us-lets-try-to-understand-friston-on-free-energy/

结语　贝叶斯式的生命

1　J. Clark, S. Watson & K. Friston (2018), 'What is mood? A computational perspective', *Psychological Medicine*, 48(14): 2277–84, doi: 10.1017/S0033291718000430; P. R. Corlett, C. D. Frith & P. C. Fletcher, 'From drugs to deprivation: a Bayesian framework for understanding models of psychosis', *Psychopharmacology* (Nov. 2009), 206(4): 515–30, doi: 10.1007/s00213-009-1561-0, epub 28 May 2009, PMID: 19475401; PMCID: PMC2755113

2　Fred Hoyle (1983), *The Intelligent Universe: A New View of Creation and Evolution*, Michael Joseph Ltd, p. 19.

3　J. Huber, S. Inoua, R. Kerschbamer, C. König-Kersting, S. Palan & V. L. Smith, 'Nobel and novice: Author prominence affects peer review', *Proc. Natl. Acad. Sci. USA* (11 Oct. 2022), 119(41): e2205779119, doi: 10.1073/pnas.2205779119, epub 4 Oct. 2022, PMID: 36194633, PMCID:

PMC9564227

4　　George E. P. Box (1976), 'Science and statistics', *Journal of the American Statistical Association*, 71 (356): 791-9, doi: 10.1080/01621459.1976.10480949